W0375869

Kohlhammer

Kohlhammer Human Resource Competence

Herausgegeben von Alexander Haubrock

Alexander Haubrock (Hrsg.)

Digitalisierung – das HR-Management der Zukunft

Verlag W. Kohlhammer

1. Auflage 2020

Gesamtherstellung: W. Kohlhammer GmbH, Stuttgart

Print:
ISBN 978-3-17-037387-7

E-Book-Formate:
pdf: ISBN 978-3-17-037388-4
epub: ISBN 978-3-17-037389-1
mobi: ISBN 978-3-17-037390-7

Inhalt

Geleitwort des Herausgebers

Sagen Sie: Wenn Sie dies jetzt lesen, halten Sie da ein Buch aus Papier in der Hand oder lesen Sie das Buch vielleicht auf Ihrem Tablett, PC oder gar Smartphone? Und falls Sie es zu Hause lesen, haben Sie da gerade noch Siri oder Alexa gesagt, dass Sie es gerne zwei Grad wärmer und das Licht etwas heller hätten, damit Sie sich in Ruhe diesem Buch widmen können?

Egal wie, Sie ahnen worauf ich hinaus will. Digitalisierung, die immer stärkere und deutlichere Interkation von Menschen und (teil-)intelligenten Maschinen und Werkzeugen, ist heute schon Alltag und wird natürlich auch die Zukunft bestimmen. Während wir aber privat entscheiden können, ob wir dieses Buch eben auf Papier oder digital lesen und ob oder ob nicht ein virtuelles Helferlein unser Licht, die Temperatur und die Rollos steuert, können wir dies in der Arbeitswelt längst nicht mehr so frei entscheiden. Aus vielfältigen Gründen können Unternehmen gar nicht anders, als sich immer stärker zu digitalisieren. Dies ist natürlich eine technische Herausforderung, aber auch eine der ganz großen Herausforderungen des Personalmanagements im 21. Jahrhundert. Digitalisierung eröffnet uns schier unendliche neue Möglichkeiten, auch im Personalmanagement. Eine große Auswahl an Möglichkeiten bedeuten aber in der Unternehmensrealität mindestens drei weitere Dinge: Wir müssen strategisch klug aus den Möglichkeiten wählen, die Menschen des Unternehmens mit den ausgewählten Möglichkeiten vertraut machen und sie mit und in diesen Möglichkeiten entwickeln.

Genau damit befasst sich der letzte Band der Reihe Human Resource Competence. In der Reihe haben wir uns mit den großen Trendthemen des Personalmanagements auseinandergesetzt: Führung, Personalentwicklung, demographischer Wandel, Organisationsentwicklung. Wir beschließen die Reihe nun mit einem Blick in die Zukunft des Personalmanagements – der Digitalisierung und ihren Auswirkungen auf die HR-Strategie, die Personalentwicklung, die Führung, die neuen Kompetenzen und die neuen Möglichkeiten.

Anders als in den vorhergehenden Bänden haben wir dieses Mal mehrere Autorinnen und Autoren beteiligt, um der Komplexität des Feldes gerecht werden zu können.

Da dieser Band dann auch die Reihe »Kohlhammer Human Resource Competence« beendet, möchte ich mich als Herausgeber noch einmal bei allen Autorinnen und Autoren aus der Reihe herzlich für die Zusammenarbeit bedanken. Genauso gilt mein Dank dem Kohlhammer Verlag, der diese Reihe ermöglicht hat. Vor allem und insbesondere gilt mein Dank aber Ihnen, als Leserin und Leser des Bandes und der Reihe. Erst Ihr Interesse an diesem Themenfeld hat die Reihe ermöglicht. Genießen Sie also den letzten Band. Ich hoffe er verschafft Ihnen interessante Anregungen.

Bielefeld, Januar 2020 Alexander Haubrock

1 Industrie 4.0 – Arbeitswelt 4.0: Konsequenzen für Arbeitsprozesse und Qualifizierung in der industriellen Produktion

Günther Bergmann

Dieser Beitrag befasst sich ausschließlich mit den Auswirkungen von Industrie 4.0 auf die industrielle Produktion, nicht mit dem Internet of Things. Um Konsequenzen für die Arbeitswelt 4.0 ableiten zu können, wird eine Systematisierung unterschiedlicher technologischer Strategien in der Umsetzung von Industrie 4.0 vorgeschlagen. Die sich hieraus ergebenden Konsequenzen unterscheiden sich fundamental. Unter anderem wird begründet, dass keineswegs alles digitalisiert wird, was digitalisiert werden kann. Systemgeleitete manuelle Montageprozesse sind ebenso eine Tendenz unter Industrie 4.0 wie Vollautomatisierung. Die Ausführungen werden durch zahlreiche Beispiele veranschaulicht, damit die unterschiedlichen Konsequenzen für Arbeitsprozesse nachvollziehbar werden. Hinsichtlich der Qualifizierung wird gezeigt, dass aus künftigen Arbeitsprozessen keineswegs das Postulat einer unbestimmten Qualifizierung im Bereich Digitalisierung für alle folgt. Es wird gezeigt, dass das Thema Qualifizierung hochspezifisch anzugehen ist. Aus Sicht der betrieblichen Personalentwicklung in produzierenden Unternehmen wird für zielgruppenspezifische Maßnahmen argumentiert, die zur Vorbereitung auf und zur Umsetzung von Industrie 4.0-Verfahrensweisen notwendig sind. Im Fokus sind ausschließlich Mitarbeiter in der unmittelbaren Produktion, es geht nicht um die Mitarbeiter in Projektgruppen o. Ä., die die neuen Produktionsprozesse konzipieren; ebenso geht es nicht um Führungskräfte. Die hier zusammen getragenen Informationen sind z. T. hochaktuell, d. h. dass sich Schlussfolgerungen in einem volatilen Umfeld schnell ändern können. Außerdem werden hier keine Annahmen zu Veränderungen in der konjunkturellen Entwicklung getroffen.

1.1 Industrie 4.0 – Digitalisierung – Automatisierung

Von Industrie 4.0 (Smart Factory) spricht man aufgrund der weithin geteilten Einschätzung, dass es sich bei den gegenwärtig beginnenden Veränderungen in den industriellen Produktionsprozessen um eine 4. Industrielle Revolution handelt (vgl. Bauernhansl, 2017; Plattform Industrie 4.0, 2019; Andelfinger/Hänisch, 2017). Das bedeutet, dass von disruptiven Entwicklungen auszugehen ist, die sich wesentlich von den schrittweisen und kontinuierlichen Veränderungsprozessen der jüngeren Vergangenheit in den letzten 20 Jahren unterscheiden. Der »Kontinuierliche Veränderungsprozess« (KVP) und ähnliche Verfahrensweisen in Produktion und Qualitätsmanagement stehen für diese nicht-disruptiven Entwicklungen in den vorangegangenen Jahren. Disruptiv bedeutet, dass sich großflächig Arbeitsprozesse in der industriellen Produktion fundamental verändern (▸ Kap. 1.5). Dies hat massive Konsequenzen für die Beschäftigungs- und Qualifikationsstruktur in den Betrieben.

Disruptiv bedeutet jedoch nicht zwangsläufig, dass sich gleichzeitig nahezu alle Arbeitsprozesse in der Produktion verändern. Es sind unter Industrie 4.0 auch Produktionssegmente zu fassen, die in sich vernetzt und hochautomatisiert ablaufen. Dies ist insbesondere in der mittelständischen Industrie zu beobachten, bei der häufig nur einzelne Produktionssegmente vollständig automatisiert werden (vgl. Bauernhansl, 2016). Auf gesamtgesellschaftlicher Ebene bedeutet eine disruptive Entwicklung nicht, dass nahezu gleichzeitig in allen Unternehmen und Branchen fundamentale Veränderungen stattfinden. Dieser Prozess wird sich – soweit dies heute absehbar ist – auf die nächsten 10 bis 15 Jahre erstrecken, in Summe wird er jedoch zu erheblichen negativen Beschäftigungseffekten und zu Umschichtungen in der Beschäftigungsstruktur führen. Außerdem ist seit Jahren zu beobachten, dass die Innovationsgeschwindigkeit kontinuierlich zunimmt. Das offensichtlichste Beispiel ist der Siegeszug des Smartphones, welches in nur sieben Jahren viele neue Geschäftsmodelle ermöglicht hat.

Von IIoT (Industrial Internet of Things) spricht man, wenn die digitale Vernetzung den industriellen Wertschöpfungsprozess umfasst, also die Steuerung und Überwachung von Produktionsprozessen vor allem mittels einer umfassenden und intelligenten Sensorik und der entsprechenden Verarbeitung aller Daten über Betriebszustände und Werkzeuge. Idealer Weise umfasst IIoT den gesamten Wertschöpfungsprozess vom Kunden über die Produktion bis zur Auslieferung und mehr. Dies ist heute noch Zukunftsmusik, denn es unterstellt einen umfassend vernetzten Produktionsprozess, über den die meisten Unternehmen in naher Zukunft nicht verfügen werden.

Kernstück des Begriffs Industrie 4.0 ist die umfassende und echtzeitnahe digitale Vernetzung der Strukturen und Prozesse mit der physischen Welt der Werkzeuge und Produkte, also ein cyber-physisches System (CPS) (vgl. Fraunhofer IPA, 2014). Daher ist der allgemein gebräuchliche Begriff der »Digitalisierung« streng genommen unzutreffend. Denn Digitalisierung kennzeichnete bereits die 3. Industrielle Revolution, als über Speicherprogrammierbare Steuerungen (SPS) teilautomatisierte Montageprozesse in der Linienfertigung (CIM) implementiert wurden (vgl. Schallow/Hengstebeck/Deuse, 2018). Interessant ist, dass diese 3. Industrielle Revolution in den 1980er Jahren ohne wesentliche öffentliche Resonanz ablief. Es kam seiner Zeit kaum zu Beschäftigungsverlusten, da der Produktivitätsgewinn von einer Ausweitung des Produktionsumfangs begleitet war. »Digitalisierung« in großflächigem Einsatz in der Produktion kennen wir also bereits seit den 1980er Jahren. Digitalisierung, wie wir sie heute kennen, bedeutet Konnektivität der Produktionssysteme, und digitale Steuerung bedeutet Datenaustausch. Plakativ formuliert: Digitalisierung benötigt keine Roboter, sondern Daten!

Ähnlich verhält es sich mit dem Begriff der Automatisierung. Auch dies ist kein neues Phänomen, z. B. sind programmierbare Schweißroboter in der Automobilindustrie seit mehr als 25 Jahren im Einsatz. Vor allem sollte man sich von der Vorstellung trennen, dass Automatisierung unter Industrie 4.0 gleichbedeutend mit dem Bild der »menschenleeren Fabrik« wäre (vgl. Gerdenitsch/Korunka, 2019). Gleichwohl gibt es die Fabrik ohne menschliche Arbeitskraft – annähernd – bereits heute. Auch Systeme der manuellen Montage in Montageinseln sind über Montage-Assistenzsysteme umfassend vernetzt (mit oder ohne Roboter, ▶ Kap. 1.3.3) und damit eine Anwendung von Industrie 4.0.

Es ist nicht die Frage, ob »wir« die Entwicklung hin zu einer Industrie 4.0 wollen oder nicht. Industrie 4.0 ist längst in der Realität der produzierenden Unternehmen angekommen, auch wenn die Auswirkungen in der Breite der Produktion (noch) kaum wahrnehmbar sind. Daher müssen sich alle betrieblichen Funktionen wie auch das Human Resources Management auf die Linien der Veränderung einstellen. Dies ist keine Frage von Prognosen, denn die technischen Möglichkeiten sind einsatzreif und auf Automatisierungsmessen und entsprechenden Tagungen in Augenschein zu nehmen. Die Entwicklung ist unumkehrbar – es kommt darauf an, die Chancen zu nutzen (vgl. Bauernhansl, 2017; Kagermann, 2017).

Gleichwohl sind die gesellschaftlichen Auswirkungen der 4. Industriellen Revolution kritisch zu hinterfragen. Ein Wegfall von Arbeitstätigkeiten ist per se keineswegs negativ. Dies könnte neue Freiheiten für die Menschen ermöglichen (vgl. z. B. Precht, 2018). Negativ ist der Verlust von Arbeitstätigkeiten allerdings unter der Prämisse, dass dies gleichbedeutend mit Arbeitslosigkeit der Betroffenen sei. So wirft Industrie 4.0 grundlegende gesellschaftspolitische Fragestellungen auf. In diesem Beitrag werden jedoch ausschließlich die betrieblichen Perspektiven analysiert.

1.2 Studien zu Beschäftigungseffekten von Industrie 4.0 und Digitalisierung

»Alles, was digitalisiert werden kann, wird digitalisiert« (Carly Fiorina, bis 2005 CEO von Hewlett-Packard). Diese plakative und häufig zitierte Aussage bildet eine Basisannahme für zahlreiche Studien zu negativen Beschäftigungseffekten von Industrie 4.0. Trotzdem ist diese Aussage nur teilweise zutreffend und ist zu ergänzen um den Aspekt, »was betriebswirtschaftlich sinnvoll digitalisiert werden kann.« Die Investitionskosten und vor allem ihre Rentabilität sind für großflächige Industrie 4.0 Anwendungen oft nur schwer zu berechnen. Andererseits sind z. B. stationäre, programmierbare Industrieroboter in den letzten Jahren immer preiswerter geworden, sodass das erforderliche Investitionsvolumen in bestimmten Segmenten in den kommenden Jahren rückläufig sein dürfte. Daher ist die plakative Aussage von Fiorina in der Tendenz durchaus nicht falsch.

In den meisten Studien wird untersucht, welche Arbeitstätigkeiten in einzelnen Berufsgruppen überwiegend in einfachen, repetitiven Prozessen bestehen. Diese können aus manuellen Routinetätigkeiten oder auch geistigen Tätigkeiten bestehen (z. B. können einfache Programmieraufgaben von Maschinen übernommen werden). Diese Tätigkeiten werden als durch Digitalisierung substituierbar angesehen.

Starke öffentliche Reaktionen löste die erste Studie zu Beschäftigungseffekten in Folge von Digitalisierung aus, die Studie von Frey & Osborne (2013) für die USA und die Übertragung der Ergebnisse auf Deutschland durch ING Diba Economic Research (Brzeski et al., 2015; vgl. Bonin et al., 2015). Das kurz gefasstes Resultat: 18,3 Millionen Arbeitsplätze in Deutschland seien in den nächsten zehn bis 20 Jahren durch »Robotisierung« gefährdet. Ähnlich skeptisch hinsichtlich einer negativen Beschäftigungsentwicklung in der nahen Zukunft fällt die Studie des World Economic Forum (WEF, Davos, 2016) aus. Im Unterschied hierzu geht Müller (KfW Research, 2019) mit Blick auf die Wirtschaftsentwicklung der Vergangenheit nicht von einer disruptiven Entwicklung durch Digitalisierung aus: »Der Strukturwandel hat sich verlangsamt« (Müller, 2019, S. 4). Nur, der Strukturwandel durch Digitalisierung hat heute in der Fläche der Unternehmen in Deutschland noch gar nicht stattgefunden, wie sollte man ihn anhand makroökonomischer Daten messen können?

Der Prognose einer negativen Beschäftigungsentwicklung entgegengesetzte Resultate berichtet die ZEW-Studie 2018 (Zentrum für Europäische Wirtschaftsforschung, Mannheim; Arntz et al., 2018). Nach dieser Studie sind Beschäftigungsverluste vor allem bei Berufen mit Routinetätigkeiten zu erwarten, jedoch deutliche Zuwächse bei analytischen und interaktiven Berufen (u. a. im Gesundheitsbereich). Methodisch-kritisch ist anzumerken, dass die zugrundeliegenden Interviewdaten aus dem Jahr 2016 stammen. Außerdem wurde die Beschäftigungsentwicklung aufgrund von Technologieinvestitionen von 2011-2016 mit einem Plus von 0,2 % p.a. berechnet und auf einen Zuwachs von 0,4 % p.a. für 2016-2021 hochgerechnet. So resümiert die Studie, dass der digitale Wandel mehr Arbeitsplätze schaffe als er zerstört, jedoch die Beschäftigungsstruktur stark verändert. Nota: Diese Prognose bezieht sich auf die Zeit bis 2021. In dieser Zeit benötigen viele Unternehmen zusätzliches Personal, um neue Angebote und Prozesse in der digitalen Welt aufzubauen.

Ein interessantes Nebenergebnis besteht darin, dass Investitionen in digitale Technologien eine soziale Ungleichheit mitverursachen. In erster Linie profitierten Hochlohn-Berufe in Form höherer Beschäftigungs- und Lohnzugewinne von neuen Technologien, während durchschnittlich und niedrig entlohnte Berufe und Sektoren zurückfielen (Arntz et al., 2018). Dies stützt die Polarisierungshypothese (▸ Kap. 1.7).

Die methodisch anspruchsvollsten Studien zur Beschäftigungsentwicklung unter »Wirtschaft 4.0« stammen vom Bundesinstitut für Berufsbildung (BBIB) und dem Institut für Arbeitsmarkt- und Berufsforschung (IAB) (BBIB-IAB-Studien, Wolter et al., 2015, 2016, 2019). Bemerkenswert ist die differenzierte Betrachtung der Effekte in 50 Berufsfeldern und in 63 Wirtschaftszweigen. Zutreffender Weise sprechen diese Studien von »Substituierbarkeit« von Arbeitstätigkeiten und nicht vom Wegfallen von Jobs (vgl. Dengler et al., 2015, 2018). Ob eine Tätigkeit (ein Arbeitsplatz) tatsächlich durch digitale Technologien ersetzt wird, ist eine betriebswirtschaftliche Entscheidung der Unternehmen und eine Entscheidung, die sich auf unterschiedliche technologische Strategien unter Industrie 4.0 bezieht (▸ Kap. 1.3). Die folgende Grafik beruht auf einer Basisprojektion unter Berücksichtigung zahlreicher Annahmen zur gesamtwirtschaftlichen Entwicklung (▸ Abb. 1).

Im Fazit prognostizieren die Studien moderate Beschäftigungsverluste von nur 60.000 Arbeitstätigkeiten bis 2030. In einer neuen Studie von 2019 (Wolter et al., 2019) gehen die Autoren jedoch von einem Plus von 200.000 Arbeitsplätzen bis 2030 aus. Die Autoren veränderten die Projektion unter der Annahme, dass die Umsetzung von Wirtschaft 4.0 deutlich längere Zeit in Anspruch nehmen wird, als bisher zugrunde gelegt. Erst bis zum Jahr 2035 sehen sie einen negativen Saldo, einen Verlust von rund 600.000 Arbeitsplätzen. Eine durchaus erhebliche und gesellschaftlich relevante Größenordnung! Weiterhin wurden die Beschäftigungseffekte im Jahr 2018 mit dem Jahr 2030 verglichen. »In der digitalisierten Welt wird es im Jahr 2030 einerseits 2.542.000 Arbeitsplätze, die 2018 noch vorhanden sind, nicht mehr geben.

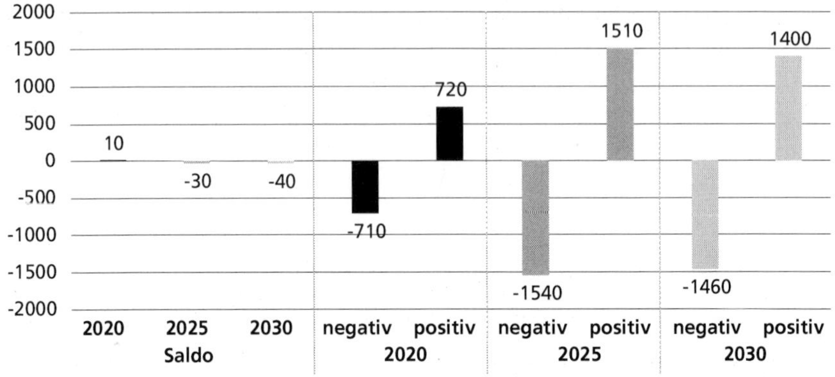

Abb. 1: BIBB/IAB-Studie zu Wirtschaft 4.0: Moderate Beschäftigungsverluste im Saldo. Erwerbstätige im Durchschnitt pro Jahr in 1000, Prognose der Beschäftigungseffekte im Vergleich zur Basisprojektion (Quelle: Wolter et al., 2016, S. 61)

Andererseits werden im Wirtschaft-4.0-Szenario ebenfalls 2.768.000 Arbeitsplätze entstanden sein, die 2018 noch nicht existieren.« (Wolter et al., 2019, S. 8).

Gesamtgesellschaftlich gesehen bleibt das große Fragezeichen, wie die 2,5 Millionen Jobs, die bis 2030 entfallen könnten, in ebensolchem Ausmaß in Tätigkeiten konvertiert werden können, in denen ein entsprechend hoher Bedarf besteht. Können wir realistischer Weise davon ausgehen, dass Produktionsmitarbeiter oder administrative Sachbearbeiter in dieser Quantität zu Kranken- und Altenpflegern, zu Ärzten oder zu IT-Spezialisten umgeschult werden können? Bezogen auf die industrielle Produktion geht die IAB-Studie (2016) von einem Substituierbarkeitspotenzial von 73 % der Arbeitsplätze in der Fertigung aus.

In der Öffentlichkeit werden die BBIB-IAB-Studien häufig als Entwarnung gesehen, so schlimm werde es nicht kommen. Nach diesen Daten besteht jedoch keinerlei Grund für eine Entwarnung. Mehr noch: Den Studien liegen Annahmen zur gesamtgesellschaftlichen Entwicklung zugrunde, die von einem weiter wachsenden Exportanteil der deutschen Wirtschaft ausgehen. »Deutschland hat bei der Umstellung auf eine Wirtschaft 4.0 weltweit eine Vorreiterrolle inne. Das Ausland reagiert mit einer Verzögerung von fünf Jahren (temporäre Monopolgewinne). Auch wenn Deutschland aktuell zwar schwach digitalisiert ist, wird hier aber Wirtschaft-4.0-Technologie wie z. B. Sensortechnik hergestellt.« (Wolter et al., 2019, S. 19). Dies sind Annahmen, die Mitte des Jahres 2019 unter der beginnenden Exportkrise fragwürdig sind und vor allem den Einfluss der Wirtschaftsentwicklung in China nicht berücksichtigen. Idealerweise (oder idealistisch gesehen) ist die Konversion der Tätigkeiten das zentrale Zukunftsproblem. Bestätigt wir dies auch durch die weltweite OECD-Studie 2018: Future of Work, nach der in Deutschland 18 % der Tätigkeiten durch Automatisierung massiv betroffen sind (vermutlich entfallen) und 54 % der Tätigkeiten erheblich betroffen sind (▶ Abb. 2).

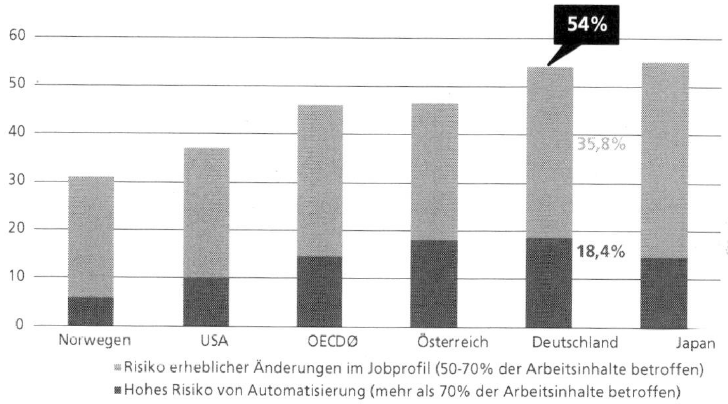

Abb. 2: OECD-Studie 2018: Future of Work. Anteil der Stellen, die von Automatisierung betroffen sind, weil die Tätigkeiten von Maschinen übernommen werden können (Quelle: OECD-Studie, 2018, S. 2)

Ein interessantes Nebenergebnis im internationalen Vergleich besteht darin, dass Geringqualifizierte in den meisten Ländern wenig Weiterbildung erhalten. Positive Ausnahmen sind Norwegen, Finnland und Dänemark mit ca. 30 Stunden Weiterbildung pro Jahr. Deutschland liegt am unteren Ende der Tabelle mit ca. 10 Stunden Weiterbildung jährlich und wird nur noch unterboten von der Slowakei, der Türkei, von Griechenland und Polen.

Im Fazit zu den Studien zur Beschäftigungsentwicklung unter Industrie 4.0 bzw. Digitalisierung: Die genannten Studien widersprechen sich im Kern nur in ihrer optimistischen oder pessimistischen Ergebnisinterpretation. In der Substanz zeigen sie eine ernstzunehmende Entwicklung, die im Wegfall vieler Arbeitstätigkeiten in der industriellen Produktion (und auch in der Administration) gekennzeichnet sein wird. Die prognostizierten Zuwächse an Beschäftigung in heute schon bekannten Mangelberufen (IT-Spezialisten, Gesundheitswesen, Altenpflege) können nicht zur Beruhigung dienen. Eher stellt sich das gesellschaftliche Problem, wie den Engpässe in diesen Berufsfeldern nachhaltig entgegengewirkt werden kann. Kurzfristig, etwa bis 2021 oder länger, wird zusätzliches Personal benötigt, um neue Geschäftsfelder in einer digitalisierten Wirtschaft aufzubauen (z. B. Mobilitätsdienstleistungen). Daher ist das Ergebnis der ZEW-Studie, die Zunahme von Beschäftigung bis 2021 im Saldo, nicht überraschend.

Andererseits: Es wird nicht alles digitalisiert, was digitalisiert werden kann – zumindest nicht in den nächsten 20 Jahren. Das bedeutet, dass in der industriellen Produktion weiterhin manuelle Montageprozesse anfallen werden – gerade auch unter Industrie 4.0-Anwendugen (▸ Kap. 1.3.3). Natürlich unterliegen diese Anwendungen einer starken Rationalisierungsintention, die von einer substanziellen Einsparung an Personal um 20 % bis 30 % begleitet ist, soweit das Produktionsvolumen nicht ausgeweitet werden kann.

Der wesentliche Faktor einer nachlassenden konjunkturellen Entwicklung wird bei den zitierten Studien nicht berücksichtigt – und konnte natürlich zum Zeitpunkt der Durchführung der Studien nicht berücksichtigt werden. Derzeit, im September 2019, steht die produzierende Industrie vor einem konjunkturellen Einbruch. Eine Ausweitung des Produktionsvolumens, insbesondere im Export, ist nicht in Sicht. Die Kernbereiche der Industrie in Deutschland, sowohl der Maschinenbau als auch die Automobilindustrie, stehen vor deutlichen Umsatzeinbrüchen erstmals seit zehn Jahren. Diese werden befördert durch die Unsicherheit im internationalen Handelsverkehr, der Konflikte zwischen den USA und China, der sich abschwächenden Binnenkonjunktur in China sowie dem drohenden Brexit. Dies sind jedoch nur äußere Faktoren. Der Maschinenbau ist seit jeher ein Frühindikator für konjunkturelle Einbrüche. Bereits 2018 verzeichnete der stark exportorientierte Maschinenbau deutliche Einbrüche, auch verursacht durch eine unzureichende Produktivität im internationalen Vergleich. Im 2. Quartal 2019 war sogar ein Auftragsrückgang um 9 % im Vergleich zum Vorjahreswert zu verzeichnen (vgl. Welt, 29.07.2019).

Wie sich die aktuellen konjunkturellen Bedingungen auswirken werden, ist teilweise spekulativ. Vermutlich werden die notwendigen Investitionen für Industrie 4.0 Anwendungen zunächst zurückgefahren. Im Stadium der Krisenbewältigung werden die Investitionen der überlebenden Unternehmen unter Rationalisierungsgesichtspunkten wieder hochgefahren – so sind jedenfalls die Erfahrungen aus vorangegangenen konjunkturellen Krisen. Ob dies insgesamt zu einer Beschleunigung von Industrie 4.0-Prozessen führt oder zu einer Verlangsamung, das wird man verlässlich erst in einigen Jahren beurteilen können. Vermutlich aber führt eine konjunkturelle Krise eher zu einer Beschleunigung der Transformationsprozesse in der Industrie. Der Grund für diese Annahme ist naheliegend: Sind Unternehmen erfolgreich, fehlt es oft an der Bereitschaft für Veränderungen – und einschneidende Veränderungen setzen einen starken Handlungsdruck voraus.

1.3 Unterschiedliche technologische Strategien unter Industrie 4.0

Unter Industrie 4.0 werden in der Praxis und in der Literatur höchst unterschiedliche technologische Strategien zusammengefasst. Dies ist auch der Grund dafür, warum die Rolle menschlicher Arbeit unter Industrie 4.0 so unterschiedlich diskutiert wird, z. B.: »Roboter erleichtern dem Menschen die Arbeit (Ergonomie)«; »Roboter nehmen dem Menschen die Arbeit weg«, »der Mensch hat in der Produktion nichts mehr zu tun – er ist auf Prozesse der Erst-Einrichtung, der Überwachung und Wartung begrenzt«, »Kollege Roboter arbeitet mit dem Menschen zusammen«. All dies ist richtig oder falsch – jeweils abhängig von der von einem Unternehmen gewählten technologischen Strategie. Dementsprechend unterscheiden sich auch die Beschäftigungseffekte in ihrem Ausmaß erheblich, ebenso die Qualifizierungsnotwendigkeiten. Die HR-Funktion muss sich mit den Produktionstechnologien in einem Unternehmen tiefgehend auseinandersetzen, um Veränderungsprozesse qualifiziert und zielführend begleiten zu können.

Im Folgenden wird eine Systematisierung der unterschiedlichen technologischen Strategien unter Industrie 4.0 vorgeschlagen (vgl. Bergmann, 2016):

1. **Cyber-physische Systeme / komplexe Vollautomatisierung:** Cyber-physische Systeme ermöglichen eine komplexe Vollautomatisierung durch umfassende Vernetzung entlang der Wertschöpfungskette mit intelligenter, digitaler dezentraler Steuerung. Maschinen und Produkte kommunizieren drahtlos miteinander, z. B. via RFID-Chip oder per WLAN nach dem 5G-Standard.
   → Maschine-Maschine-Interaktion
2. **Digitale Vernetzung / dezentrale Steuerung:** Digitale Vernetzung und Vollautomatisierung betreffen nur einzelne Produktionssegmente. Die dezentrale Produktionssteuerung sowie Prozessoptimierung erfolgt durch Operator (z. B. Prozesssteuerung via Tablet).
   → Mensch-Maschine-Interaktion
3. **Montage-Assistenzsysteme und Cobots** (kollaborierende Roboter) unterstützen menschliche Arbeit mit dem Ziel fehlerfreier Montageprozesse und ergonomischer Verbesserung. Diese Assistenzsysteme sind systemgeleitet und umfassend vernetzt. Damit handelt es sich um Industrie 4.0 Anwendungen in einer modularen Produktionsstruktur.
   → Mensch-Maschine-Kollaboration

Diese technologischen Strategien werden nachfolgend durch Beispiele unterlegt, damit die daraus resultierenden unterschiedlichen Arbeitsprozesse in der Produktion nachvollziehbar sind.

1.3.1 Cyber-physische Systeme – komplexe Vollautomatisierung

Verbreitung in der Produktionspraxis haben solche cyber-physischen Systeme bisher in der Verfahrenstechnik gefunden, also der Verarbeitung von Flüssigkeiten und Gasen. Entsprechende Anlagen ermöglichen eine Losgröße 1 und damit eine flexible oder auch individualisierte Produktion. Außerdem spricht die Verarbeitung von Gefahrstoffen für ein geschlossenes System, in dem menschliche Arbeitskraft nicht in einen laufenden Prozess eingreifen muss.

Ein Beispiel einer vollautomatisierten Produktions- und Abfüllanlage liefert Festo: »Heute tausende von Parfümflacons abfüllen und verpacken, morgen nur einige wenige Cremetuben und übermorgen Losgröße 1 – alles auf ein- und derselben Anlage. Wie das geht, zeigt das Multi-Carrier-System MCS®, ein Gemeinschaftsprojekt von Festo und Siemens, realisiert in einer Abfüll- und Verpackungsmaschine von Optima.« (Festo, 2015, S. 24). Auch in größerem Produktionsmaßstab sind Industrie 4.0 Anwendungen in der Spezialchemie stark im Kommen (vgl. Efker, 2019).

Ein allseits bekanntes und seit Jahren erprobtes Beispiel stammt aus der Druckindustrie, die Produktion von Fotobüchern, Fotokalendern u.Ä. Hier handelt es sich um eine Web-to-Print Anwendung, denn der Kunde stellt selbst sein Fotobuch zusammen, dies läuft in eine vollautomatisierte Produktion einschließlich Verpackung, Versand und Rechnungsstellung. Nur noch wenige Operatoren initialisieren und überwachen diesen Prozess am Produktionsort. Ein wesentlicher Treiber dieser Entwicklung ist »Time-to-Market«, also die Schnelligkeit, mit der die individualisierten Produkte den Kunden erreichen. Cyber-physische Systeme der Vollautomatisierung kennt also bereits jeder aus dem Alltag – und nutzt gerne die günstigen Preise.

Auch die »menschenleere Fabrik« in Sinne des Wortes existiert bereits – und zwar in China. Das chinesische Unternehmen Foxconn montiert in Guiyang im Südwesten Chinas Smartphones vieler Hersteller (u. a. iPhone, Samsung) in einer »Dark Factory«. In dieser Fabrik gibt es keine Beleuchtung, da hier kein Mensch tätig ist. Ein Produktionsprozess, in dem zuvor ca. 1.500 Mitarbeiter tätig waren, wird von nur einer Person überwacht. »Foxconn replaced 60,000 factory workers with robots in one factory.« (BBC News online, 25.05.2016). Am Rande sei erwähnt, dass es sich bei Foxconn um jenes Unternehmen handelt, welches in den Jahren 2015 und 2016 aufgrund der hohen Selbstmordrate von Mitarbeitern in öffentliche Kritik geriet. Die Auflösung menschenunwürdiger Montage-Arbeitsplätze sollte man nicht unbedingt negativ bewerten. Auch in anderen Staaten der Neo-Industrialisierung setzt man auf eine (tendenzielle) Vollautomatisierung wie z. B. bei Tata Motors, Indien, wo u. a. Mercedes Sprinter in Lizenz gebaut werden. Treiber hierfür ist nicht eine Einsparung an Arbeitskosten, sondern die Qualität.

Blicken wir nach Deutschland. Siemens ist das deutsche Unternehmen, welches vollautomatisierte Produktionsprozesse als Geschäftsfeld vorantreibt (Siemens Steuerungssoftware Mindsphere). Nicht erstaunlich also, dass Siemens in der eigenen Fabrikation von Elektronik-Bauteilen, im Werk Amberg, diese Strategie konsequent umsetzt – Produkte kommunizieren mit Maschinen, sämtliche Prozesse sind IT-optimiert und gesteuert, einschließlich der Qualitäts-und Funktionskontrolle. »Bei der Produktion von Simatic-Produkten in Amberg hat die Einbindung von Edge Computing, Artificial Intelligence und Mindsphere bei der Qualitätsprüfung von Leiterplatten durch Röntgengeräte ihre Vorteile gezeigt: Dadurch konnte die Anzahl erforderlicher Endkontrollen deutlich gesenkt werden« (Siemens Pressemitteilung zur Hannover Messe 2019). Natürlich ist die Fertigung nicht »menschenleer«, vergleichsweise wenige Operatoren werden nach wie vor eingesetzt.

Einen weiteren Treiber für Vollautomatisierung unter Industrie 4.0 stellt die Mikrosystemtechnik dar. Bauteile, vor allem elektronische Bauteile, werden immer kleiner. Die Herstellung von kleinen Bauteilen ist eine Herausforderung für eine präzise Positionierung der Teile, die sich immer mehr in den µm-Bereich verlagern. Die Mikromontage ist daher der teuerste Fertigungsschritt. Für solche Mikromontageprozesse ist eine rein manuelle Montage zunehmend weniger geeignet.

Infineon konnte im Werk Dresden 2018 einen vierjährigen Transformationsprozess zu einer vollautomatisierten Chip-Fertigung abschließen. Es handelt sich um eine Hochvolumen-Fertigung von Halbleitern (300 mm Wafer), eine weitgehend vollautomatisierte Produktion, in der alle Prozesse IT-gesteuert sind, inklusive des Einsatzes von Robotern und eines schienengeführten Transportsystems. Hinsichtlich der vollautomatisierten Produktion von 200 mm Wafern spricht Infineon von einer Personalkosteneinsparung um 75 %. Weiterhin sind Operatoren bei der Initialisierung und Überwachung der Anlagen tätig (Heinrich, 2018). Ein entscheidender Treiber für Vollautomatisierung ist bei Infineon nicht die Personalkosteneinsparung, sondern die Stabilität der Produktionsprozesse. Denn bei einer Reinraumfertigung stellt der Mensch das größte »Verschmutzungsrisiko« dar, welches ganze Chargen vernichten kann.

Das Beispiel Infineon zeigt auch, dass diese Transformation nicht zwangsläufig von einem Verlust an Arbeitsplätzen begleitet ist. Infineon Dresden gewann 2017 den Preis der Zeitschrift »Produktion« und der Unternehmensberatung A.T. Kearney »Fabrik des Jahres 2017« in der Kategorie »Standortsicherung durch Digitalisierung« (ca. 2000 Mitarbeiter am Standort Dresden). Nach der gleichen Produktionsarchitektur errichtete Infineon ein weiteres Werk im österreichischen Villach für die 300 mm Wafer-Chip-Produktion. Im Endausbau Anfang 2021 sollen hier ca. 400 Mitarbeiter, davon rund 200 in der Produktion, tätig sein – dies bei 60.000 m^2 Produktionsfläche und einem Umsatzpotenzial von jährlich 1,8 Milliarden €. Die Strategie von Infineon besteht darin, weitere Werke weltweit nach den gleichen Produktionsstandards aufzubauen. Ein weiterer Treiber für Vollautomatisierung ist demzufolge eine global einheitliche Produktionsstruktur, mit der Fabrikauslastungen weltweit »auf Knopfdruck« gesteuert werden können. Das Infineon Werk Dresden ermöglicht auch einen Blick auf die Veränderung der Arbeitstätigkeiten und der notwendigen Qualifizierungsmaßnahmen bei einem solchen Transformationsprozess. Eine Tätigkeitsanalyse erbrachte folgende Veränderungen für die Funktion »Operator«:

- der Anteil körperlicher Arbeit sinkt durch den Wegfall einfacher Tätigkeiten,
- Erhöhung der Anteile von Analyse und Entscheidung,
- mehr Verantwortung und Spezialisierung,
- höhere Qualifizierung der Operatoren notwendig.

Zu berücksichtigen ist, dass dieses Profil für 25 % der bisher tätigen Mitarbeiter gilt. Das Beispiel beschreibt jedoch sehr gut die Tendenz hinsichtlich der Veränderung der Arbeitstätigkeiten unter dem Paradigma Industrie 4.0.

Es lässt sich als Fazit zu den Konsequenzen der technologischen Strategie (1) Cyber-Physische Systeme/ komplexe Vollautomatisierung für die Mitarbeiter in der Produktion, die idealtypisch formuliert als Operatoren fungieren, festhalten:

- Maschine-Maschine-Interaktion: Maschinen und Produkte kommunizieren drahtlos mittels RFID-Chip oder WLAN miteinander, eine dezentrale intelligente Steuerung. Diese umfasst auch die gesamte Produktionslogistik, von der Materialzuführung über wegeautonome Transportsysteme bis zur Ansteuerung des nächsten Produktionsschritts.
- Aufgaben für Operatoren: Die Initialisierung eines Produktionsprozesses und seine Überwachung (ausgenommen zunächst der Sonderfall Predictive Maintenance).
- Die Beschäftigungsverluste sind erheblich, über 70 % der Arbeitstätigkeiten könnten entfallen, wie es in der IAB-Studie 2016 prognostiziert wurde. Dies

gilt unter der Voraussetzung, dass das Produktionsvolumen in einer gegebenen wirtschaftlichen Situation nicht ausgeweitet wird.

- Für die verbleibenden Mitarbeiter im Produktionsbereich verändern sich die Job-Profile drastisch in der Richtung: höhere Verantwortung, Prozessverständnis und Entscheidungskompetenz sowie maschinenbezogenes, spezialisiertes Fachwissen – dies auf Basis einer hohen IT-Anwendungskompetenz.
- Einfache bzw. repetitive manuelle Tätigkeiten entfallen weitgehend.

Unter der technologischen Strategie (3) Montage-Assistenzsystem und Cobots zeichnet sich ein völlig anders Bild ab. Zunächst jedoch zur technologischen Strategie (2)

1.3.2 Digitale Vernetzung – dezentrale Steuerung

Hier handelt es sich nicht um eine umfassende Automatisierung aller Prozessschritte durch die Digitalisierung, sondern um eine partielle Automatisierung. Die Gesamtsteuerung liegt bei Operatoren, die den nächsten Produktionsschritt über digitale Steuerung auslösen, ihn disponieren und auch optimieren. Für die anderen Mitarbeiter in der Produktion in nicht automatisierten Montageprozessen ändert sich ihre Tätigkeit nicht wesentlich. Auch abgesehen von partiell vollautomatisierten Prozessen handelt es sich um eine Industrie 4.0-Anwendung, denn der gesamte Produktionsprozess muss digital abgebildet werden, damit eine dezentrale Steuerung möglich ist. Besonders für mittelständische Unternehmen ist diese Produktionsform attraktiv, denn es ist oft nicht möglich, einen komplexen Produktionsprozess insgesamt zu automatisieren.

Außerdem ist dieser »große Wurf« bei einem vorhandenen Maschinenpark oft nicht möglich, da insbesondere ältere Maschinen nicht mit der erforderlichen (Mess-)Sensorik zur Zustands- und Prozessüberwachung ausgestattet sind. Ein grundsätzliches Problem liegt nach wie vor darin, dass ein geschlossenes cyber-physisches System gemeinsame Protokolle aller involvierten Produktionssegmente und -werkzeuge erfordert. Die »gemeinsame Sprache« für Industrie 4.0-Anwendungen existiert zum heutigen Zeitpunkt noch nicht, wenngleich schon viele Versuche der Standardisierung und Normung unternommen wurden. Dies ist ein schwieriges Feld aufgrund der Konkurrenz der großen Automatisierungsanbieter weltweit.

Zu partieller Automatisierung einige Beispiele: Gigaset produziert im Werk Bocholt seit 2018 wieder Smartphones der Modellreihe GS 185, allerdings nur in der Endmontage. Das angestrebte Produktionsvolumen ist mit 100.000

Smartphones jährlich eher bescheiden im Vergleich zu den großen Herstellern. Die Komponenten werden weiterhin in Asien produziert. Die Präzisionsmontage des Positionierens und Verschraubens der Komponenten erfolgt durch stationäre Roboter (partielle Vollautomatisierung). Das Verlegen von Kabeln und das Verpacken erfolgt durch menschliche Arbeitskraft. Die Fehler- und Ausschussquote ist deutlich niedriger als bei der bisherigen manuellen Montage in Asien, die Produktionskosten liegen jedoch nicht höher. Die Anzahl der Stellen in der Endmontage beläuft sich auf 24 Mitarbeiter im 3-Schicht-Betrieb für das beabsichtigte Produktionsvolumen von 100.000 Smartphones. Auf zehn Mitarbeiter in der Fließbandfertigung in Asien kommt jetzt ein Mitarbeiter in der automatisierten Endmontage in Bocholt. Treiber für die Rückverlagerung der Endmontage nach Deutschland waren die Qualität und Time-to-Market, denn Gigaset kann mit einer schnellen Lieferung für Anbieter von Telekommunikations-Verträgen punkten. Außerdem kann ein firmenspezifisches Customizing für Großkunden erfolgen (Gigaset-Pressemitteilung, 25.05.2018). Produktionstechnisch interessant ist ein Detail, nämlich dass das Verlegen von Kabeln durch menschliche Arbeitskraft erfolgt. Tatsächlich können moderne Roboter heute nahezu alles (die Montage in der Produktion betreffend), was Menschen auch können. Einen Nachteil haben Roboter in diesem Bereich allerdings: Sie sind weniger gut in der Lage, sogenannte biege-schlaffe Materialien (Kabel, Schläuche) zu verarbeiten.

Hinsichtlich einer großindustriellen Serienfertigung nach der technologischen Strategie (2) finden sich wenige Beispiele. Den Karosseriebau für E-Modelle im BMW-Werk Leipzig könnte man dazu zählen. Hier wird seit 2015 das in Deutschland erste Großserien-Elektromodell von BMW gebaut, also noch zu einem recht frühen Zeitpunkt der Entwicklung von Industrie 4.0-Anwendugen. Eine Impression aus der Presse: »Menschen sind in der Karosseriebau-Halle des Leipziger BMW-Werks eine Randerscheinung. Hier, wo der Autobauer seine Elektromodelle i3 und i9 montiert, regieren die orangefarbenen Kuka-Roboter. Sie greifen, heben und verkleben Leichtbauteile (...), die einige Meter weiter mit dem Fahrwerk und Elektroantrieb des Autos verbunden werden. Die wenigen Mitarbeiter, die man in der erstaunlich ruhigen Halle entdeckt, schauen auf Displays und kontrollieren, dass alles mit rechten Dingen zugeht« (Tagesspiegel, 08.01.2018).

Als Fazit zu den Konsequenzen der technologischen Strategie (2) Digitale Vernetzung/ dezentrale Steuerung für die Mitarbeiter in der Produktion lässt sich damit festhalten:

- Mensch-Maschine-Interaktion: wenige Operatoren steuern den Gesamtprozess oder überwachen Teilprozesse (Interaktion). Menschliche Arbeitskraft ist in den Montageprozess teilweise eingebunden, diese interagieren aber nicht mit dem System (zum Unterschied von Interaktion und Kollaboration, die im nächsten Kapitel dargestellt wird).

- Die Aufgaben für Operatoren entsprechen dem in Strategie (1) genannten Schema.
- Die Beschäftigungsverluste sind moderater als unter Strategie (1) und erreichen potenziell 20-50 % der Arbeitstätigkeiten, je nach Umfang der bisherigen manuellen und nun automatisierten Montagetätigkeiten.
- Für die Mitarbeiter in der nicht-automatisierten Montage ändert sich grundsätzlich wenig. Entweder sie werden in neue Arbeitsprozesse eingelernt oder die Tätigkeiten selbst ändern sich nicht entscheidend.
- Einfache bzw. repetitive manuelle Tätigkeiten sind weiterhin, aber in geringerem Umfang vorhanden.

1.3.3 Montage-Assistenzsysteme und Cobots

Die technologische Strategie (3) scheint für die industrielle Fertigung die Methode der Wahl zu sein, auch wenn sich Unternehmen hier in ihrer Ausrichtung erheblich unterscheiden. Kernbestandteil dieser technologischen Strategie sind manuelle Montage-Arbeitsplätze mit Montage-Assistenzsystemen, welche in die gesamte Produktionssteuerung integriert sind (U-Form Montageinseln oder verkette Montage nach dem One-Piece-Flow-Prinzip; vgl. Lotter/Müller, 2018, S. 101). Der Pionier einer modularen Produktion mit Montage-Assistenzsystemen in Europa ist SEW Eurodrive mit seinem Werk in Graben-Neudorf – und dies bereits seit der Umgestaltung der Produktion im Jahr 2013. Getriebe und gewerbliche Elektromotoren werden hier produziert. Die Grundprinzipien der technologischen Strategie lassen sich an diesem Praxisbeispiel gut veranschaulichen.

Der Materialfluss und die gesamte Produktionslogistik erfolgen vollautomatisch über liniengeführte FTS (fahrerlose Transportsysteme). Die manuelle Montage erfolgt in einer U-förmigen Montagestation, in der ein fahrbarer Montagetisch den nächsten Montageschritt ansteuert. Der Montagetisch stellt sich dabei automatisch auf die ergonomisch optimale Höhe der Arbeitsfläche ein. Das Werkstück trägt einen RFID-Chip, der jeweils nächste Montageschritt wird dem Monteur per Bildschirm angezeigt. Das benötigte Montagematerial wird durch Lichtsignal in Boxen angezeigt. Die Montageboxen werden automatisch befüllt. Der Monteur löst selbst den nächsten Montageschritt aus. Ist die Montage abgeschlossen, gibt der Monteur das Werkstück frei. Das FTS mit dem Werkstück steuert selbstständig die nächste Montagestation an. An den meisten Montagestationen arbeitet jeweils ein Mitarbeiter. Am Ende der Produktionsstrecke sind zum Heben und Positionieren mobile Roboter eingesetzt. Einzelne Routineaufgaben übernehmen »mobile Handlingassistenten«. Sie fahren an die jeweilige Arbeitsstation zur Bestückung von Dreh- und Fräsmaschinen. Hier belädt der mobile Assistent ein Zuführband mit den zu bearbeitenden Wellen. Anschließend fährt er automatisch die nächste Station an und entnimmt die bearbeiteten Wellen. In der werkübergreifenden Logistik kommen neuerdings »Logistikkapseln« zum Einsatz, die sich eigenständig auf dem Werksgelände bewegen und sich auf LKW oder Züge verladen können. Der gesamte Produktionsprozess wird digital abgebildet und von einem Leitstand aus gesteuert, etwa wenn eine Montagestation zur Störungsbehebung kurzfristig geschlossen werden muss oder die Personaldisposition die Besetzung einzelner Montagestationen nicht zulässt.

Die Vorteile gegenüber der früher auch bei SEW Eurodrive vorherrschenden Linienfertigung liegen auf der Hand: die maximale Flexibilität des Produktionsablaufs, der weitgehend unempfindlich auf Störungen reagieren kann. Ebenso ist es möglich, auf Schwankungen in der Auftragslage schnell zu reagieren und den Produktionsfluss anzupassen. Der eigentliche Treiber dieser Entwicklung zu Industrie 4.0 lag jedoch in der Beherrschbarkeit der Variantenvielfalt. In der traditionellen Linienfertigung hatte die Qualität durch Montagefehler gelitten, die durch die stark gestiegene Komplexität der Varianten mitverursacht wurden. Die Marktstärke von SEW Eurodrive liegt in der kundenspezifischen Entwicklung von Getrieben und Antrieben. Nach Einführung der Smart Factory bei SEW Eurodrive spricht man für die erste Ausbaustufe von einem Produktivitätsgewinn von ca. 20 %. Personalanpassungen bleiben aus, da das Produktionsvolumen ausgeweitet werden konnte. Wesentlich war auch eine deutliche Verkürzung der Lieferzeiten (Soder, 2017; SEW Eurodrive, 2019).

Ein generelles Problem der heutigen industriellen Fertigungsprozesse ist durch dieses Beispiel benannt: Die Beherrschung der Variantenvielfalt aufgrund von kundenspezifischen Lösungen oder Individualisierung von Produkten ist in der klassischen Linienfertigung immer weniger zu gewährleisten. Dies ist der zentrale Grund für die aktuell starke Positionierung einer modernen Fertigungsstruktur als modulare, flexible Fabrik – in Abkehr von der starren Linienfertigung (Kärcher et al., 2019). Dies gilt auch und gerade als Empfehlung für die Automobilindustrie (vgl. Bauernhansl, 2018; Bauernhansl/Fechter, 2019; Schulz, 2019). In einer solchen modular aufgebauten Produktion können Montageprozesse über manuelle Arbeitskraft mit automatisierten Prozessen verbunden werden. Das Postulat eines cyber-physischen Systems mit umfassender Vernetzung aller Produktionssegmente widerspricht dem keineswegs. Im Gegenteil, die durchgängige digitale Steuerung ermöglicht erst einen solchen flexiblen Produktionsprozess. Daher sind auch alle Assoziationen an die »Inselfertigung« oder »Boxenfertigung« der 1990er Jahre in der Automobilindustrie unzutreffend.

Ebenso fragwürdig sind die euphemistischen Formulierungen »Mensch und Maschine arbeiten Hand in Hand« oder »Kollege Roboter«. Merkmal der technologischen Strategie der Montage-Assistenzsysteme ist die digitale Steuerung aller Prozesse, also sowohl der Arbeitskraft als auch des Roboters. Daher sprechen wir hier von Mensch-Maschine-Kollaboration und nicht von Kooperation oder gar von Interaktion und Zusammenarbeit. Denn diese Form von »Zusammenarbeit« ist grundsätzlich systemgeleitet. Und dies hat Konsequenzen für die Arbeitsprozesse.

Dies wird deutlich an Montage-Assistenzsystemen mit Pick-to-Light-Technik (Lichtanzeige der Box, aus der das nächste Werkstück zu entnehmen ist, bei Bosch Rexroth) oder einem Poka Yoke Arbeitsplatz (Null-Fehler-Montage) von Mitsubishi Electric & Handke Industrietechnik (Automation & Digitalisierung, 2018a). Ziel ist ein fehlerfreier manueller Montageprozess. »Guided Operator Solutions« nennt Mitsubishi diese Technik. Der »Poka Yoke Controller« von Mitsubishi steuert den Montageprozess. Die kommissionierten Materialbehälter sind mit Türklappen versehen, die nur die Entnahme des vorgesehenen Bauteils zulassen. Das nächste Bauteil wird am Display angezeigt, und der Monteur quittiert die Entnahme am Behälter. Der »Poka Yoke Controller« regelt den Nachschub an Bauteilen. Ein MELFA-Roboter (Cobot) mit sensitiver Schutzhaut (Druckluft) führt schwere Werkstücke von bis zu 6 kg Gewicht in die manuelle Montage.

Der beschriebene Poka Yoke-Arbeitsplatz stellt sicherlich ein extremes Beispiel für eine Dequalifikation dar. Natürlich sind auch anspruchsvollere Formen von systemgeleiteten Assistenzsystemen verfügbar und sinnvoll. Hierunter zählen auch Industrie 4.0-Anwendungen wie Datenbrillen und Augmented Reality, mittels derer der nächste Montageschritt im Display angezeigt werden. Entscheidend ist, welche Form von Assistenzsystemen ein Unternehmen für welche Arbeitsprozesse zur Anwendung bringt. Werden die Handlungsspielräume von Monteuren massiv eingeschränkt (Neo-Taylorismus) oder ermöglichen Assistenzsysteme eine Entlastung für eigenständige Entscheidungen (Autonomie)? (vgl. Niehaus, 2017) Nur in letzterem Fall kann von einer Zunahme der Qualifikationsanforderungen ausgegangen werden. In der Mehrzahl der Fälle ist bei repetitiven Arbeitstätigkeiten eher die Tendenz zur Dequalifikation in der Tätigkeit zu beobachten. Keineswegs führt also Industrie 4.0 automatisch zu anspruchsvolleren Arbeitstätigkeiten (vgl. dagegen Lukowski/Neuber-Pohl, 2017)

Zunächst ist festzuhalten, dass die ergonomischen Vorteile solcher Systeme mit dem Einsatz von Cobots immens sind. Das Heben und Drehen sowie das exakte Positionieren schwerer Werkstücke entfällt. Ebenso sind Montagefehler, wie der Griff zu einer falschen Schraube, so gut wie ausgeschlossen (je nach System). Das fördert eine fehlerfreie Montage, auch bei Losgröße 1. Damit handelt es sich um eine zielführende Strategie, bei steigender Variantenvielfalt die Qualität zu sichern und die Stabilität der Prozesse zu gewährleisten. Andererseits ist die Arbeitstätigkeit des Monteurs unter Industrie 4.0, also einer systemgeleiteten Montage, von Dequalifikation gekennzeichnet. Für diese einfachen und repetitiven Tätigkeiten benötigt man keine Facharbeiterqualifikation, es handelt sich eher um angelernte Tätigkeiten.

Als Fazit zu den Konsequenzen der technologischen Strategie (3) Montage-Assistenzsysteme mit oder ohne Cobots für die Mitarbeiter in der Produktion bleibt festzuhalten:

- Mensch-Maschine-Kollaboration: Menschliche Arbeitskraft ist in ihrer Tätigkeit weitgehend systemgeleitet. Allerdings kann sie die Geschwindigkeit des Montageprozesses selbst bestimmen, ist also nicht taktgebunden (natürlich nur im Rahmen von Bandbreiten). Die Tätigkeit selbst ist durch einfache und repetitive Prozesse gekennzeichnet (Dequalifikation in der Tätigkeit).
- Die Aufgaben für Operatoren, die bisherigen Produktionsmeister, sind extrem anspruchsvoll. Sie steuern, disponieren und überwachen komplexe Abläufe am Bildschirm und treffen Entscheidungen über den Personaleinsatz. Außerdem müssen sie über Fachkenntnisse/Erfahrung zur Beseitigung kleiner Störungen verfügen. Sie sind im Normalfall die Ansprechpartner der Montage-Mitarbeiter und benötigen entsprechende Führungskompetenz. Hinsichtlich der Quantität werden in dieser Funktion (geschätzt) 40 % weniger Mitarbeiter benötigt als Produktionsmeister in der traditionellen Fertigung.
- Die Beschäftigungsverluste sind in den zitierten Beispielen insgesamt moderat und entsprechen in ihrer Quantität den Effekten von Rationalisierungsmaßnahmen früherer Zeiten. Im Unterschied zu den Annahmen der oben zitierten Studien entfallen einfache und repetitive Tätigkeiten keinesfalls aufgrund der Digitalisierung unter Industrie 4.0.
- Aufgrund der Vereinfachung der Tätigkeiten ist mittelfristig mit einem Absinken des Lohnniveaus für Montagetätigkeiten möglich. In welchem Ausmaß gewerkschaftliche Aktivitäten im Metallbereich dem entgegenwirken können, wird die Zukunft zeigen. Von einem Facharbeitermangel wird man in naher Zukunft für Montagetätigkeiten nicht mehr sprechen.

Viele Veröffentlichungen gehen unter den Vorzeichen von Industrie 4.0 von einer Zunahme von Teamarbeit und demzufolge von notwendigen personalen

Kompetenzen aus (z. B. Teamfähigkeit). Dies ist zweifellos richtig für die Mitarbeiter in Projektgruppen, die die neuen Prozesse konzipieren und umsetzen. Für die Mitarbeiter in der Produktion kann dies nicht bestätigt werden. Die Arbeitstätigkeiten vereinzeln hingegen. Dies gilt grundsätzlich für alle drei genannten technologischen Strategien. Besonders augenfällig wird dies unter der Strategie (3). Mitarbeiter sind überwiegend an Einzelarbeitsplätzen tätig, Kommunikation kann über die Distanz gar nicht stattfinden, und Absprachen untereinander sind nicht erforderlich. Das erledigt die Systemsteuerung. Dies kann man auch als eine disruptive Entwicklung auf der Ebene der menschlichen Zusammenarbeit ansehen, deren soziale Implikationen bislang kaum thematisiert wurden.

1.4 Rückkehr von Produktion nach Deutschland aufgrund von Digitalisierung

Viele Unternehmen haben in der Vergangenheit aufgrund der hohen Arbeitskosten in Deutschland und in den wirtschaftlich stark entwickelten Ländern Europas ihre Produktion ins Ausland, vor allem in asiatische Länder, verlagert (Offshoring). Sinkt der Arbeitskostenanteil am Produkt durch Digitalisierung erheblich, so kann zu kaum höheren Kosten ebenso in Deutschland gefertigt werden. Das oben angeführte Beispiel von Gigaset bestätigt diese Annahme. Mit einer weitgehenden Vollautomatisierung steigt die Wahrscheinlichkeit, dass Teile der Produktion aus dem Ausland nach Deutschland und Europa zurückkehren (Reshoring). Das Verhältnis von Produktionsverlagerung in das Ausland zur Rückverlagerung nach Deutschland liegt bei etwa 3 : 1 (Kinkel/Jäger, 2017). Hierbei sind allerdings auch IT-nahe Unternehmen mit eingerechnet. Weiterhin verliert der Produktionsstandort Deutschland an Bedeutung, aber es gibt auch Zugewinne durch Rückverlagerung von Produktion. Die Treiber für die Rückverlagerung sind (ähnlich bei Kinkel, 2019):

- Qualitätsprobleme in der auswärtigen Fertigung, z. B. in China, Indonesien oder Vietnam.
- Die Lohnkosten steigen auch in diesen Ländern, vor allem in China als bedeutendem Offshoring-Markt der Vergangenheit.
- Die höheren Arbeitskosten für qualifiziertes Personal in Deutschland fallen aufgrund der Digitalisierung tendenziell weniger ins Gewicht.
- Entscheidend aber sind die Beschleunigung der Produktion durch neue Technologien sowie kurze Transportwege (Time-to-Market).

»Dank Automatisierung und Digitalisierung ist es immer weniger sinnvoll, für den europäischen Markt in Asien zu produzieren.« (Jochen Heel, Vorstand Bosch-Siemens-Hausgeräte, BSH Pressemitteilung, 19.04.18).

Konkrete Beispiele für eine Rückverlagerung der Produktion nach Deutschland sind rar. Außer dem genannten Beispiel von Gigaset ist ein weiteres Beispiel ist die Firma Märklin, die eine wechselvolle Geschichte in der jüngsten Vergangenheit erleben musste: Übernahme durch einen Finanzinvestor 2006 und Weiterführung der Geschäftstätigkeit trotz Insolvenz 2009. Im Jahr 2018 Rückkehr der Produktion nach Deutschland. Entscheidender Treiber der Rückverlagerung waren Qualitätsprobleme bei der Fertigung in Asien und eine entsprechend hohe Ausschussrate. Betriebswirtschaftlich sinnvoll wurde dies durch moderne Technologien, nämlich durch den 3D-Druck von Spritzgussvorlagen und das Handling der Spritzgussteile durch Roboter. Das Entgraten der Spritzgussteile erfolgt durch Roboter vollautomatisch anhand eines Referenzmodells. »Nur durch maschinelle Handling-Systeme wie in der Spritzgussfertigung konnten wir zu wettbewerbsfähigen Preisen produzieren.« (Tastl, 2018, Produktionsleiter Märklin). Die Endmontage der Produkte erfolgt weiterhin manuell (2018 waren 150 Mitarbeiter in der Produktion tätig).

Spektakulär war sicherlich das Vorhaben der Firma Adidas, die ab 2017 individualisierte Sportschuhe wieder in Deutschland, im Werk Ansbach, produzierte. Die »Speedfactory« in Ansbach verfügte über eine Produktionskapazität von einer halben Million Sportschuhe pro Jahr. Hier wurden individualisierte bzw. ereignisbezogene Kleinserien gefertigt. Die Produktion erfolgt weitgehend mittels 3D-Druck, das Handling wird von Robotern übernommen. Ein virtuelles Modell des Schuhs wird digital erzeugt und digital getestet sowie anschließend automatisch in die Fertigung übergeleitet. Die Dauer des Gesamtprozesses vom Design bis zur Auslieferung an den Kunden betrug bisher bei einer Fertigung in Asien 18 Monate (inklusive Transportweg), bei der Hightech-Fertigung in Deutschland sieben Tage. Die Anzahl der Mitarbeiter in der Speedfactory in Ansbach betrug ca. 160, in Asien waren es für vergleichbare Arbeitsprozesse über tausend Mitarbeiter (wiwo.de, 20.08.2017). Ende 2019 gab Adidas jedoch bekannt, dass die Hightech-Fertigung in Ansbach und in Atlanta (USA) im April 2020 geschlossen wird. Die Produktion nach dem hier erprobten Hightech-Format wird nach Asien verlagert (Adidas Pressemitteilung, 11.11.2019). Als Grund wurde u. a. genannt, dass es sinnvoller sei, die Produktion der Speedfactory dort zu konzentrieren, wo das Know-how und die Lieferanten säßen; Asien habe technologisch schneller aufgeholt, als dies 2016 absehbar gewesen sei.

Dieses Ereignis einer Verlagerung der Produktion nach China stellt den Mythos der technologischen Überlegenheit Deutschlands oder Europas ernsthaft in Frage. Hinsichtlich der möglichen positiven Beschäftigungseffekte durch eine Rückverlagerung der Produktion nach Deutschland ist festzustellen, dass die Anzahl der neu geschaffenen Arbeitsplätze insgesamt überschaubar ist, natürlich in Folge der Digitalisierung. Zudem werden überwiegend höher qualifizierte Arbeitsplätze neu entstehen (vgl. De Backer/Menon, 2015). Hinsichtlich der Unternehmen, die stark in Robotik und Automatisierung investieren, konnten keinerlei Effekte zur Rückverlagerung der Produktion nach Europa festgestellt werden (De Backer et al., 2018).

Die bereits zitierte Strategie von Infineon verweist darauf, dass Produktionskapazitäten sogar innerhalb von Stunden an andere Standorte weltweit verlagert werden könnten, ohne dass dafür eine Investition erforderlich wäre. Flexibilität aus Unternehmenssicht bedeutet im Idealfall auch globale Produktionsflexibilität – ermöglicht durch Cloud-Anwendungen.

- Es ist eher unwahrscheinlich, dass es durch Industrie 4.0 gelingen kann, Produktion in einem nennenswerten Umfang nach Deutschland zurück zu holen.
- Vielmehr zeichnet sich ein Trend ab, dass Hightech-Produktion nach China verlagert wird, siehe das Beispiel Adidas sowie Planungen in der Automobilindustrie.Time-to-Market gewinnt eine neue Bedeutung, wenn der Hauptabsatzmarkt in Asien liegt und sich dort auch die wesentlichen Lieferanten befinden (z. B. die Produktion von Autobatterien für E-Modelle).
- Prognosen zu positiven Beschäftigungseffekten aufgrund einer technologischen Überlegenheit Deutschlands, wie es in den BIBB-IAB-Studien unterstellt wird, sind in dieser Hinsicht fragwürdig.

1.5 Die besondere Situation in der Automobilindustrie

In der Fläche der Automobilproduktion in Deutschland sind Industrie 4.0-Anwendungen nur partiell zu beobachten. Eine Ausnahme stellen VW mit dem neu umgebauten Werk in Zwickau und Audi mit dem Werk in Brüssel dar. An beiden Standorten werden ausschließlich die neuen E-Modelle gefertigt. Die E-Modelle von VW (mit dem »modularen Elektrifizierungsbaukasten« als Plattform-Strategie) sowie von Audi verfügen über eine an den Elektroantrieb angepasste Fahrzeugarchitektur. Dies ermöglicht bzw. erfordert daher auch andere Produktionsprozesse. In beiden Werken wird die traditionelle Linienfertigung mit einer zunehmenden Automatisierung kombiniert. Es handelt sich also um die technologische Strategie der schrittweisen Automatisierung (Strategie 1) als Industrie 4.0-Anwendung inklusive eines umfangreichen Rotereinsatzes, in die auch zunehmend Montageprozesse eingebunden werden. In der Fläche kündigt VW einen kontinuierlichen Personalabbau an (um ca. 40.000 Stellen bis 2024). In den genannten Werken allerdings ist dies nicht der Fall, im Gegenteil, aufgrund der neuen Produktionsprozesse wurden alle Mitarbeiter anlagenspezifisch weitergebildet.

Eine weitere Ausnahme ist die Produktion des E-Modells Porsche Taycan. Hier erfolgt die Montage von Elektromotoren vollautomatisch und die Fahrzeugmontage in flexiblen, manuellen Montageinseln, die variantenspezifisch durch autonome fahrerlose Transportsysteme (FTS) angesteuert werden. Hier handelt es sich also um eine Annäherung an die technologische Strategie (3). Von einem Personalabbau ist bei Porsche keine Rede, jedoch von Kosteneinsparungen in anderen produktionsnahen Bereichen.

BMW und Daimler beabsichtigen den aktuell verfügbaren Informationen zufolge nicht, für die Produktion von E-Modellen eine spezialisierte Fertigung aufzubauen, sondern integrieren diese in die bisherige Linienfertigung. Ähnlich sind die Perspektiven beim französischen Automobilkonzern PSA, zu dem auch Opel zählt. Industrie 4.0-Anwendungen sind in diesen Bereichen der Automobilproduktion in geringerem Umfang zu erwarten. Diese beschränken sich derzeit – so zeigt es sich in dem relativ weit fortgeschrittenen BMW-Werk Regensburg – im Wesentlichen auf die Produktionslogistik (wegeautonome fahrerlose Transportsysteme) und auf die Instandhaltung (Predictive Maintenance – digitaler Zwilling). Daher sind allein aufgrund von Industrie 4.0-Anwendungen keine signifikanten negativen Beschäftigungseffekte zu erwarten (ohne Berücksichtigung der aktuell deutlich nachlassenden Autokonjunktur).

Dies gilt jedoch nicht für das Thema Elektromobilität. Die zentrale These lautet: Die eigentliche disruptive Entwicklung in der Automobilindustrie entsteht durch Elektromobilität. Diese wird durch Industrie 4.0 Anwendungen verstärkt, da sich das Produktionsumfeld entscheidend verändern wird (zur ausführlichen Begründung siehe Bergmann, 2020).

Der hohe Automatisierungsgrad des neuen VW-Werks in Zwickau bestätigt diese These; ebenso die Produktion des Porsche Taycan. Die erste Begründung für diese These liegt in der deutlich verminderten Komplexität bei der Produktion von Elektromodellen. E-Modelle verfügen über deutlich weniger Teile als Modelle mit Verbrennungsmotoren, sind also deutlich weniger montageintensiv. Der Antriebsstrang (E-Motoren, Batterie, Rekuperationsgetriebe) bei Fahrzeugen mit Elektromotor besteht aus rund 200 Teilen; der Antriebsstrang bei Fahrzeugen mit Verbrennungsmotor aus ca. 1400 Teilen (Motor, Turbolader, Tank, Getriebe, Auspuffanlagen etc.) (vgl. Hinderer/Pflugfelder/Kehle, 2016, S. 67 ff.). Hinsichtlich der Fertigung des Antriebsstrangs bei E-Modellen entfallen 80 % der Montagetätigkeiten. Dies entspricht einem um 20 % geringeren Personalbedarf in der Produktion von E-Modellen insgesamt. Hinzu kommt, dass die Fertigung von Elektromotoren technisch wesentlich weniger anspruchsvoll ist als die von Verbrennungs- und insbesondere von Dieselmotoren.

Noch entscheidender für die schwierige Situation in der Automobilindustrie ist die deutlich rückläufige Wertschöpfung bei der Produktion von E-Modellen, denn die Batteriekosten machen 64 % der Wertschöpfung hinsichtlich des Antriebs aus (FEV/VDMA-Studie, 2018). Und diese Wertschöpfung liegt nicht bei den Automobilproduzenten, sondern bei den Zulieferern aus Südkorea und China. Die prognostizierte rückläufige Wertschöpfung gilt jedoch nicht für Plug-in-Hybride. Der ehemalige Daimler-Vorstand Dieter Zetsche: »Mehr Elektroautos sind gut für die CO_2-Bilanz. Aber nicht so gut für unsere Konzern-Bilanz.« (Süddeutsche Zeitung, 06.04.2018). Daher hat es den Anschein, dass Daimler und BMW den Trend zur E-Mobilität zumindest für Volumenmodelle eher »aussitzen« möchten, d. h. eigene E-Modelle nur zögerlich und abgeleitet von Verbrenner-Modellen entwickeln und mit langen Lieferzeiten die Nachfrage eher abschrecken wollen.

Die zweite Begründung der These: Nach einer Studie des Instituts für Arbeitsmarkt und Berufsforschung (IAB) (Mönnig et al., 2018) werden durch die Umstellung der Produktion auf E-Modelle bis 2035 114.000 Stellen in der Automobilindustrie verloren gehen, davon 83.000 Stellen im Fahrzeugbau. Die Autoren der Studie stützen sich auf die Annahme, dass der Anteil von E-Modellen bis 2035 lediglich auf 23 % gegenüber Verbrenner-Modellen ansteigt, bei einer gleichbleibenden Gesamtzahl verkaufter PKW. Es handelt sich um eine eher vorsichtige Annahme der Autoren, die hinter den von den Automobilunternehmen beabsichtigten Absatzzahlen (Stand 2019) zurückbleibt. Laut einer Studie des CAR-Instituts (CAR, 2019) kostet die Umstellung auf E-Mobilität bis zum Jahr 2030 125.000 Arbeitsplätze in der Automobilindustrie. Hiernach entfallen 234.000 Stellen in der Produktion und Entwicklung von Verbrennungsmotoren, während 109.000 neue Arbeitsplätze im Kontext E-Mobilität entstehen. Die Autoren dieser Studie gehen von einem Anteil von rund einem Drittel an E-Modellen bis 2030 aus.

Die Kfz-Zulieferindustrie ist von diesen disruptiven Entwicklungen bereits seit Herbst 2019 betroffen. Fast alle Zulieferer befinden sich in Kurzarbeit oder planen einen Personalabbau. Die großen Unternehmen stellen sich aktiv auf E-Mobilität um, mit neuen Produkten oder innovativen Geschäftsideen. Bis diese zu einem Ertrag führen, könnten jedoch Jahre vergehen. Die kleineren Zulieferer, die vornehmlich im Bereich von Verbrennungsmotor-Komponenten geschäftlich aktiv waren, können diese Investitionen in die Zukunft häufig nicht finanzieren und werden am Markt nicht bestehen (vgl. Diez et al., 2016; Perlewitz, 2019).

Die dritte Begründung der These: Der chinesische Markt ist der Leitmarkt für Elektro-Mobilität. VW tätigt den weltweiten Absatz zu 40 % auf dem chinesischen Markt, BMW und Daimler nur zu 25 % – und dies im Bereich Premiummodelle und SUVs, die auch mit Verbrennungsmotoren auf dem chinesischen Markt stark nachgefragt sind. VW muss auf dem chinesischen Markt mit Volumenmodellen bestehen, BMW und Daimler müssen dies nur eingeschränkt (Minimum 10 % des Flottenabsatzes mit E-Modellen aufgrund der staatlichen chinesischen Regulierung). Aus diesem Grund verfolgt VW eine deutlich andere Strategie zum Thema E-Mobilität als Daimler und BMW. Und dies stellt den Grund dar für die unterschiedlichen Strategien in der Produktion (s. oben). VW muss durch Industrie 4.0 Anwendungen (= zunehmende Automatisierung) den Ertrag bei E-Modelle deutlich erhöhen. Bei Daimler und BMW stellt dies (Stand Ende 2019) offensichtlich ein Randthema ohne Handlungsdruck dar.

Dies führt zu einer weiteren Bedrohung des Automobilstandorts Deutschland: Eine Verlagerung der Produktion nach China. Die Produktionsverlagerungen nach China, die ab 2020 anstehen, haben nichts gemein mit den Arbeitskosten-Argumenten der Vergangenheit. Denn China ist der Leitmarkt für Elektro-Mobilität. Hierzu drei Beispiele: BMW und Great Wall produzieren ab 2021 drei Elektro-Mini-Modelle und ein Benzinmodell in Boading, China. Produktionsziel 2022: 700.000 Fahrzeuge. BMW plant eine zweite Welle der Elektrifizierung mit einer Produktion in China (in Kooperation mit dem chinesischen Partner Brilliance) ab 2021/22, mit einer geplanten Kapazität von 150.000 Fahrzeugen pro Jahr. Sollte sich die Nachfrage nach E-Modellen in Europa erhöhen, so ist mit einem Import nach Deutschland zu rechnen. Nach Auslaufen der Smart-Produktion in Deutschland wird bei Daimler der neue E-Smart in China gebaut und nach Deutschland importiert. Volvo wurde 2010 von einem chinesischen Investor übernommen. Die E-Modelllinie »Pole Star« wurde in Schweden entwickelt und wird seit Mitte 2019 in China gebaut (Süddeutsche Zeitung, 02.03.2019).

Eine möglicher Weise gegenläufige Tendenz: Mitte November 2019 kündigte Elon Musk (Tesla) den Bau einer neuen Produktionsstätte für Teslas E-SUV, für elektrische Antriebskomponenten und für Batterien in Brandenburg nahe Berlin an. Ob eine Batteriezellen-Fertigung oder eine Batteriemontage gemeint ist, blieb unklar. Es sollen bis zu 7.000 Arbeitsplätze entstehen. Man wird sehen.

So stellt sich die Situation in der Automobilindustrie unter Industrie 4.0 Gesichtspunkten als höchst unterschiedlich dar. Im Fazit:

- Solange überwiegend Modelle mit Verbrennungsmotoren gefertigt werden, werden sich Industrie 4.0 Anwendungen in der Automobilindustrie in Grenzen halten. Es ist nicht erkennbar, dass hier nennenswerte Veränderungen in der Fläche geplant sind, gleich gar nicht disruptive Entwicklungen (außer VW Werk Zwickau).

- Jedoch sehen 64 % der Führungskräfte in der Automobilbranche eine große oder sehr große Disruptionsgefahr für das eigene Geschäftsmodell (laut einer Studie der Staufen AG, 2019).
- Es ergeben sich mindestens in den nächsten zwei bis drei Jahren weder positive noch negative signifikante Beschäftigungseffekte noch entscheidende Veränderungen hinsichtlich des Qualifizierungsbedarfs.
- Eine Anforderung hinsichtlich des Qualifikationsbedarfs ist bei der Produktion von E-Modellen heute bereits gegeben: Mitarbeiter müssen in Hochvolt-Technik geschult sein, allein schon aus Gründen der Arbeitssicherheit.
- Sollte ein relevantes Volumen an E-Modellen (etwa 30 % und mehr) gefertigt werden, ändert sich das Bild drastisch. VW, Audi und Porsche sind auf diesen Zeitpunkt gut vorbereitet, denn sie verfügen über Modell-Produktionsstätten, die auf andere Standorte übertragen werden können – VW Zwickau, Audi Brüssel und Porsche mit jeweils entgegen gesetzten technologischen Strategien unter Industrie 4.0. Beide Premium-Hersteller BMW und Daimler sind derzeit weitgehend ohne solche durchgängigen Referenzmodelle einer modernen und flexiblen Fertigung.
- Der Zeitpunkt für den Durchbruch von E-Mobilität ist nicht verlässlich zu bestimmen, vermutlich in den Jahren zwischen 2025 und 2030 oder schon früher.
- In dieser Zeitspanne werden negative Beschäftigungseffekte unvermeidbar sein. Es addieren sich Personaleinsparungen aufgrund des geringeren Montageaufwands für E-Modelle und Rationalisierungseffekte aufgrund von Industrie 4.0 Anwendungen. Es könnte durchaus zu Personalreduzierungen von bis zu 40 % kommen. In den zitierten Beispielen, und zwar in den Werken oder Werksteilen, in denen die Digitalisierung geplant und aufgebaut wird, ist hingegen ein Zuwachs an Beschäftigung zu verzeichnen – ein vermutlich kurzfristiger und durchaus typischer Effekt beim Aufbau neuer Technologien, wenn gleichzeitig der Produktionsumfang innerhalb der alten Technologien aufrechterhalten werden muss.
- Ebenso disruptiv werden sich die Arbeitstätigkeiten in dem Zeitraum zwischen 2025 bis 2030 unter den Bedingungen von E-Mobilität verändern. Hochqualifizierte Tätigkeiten in der Planung, Steuerung und Überwachung von Produktionsprozessen stehen den verbleibenden – in der Tätigkeit möglicher Weise dequalifizierten – Montageprozessen gegenüber. Der Umfang dieser Tätigkeiten ist von der im Unternehmen gewählten technologischen Strategie abhängig.
- Im Unterschied zu den Automobilherstellern ist die disruptive Entwicklung in der Zuliefer-Branche bereits spürbar angekommen.

Für die HR-Funktionen bedeutet dies, sich möglichst nah an den technologischen Strategien zu orientieren, diese zu verstehen und beurteilen zu können. Hierzu zählt die Kenntnis der unterschiedlichen Strategien in der Praxis (auch unabhängig vom eigenen Unternehmen) und ihrer jeweils unternehmensspezifischen Formen. Diese Ausführungen verstehen sich als ein Beitrag, ein solches systematisches Überblicksverständnis von Industrie 4.0 zu ermöglichen. Aufgrund der schnellen technologischen Weiterentwicklung ist der Besuch von Automatisierungsmessen und entsprechenden Veranstaltungen nicht nur für Techniker, sondern auch für HR-Verantwortliche angeraten.

1.6 Weitere technologische Einflussfaktoren auf die Arbeitswelt 4.0

Zu nennen sind zunächst die rapiden Entwicklungen in der Robotik. Bis vor wenigen Jahren dominierten in den Unternehmen stationäre programmierbare Roboter für Aufgaben wie Schweißen oder Lackieren. Das ist seit vielen Jahren erprobte Praxis. Auf der Automatica in München 2018 (vgl. Robotik und Produktion, 2018) präsentierten viele Hersteller kollaborierende Roboter (Cobots). Während die klassischen Industrieroboter hinter Schutzzäumen ihre Arbeit verrichteten, sind Cobots für die Kollaboration mit Menschen ausgelegt. Sie übernehmen u. a. das Heben und präzise Positionieren von schweren Werkstücken und bieten daher erhebliche ergonomische Vorteile. Der »schutzzaunlose« Kontakt mit Menschen erfordert aus Gründen der Arbeitssicherheit Sensorsysteme, z. B. eine sensitive »Schutzhaut«, die den Cobot bei Berührungen zum Stillstand bringt (vgl. Müller/Lotter, 2018). Nicht zu verwechseln sind diese Anwendungen der Robotik mit humanoiden Robotern, die gerne die Schlagzeilen füllen, welche für die industrielle Produktion aber bedeutungslos sind.

Der entscheidende technologische Vorteil von mobilen Cobots besteht darin, dass sie in ihren Bewegungs- und Zielparametern nicht jeweils neu programmiert werden müssen, wenn sie an ein anderes Werkstück angepasst werden. Es geht um eine hohe Flexibilität im Einsatz. Dies wird ermöglicht durch Künstliche Intelligenz, durch Machine Learning. Cobots können »geteacht« werden, indem ihre Bewegungen zunächst von einem Menschen geführt werden. Die Bewegungsparameter optimiert der Cobot anschließend selbständig. In der Bedienung, z. B. in der Einrichtung auf ein neues Werkstück, spricht man einer »intuitiven Bedienbarkeit«, für die keine Programmierkenntnisse notwendig sind (vgl. Reinhart/Magana Flores/Zwicker, 2018). Aus der Anschauung der »intuitiv« bedienbaren Displays ist allerdings zu sagen, dass die Anbieter noch einige Optimierungsaufgaben vor sich haben.

Bei aller Euphorie über den Einsatz von Cobots in der Kollaboration mit menschlicher Arbeitskraft ist eine Einschränkung zu erwähnen. Cobots bleiben in der Kollaboration weit unter ihren technischen Möglichkeiten, denn sie können nur mit einer verminderten Geschwindigkeit arbeiten. Diese ergibt sich aus der kritischen Verzögerung bei einem ungeplanten Kontakt mit Menschen oder Material. Moderne Industrieroboter in Pick-and-Place-Anwendungen für vollautomatische und flexible Montagevorgänge arbeiten mit extrem hohen Geschwindigkeiten bei absoluter Präzision, z. B. mit einer Geschwindigkeit von 4 m/Sek. und 120 Aktionen pro Minute bei Teilen bis zu 10 kg Gewicht (Transportsystem von B&R Industrial Automation mit Robotergreifern, Automatica, 2018, München). Dies ist fast schneller als ein Mensch schauen kann. Wenn eine Beschleunigung in der Fertigung von in Volumen und Gewicht kleineren Produkten das Ziel ist, dann ist die Vollautomatisierung mittels eines cyber-physischen Systems vermutlich die Technologie der Wahl und nicht die einer manuellen Montage mit Cobots.

Andererseits sind auch positive Beschäftigungseffekte durch Robotik zu berichten. In der Robotertechnologie sind Firmen aus Deutschland sowie aus Japan weltmarktführend. Dies bezieht auch kleinere Mittelständler ein. Beispielsweise produziert die Firma Schunk aus Lauffen am Neckar Greifsysteme für Roboter. Das junge Unternehmen Isra Vision aus Darmstadt ist führend bei optischen Bilderkennungsverfahren und auch in der Sensortechnik nehmen deutsche Unternehmen wie Sick, Freiburg, eine wesentliche Position auf dem Weltmarkt ein.

Wenig Beachtung in der Öffentlichkeit fand der 2018 erfolgte Durchbruch in der 3D-Bildverarbeitung, das Jahr »in dem Roboter sehen lernten«. Roboter mussten bisher mit einer Unzahl von Sensoren ausgestattet werden, damit sie ihre Bewegungen im Raum verarbeiten konnten. Nach den jüngsten Fortschritten in der 3D-Bildverarbeitung können Roboter (ähnlich wie beim autonomen Fahren) ihre Umgebung erkennen und ihre eigene Position im Raum bestimmen. Bildverarbeitungssysteme können darüber hinaus in Echtzeit unterschiedliche Werkstücke erkennen und die Aktionen eines Roboters entsprechend anpassen. Das Sensorsystem wird zu einem cyberphysischen System, das selbständig auf geänderte Aufgaben oder Umgebungseigenschaften reagieren kann (vgl. Heizmann/Greiner/Quint, 2018).

Um überzogenen Vorstellungen von Künstlicher Intelligenz entgegenzutreten, ist festzuhalten, dass Roboter genau das tun, worauf sie programmiert wurden – und nichts anderes. Der gewaltige Fortschritt liegt darin, dass Roboter trainiert werden können und nicht in allen Detailabläufen programmiert werden müssen. Robotik in der Produktion führt nicht per se zu einem mehr oder weniger an Arbeitsplätzen. Entscheidend für die Beschäftigungseffekte ist, in welche technologische Strategie diese eingebunden sind. Bei einem cyber-physischen System – Vollautomatisierung sind sie ein Bestandteil der Automatisierungsstrategie insgesamt. Bei der technologischen Strategie 3 sind sie Teil eines Assistenzsystems für manuelle Montagearbeiten.

Eine weitere technologische Innovation stellt die additive Fertigung oder der 3D-Druck dar. Auch hier existieren überzogene Erwartungen hinsichtlich der Leistungsfähigkeit dieser Technologie. In Hinblick auf die industrielle Produktion sind jedoch zunächst die Fortschritte dieser Technologie zu vermerken. Während in der Vergangenheit 3D-Druck auf kleinere Kunststoff-Komponenten beschränkt bleib, können heute nahezu alle Materialien mit 3D-Druck verarbeitet werden, einschließlich metallischer Verbindungen bis hin zu Titan. Dies wird ermöglicht durch Lasersinter- oder Laserschmelzverfahren (vgl. Ampower, 2019).

Für einige Industriezweige stellt der 3D-Druck eine disruptive Technologie dar, in der Medizintechnik und in der Luftfahrtindustrie. In der Medizintechnik können hocheffizient individuell angepasste Orthesen oder Prothesen gefertigt werden (vgl. Kügler, 2019) ebenso wie z. B. Zahnersatz. Dies verändert die Produktion in diesen Bereichen der Medizintechnik entscheidend, denn die bisherigen Tätigkeiten von hochqualifizierten Fachkräften werden durch 3D-Druck weitgehend ersetzt. Für die Luftfahrtindustrie bietet der 3D-Druck von metallischen Verbindungen erhebliche Vorteile. Mittels 3D-Druck können komplexe Geometrien mit hoher Festigkeit hergestellt werden (vgl. Automation & Digitalisierung, 2018b). Dies reicht von Bauteilen von Strahltriebwerken über Rotorblätter bis zu Grundstrukturen von Flugzeugsitzen. Der Vorteil liegt in der Gewichtseinsparung bei gleichzeitig hoher Stabilität. Und dies spart über die geringeren Treibstoffkosten viele Millionen Euro pro Flugzeug über dessen gesamte Lebensdauer ein. Über negative oder positive Beschäftigungseffekte liegen keine Informationen vor. Solche Effekte wären auch vermutlich überlagert durch aktuelle Veränderungen in der Auftragslage.

In allen Industriebereichen hat sich die Technik des 3D-Drucks in der Konstruktion durchgesetzt: Rapid Prototyping. Hier ist die Technologie konkurrenzlos, da sie Konstruktionsprozesse massiv beschleunigt. Natürlich hat dies Auswirkungen auf das Berufsbild des Konstruktionsmechanikers, dessen Tätigkeiten zu großen Teilen von 3D-Druckern übernommen werden können.

Wenn Verfahren des 3D-Drucks in die industrielle Fertigung integriert werden, spricht man von additiver Fertigung. Hier hat 3D-Druck allerdings einen erheblichen Nachteil, der in der systembedingten Dauer des Druckverfahrens liegt. Die Fertigung von Kleinteilen, insbesondere aus Kunststoffverbindungen, lässt sich über 3D-Druck gut darstellen (vgl. Holländer, 2019). Die

Großserienfertigung eines Karosserieteils würde allerdings mehrere Stunden benötigen. Zudem können keine Bauteile beliebiger Größe erzeugt werden, da der Druckraum begrenzt ist. Daher wird sich diese Technologie in der industriellen Produktion in der Fläche – soweit heute absehbar – nicht durchsetzen (vgl. Daum, 2019; Ilg, 2018). Bei Kleinteilen, die bisher vorwiegend aus einer Zulieferproduktion stammen oder bei individualisierten Kleinteilen kann sich die Technologie jedoch durchaus behaupten (Babel, 2019).

Soweit 3D-Druck bisherige Techniken wie z. B. Spritzgussverfahren ersetzt, liegen negative Beschäftigungseffekte auf der Hand. Bei einem 3D-Druckverfahren spielt eine menschliche Arbeitskraft keine Rolle. Es fallen aber minder qualifizierte Tätigkeiten an, wie die Entnahme der produzierten Teile, die Reinigung des Druckraums, das Recycling überschüssigen Granulats etc. Insgesamt dürften sich negative Beschäftigungseffekte quantitativ in Grenzen halten, wenngleich für ein einzelnes Unternehmen deutliche Kosteneinsparungen zu erzielen sind (dazu die Beispiele von Märklin und Adidas ▶ Kap. 1.4).

1.7 Veränderung der Qualifikationsstruktur in der Produktion

Hinsichtlich der Veränderungen der Qualifikationsstruktur unter Industrie 4.0 stützen die genannten Überlegungen die Polarisierungshypothese. Diese geht davon aus, dass sich Tätigkeiten in der Produktion in zwei Richtungen differenzieren. Auf der einen Seite bildet sich eine Elite von Produktionsmitarbeitern, die auf der dispositiven Ebene tätig sind (Planung, Steuerung und Überwachung von Produktionsprozessen – Produktionsingenieure, Produktionsmeister und speziell ausgebildete Facharbeiter). Auf der anderen Seite sind Produktionstätigkeiten von Dequalifikation bedroht, insbesondere bei Montage-Assistenzsystemen unter Strategie (3).

Wir sprechen hier von der Qualifikationsstruktur. Polarisierung bedeutet nicht zwangsläufig, dass sich die Gehälter in ebensolchem Maße differenzieren, insbesondere dass bei geringqualifizierte Tätigkeiten das Lohniveau abgesenkt wird. Dies scheint eine gesellschaftspolitische Setzung zu sein, ist aber keine Folge von Industrie 4.0. Alternativen sind durchaus denkbar, um einem Absinken der Arbeitseinkommen in der unteren Einkommensstruktur entgegenzuwirken, etwa eine Verkürzung der Arbeitszeit unter Beibehaltung der Einstufung, womit Arbeitsplatzverlusten vorgebeugt werden kann. So blieben die Arbeitskosten für ein Unternehmen unverändert. Die gesellschaftspolitische Dimension einer sozialen Polarisierung (vgl. Staab/Prediger, 2019) kann hier nicht weitergehend diskutiert werden (▶ Abb. 3).

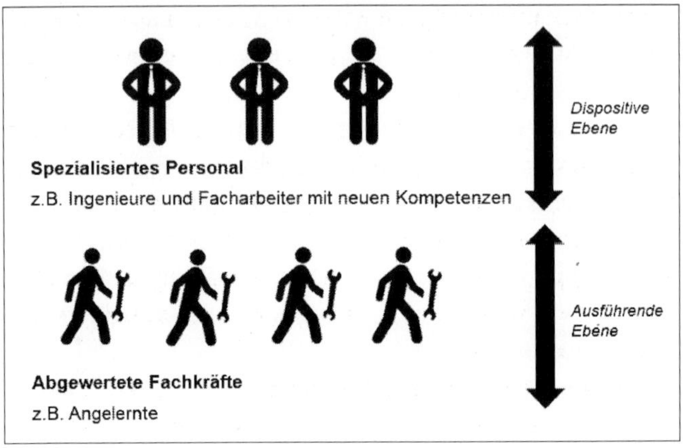

Abb. 3: Polarisierung in der Qualifikationsstruktur (Quellen: Hirsch-Kreinsen, 2015; Hirsch-Kreinsen/ Ittermann, 2017, S. 139; vgl. Hirsch-Kreinsen/ Ittermann/ Niehaus, 2018)

In der arbeits- und industriesoziologischen Forschung spricht man von »Einfacharbeit«, wenn es sich um repetitive Tätigkeiten mit eingeschränkten Handlungsmöglichkeiten handelt (vgl. Hirsch-Kreinsen, 2016 und 2017; vgl. Tiemann, 2016). Die Polarisierungshypothese ist keinesfalls ein neuer Ansatz im Zuge von Digitalisierung. Bereits in den 1960er Jahren führten Horst Kern und Michael Schuhmann industriesoziologische Untersuchungen durch, die in der Formulierung der Hypothese der Qualifikationspolarisierung mündeten (vgl. Kern/Schumann, 1970 und 1984). Bei der Polarisierung in der Qualifikationsstruktur handelt es sich also nicht um einen disruptiven Prozess, sondern Polarisierung fand in der Industrie durch mehrere Rationalisierungsphasen hindurch statt. Allerdings nicht immer in der Vergangenheit.

In den 1990er Jahren dominierte in großen Industrieunternehmen, vor allem auch bei den Automobilunternehmen, eine andere Produktionsphilosophie: die »teilautonomen Gruppen in der Produktion«. Hier ging es explizit um eine höhere Verantwortung und um eine Selbststeuerung von Gruppenarbeit in der Produktion (vgl. Bergmann/Ernst, 1996). Ende der 1990er Jahre wurde diese von vielen als revolutionär empfunden Produktionsphilosophie (vgl. Sattelberger, 2015) abgelöst durch eine »geführte Gruppenarbeit«, wobei alte hierarchische Strukturen erneut etabliert wurden (vgl. Springer, 1999).

In der aktuellen industriesoziologischen Forschung in Produktionsunternehmen finden sich nur wenige Belege dafür, dass Digitalisierung zu einer weitergehenden Polarisierung führt. Dies verwundert nicht, wenn die Untersuchungen in willkürlich ausgewählten Unternehmen stattfinden, in denen keinerlei oder nur wenige Umsetzungen von Industrie 4.0 zu beobachten sind.

Und auch heute noch muss man die Betriebe mit der Lupe suchen, in denen in der Fläche Veränderungen des Produktionsprozesses nach Industrie 4.0 zu analysieren sind. In einer BIBB-Studie von 2016 (alle Berufsgruppen umfassend) konnten die Autoren keine Belege für die Polarisierungshypothese berichten (Helmrich et al., 2016).In einer umfangreichen Metastudie kommen Staab & Prediger (2019) hinsichtlich der Entwicklung im industriellen Sektor zu dem Resultat, dass empirische Studien zu industriellen Arbeitsprozessen eher auf Abwertungs- und Polarisierungsbewegungen hindeuten (Staab/Prediger, 2019, S. 3). Dies entspricht auch den Ergebnissen der in Kapitel 1.2 zitierten ZEW-Studie.

Auch wenn in der empirischen Forschung zum derzeitigen Zeitpunkt eine Polarisierung der Qualifikationsstruktur insgesamt nicht nachgewiesen ist, legen die Entwicklungen zu Industrie 4.0 unter der technologischen Strategie (3) Montage-Assistenzsysteme eine solche Tendenz durchaus nahe.

1.8 Qualifizierung im Produktionsbereich unter Industrie 4.0

Seit von der 4. Industriellen Revolution und von Digitalisierung die Rede ist, geht ein Schlagwort um: Qualifizieren! So einfach das klingen mag, so schwierig ist die Bestimmung des Nutzens und der Inhalte. Hier wird nur die betriebliche Ebene untersucht, also die Aufgabe der Personalentwicklung in Unternehmen. Grundsätzlich ist dabei festzuhalten: Unternehmen werden nicht diejenigen Mitarbeiter qualifizieren, die sie nicht mehr benötigen. Das würde betriebswirtschaftlich keinen Sinn ergeben. Und dabei kann es sich mittelfristig um eine große Anzahl von Produktionsmitarbeitern handeln (zur Diskussion der negativen Beschäftigungseffekte ▸ Kap. 1.2).

Allerdings: Wenn im Zuge von Standortschließungen oder Massenentlassungen Auffang- oder Qualifizierungsgesellschaften gegründet werden, so erstreckt sich die Verantwortung der Unternehmen auch auf eine Gestaltung dieser Maßnahmen. Unterstützt werden sie dabei i. d. R. von den Arbeitsagenturen. Die finanzielle Last von notwendigen Qualifizierungsmaßnahmen wird damit – zumindest teilweise – auf die Gesellschaft übertragen. Unternehmen sollten trotzdem einen möglichen Nutzen im Auge behalten. Meist werden nach einer Phase des Personalabbaus und einer nachfolgenden Konsolidierung des Unternehmens erneut Mitarbeiter eingestellt. Dies entspricht den Erfahrungen aus vorangegangenen wirtschaftlichen Krisen. Es macht also sinnvoll, sich in einer Konsolidierungsphase aktiv an der Qualifizierung, auch an der Qualifizierung im Unternehmen, zu beteiligen, um später bei der Personalrekrutierung auf einen Teil dieser Mitarbeiter zurückgreifen zu können.

Zweitens: Soweit Mitarbeiter in der Produktion von einer Dequalifikation ihrer Tätigkeiten betroffen sind, etwa bei systemgeleiteten Montageprozessen nach der technologischen Strategie (3), werden Unternehmen kaum große Anstrengungen unternehmen, um diese Mitarbeiter höher zu qualifizieren. Anlernprozesse können als ausreichend angesehen werden, damit die Mitarbeiter ihre vereinfachten Aufgaben in der Produktion erfüllen können (vgl. Abel, 2018). Dies stellt keine besonders positive Botschaft in Richtung von Gewerkschaften, Betriebsräten oder Verbänden dar. Es soll aber deutlich werden, dass »Qualifizieren« keinesfalls ein Allheilmittel im Hinblick auf die Konsequenzen einer »Arbeitswelt 4.0« darstellt – ein Aspekt, den die meisten Veröffentlichungen zu diesem Thema vernachlässigen.

Allerdings: Das bedeutet nicht, dass man seitens der Personalentwicklung nichts tun müsste oder sollte. Auch Anlerntätigkeiten kann man mit Sinn und Verstand erfüllen. Dies ist ein nicht unwesentlicher Aspekt von Mitarbeiterzufriedenheit. Montagefehler treten seltener auf, wenn Mitarbeiter die vor- und nachgelagerten Prozesse kennen. Außerdem können sie bei einer Basisqualifikation in der Lage sein, kleine Fehler an Werkzeugen selbst zu beheben oder Verschleißteile selbst auszuwechseln, ohne die Instandhaltung aktivieren zu müssen. Auch die beste, systemgesteuert-vorausschauende Instandhaltung wird nicht alle Fehler- oder Verschleißquellen erkennen können. Eine Basisqualifizierung mit Augenmaß hinsichtlich des Aufwands ist also weiterhin gefordert.

Hier ist es hilfreich, sich an Projekte und Verfahrensweisen in der gewerblich-technischen Berufsausbildung der Vergangenheit zu erinnern. Bereits in den 1980er Jahren kam die innovative Idee der technischen Lerninsel auf. Das Problem war damals (und ist es mancherorts heute immer noch), dass sich die technische Ausbildung auf isolierte Fähigkeiten und Fertigkeiten (Drehen, Fräsen etc.) konzentrierte, die in Ausbildungswerkstätten erlernt wurden. Mit realen Arbeitsprozessen in der Produktion hatte dies wenig zu tun. Die Lösung stellte eine sogenannte Lerninsel dar, bei der ein Teil der Produktionslinie neben der üblichen Produktionslinie separat abgebildet wurde. Hier lernten die Auszubildenden taktungebunden einen realen Produktionsablauf kennen und arbeiteten nach denselben Prozessen wie in der takt-gebundenen Produktion (vgl. u. a. Dietl, 2007). Das Problem bei den damaligen Lerninseln war, dass eine separate Ausbildungs-Produktionslinie nur kostenaufwändig einzurichten war, denn die entsprechenden Maschinen mussten dupliziert werden, waren aber deutlich seltener im produktiven Einsatz. So konnten oder wollten sich nur einige große Industrieunternehmen solche Lerninseln leisten.

Bei einer flexiblen, modularen Produktion mit Montageinseln liegt die Lösung auf der Hand. Einzelne Montageinseln können für kürzere Zeiträume aus der Systemsteuerung herausgenommen werden, was bei Störungen oder Wartungsarbeiten ohnehin geschieht. Diese Montageinseln können dann für ausführlichere Instruktionen, am besten durch technische Ausbilder, genutzt werden, bei denen man sich nicht auf eine reine Einweisung beschränken muss. Sukzessiv und auslastungsabhängig können unterschiedliche Montageinseln für eine solche Basisqualifikation genutzt werden, ohne dass dies zu Unterbrechungen des Produktionsablaufs führt. Was darüber hinaus noch getan werden kann, um den Gesamtblick auf die Produktion und die Produkte zu erhöhen, kann die technische Ausbildung vor Ort konzeptionell entscheiden. Dies stellt natürlich nur einen eingeschränkten Ansatz von Qualifizierung dar, der andererseits aber nur geringe Kosten durch unproduktive Zeiten verursacht. Es gilt also, die Chancen zu identifizieren, die sich aus einem modernen Produktionslayout unter Industrie 4.0 für eine Anreicherung von Einfacharbeit ergeben.

Der Polarisierungshypothese entsprechend werden unter Industrie 4.0 Produktionsmitarbeiter für höherwertige Aufgaben benötigt, die auf der dispositiven Ebene tätig sind (Planung, Steuerung und Überwachung von Produktionsprozessen – Produktionsingenieure, Produktionsmeister, speziell ausgebildete Facharbeiter und Operatoren). Diese Positionen angemessen zu besetzen, dürfte eine Herausforderung für das Personalmanagement darstellen, denn diese Funktionen sind entscheidend für den Produktionsanlauf und den reibungslosen Produktionsablauf unter Industrie 4.0. Hinsichtlich der Quantität werden vergleichsweise wenige Mitarbeiter benötigt. Grob geschätzt werden nur 10 % der bisherigen Produktionsmitarbeiter in diesen neuen Funktonen benötigt – wenn eine neue Produktionsstruktur flächendeckend in einem Werk eingeführt wird und das Produktionsvolumen konstant bleibt. Wir sprechen im Folgenden nicht von den höher qualifizierten Mitarbeitern in Projektgruppen, die die Umsetzung von Industrie 4.0 planen und ausgestalten, von Automatisierungs- und IT-Experten sowie von Führungsfunktionen außerhalb der unmittelbaren Produktion – diese Funktionen werden in Kapitel 2 behandelt.

Ein umfassendes Kompetenzmodell zur Ableitung von Kompetenzanforderungen unter Industrie 4.0 wurde von Tropschuh, Vermin & Reinhart (2019) vorgelegt. Für die in der Studie angesprochene Zielgruppe (manuelle Montage/Digitalisierung) erscheint das Modell stark überdifferenziert für eine Anwendung in der Praxis. Nach Ansicht des Verfassers helfen allgemeine Kompetenzmanagementsysteme (z. B. nach Erpenbeck/Sauter, 2018) aus mehreren Gründen nicht weiter:

- Die erforderlichen fachlichen Kompetenzen sind von den drei genannten technologischen Strategien abhängig.
- Darüber hinaus sind die fachlichen Kompetenzen hochspezifisch bzw. anlagenspezifisch. Qualifizierungsmaßnahmen finden daher meist nur begleitend zur Einführung neuer digitaler Technologien statt und werden häufig von den Anlagenherstellern durchgeführt (vgl. Bönsch/Nett/Fuchs-Frohnhofen, 2018).
- Schlussendlich sind die Arbeitsprozesse unter Industrie 4.0 in einem jeweiligen Unternehmen noch gar nicht bekannt, sodass konkrete Inhalte für eine Qualifizierung nicht abgeleitet werden können (vgl. Abel, 2018).
- Die Notwendigkeit von überfachlichen sozialen Kompetenzen ist tätigkeitsspezifisch zu differenzieren. Die Tätigkeit eines Monteurs oder eines Operators z. B. erfordert keine Teamfähigkeit, soweit die Arbeitsprozesse isoliert erfolgen und auch keinerlei Absprachen erforderlich sind. Mitarbeiter kommen lediglich in den Pausenzeiten zusammen.
- Eine allgemeine Kompetenz unter Industrie 4.0 könnte man als »IT-Affinität« bezeichnen, aber dies führt auch nicht entscheidend weiter.

Grundsätzlich, auch unabhängig von Industrie 4.0 und Digitalisierung, sind unternehmensweite und auf das Individuum bezogene Kompetenzmodelle, wie sie vor zehn Jahren modern waren, obsolet geworden. Sie sind unnötig komplex, weil sie für alle Mitarbeiter in einem Unternehmen entwickelt wurden. Sie bilden die strategische Ausrichtung von Unternehmen nicht wirklich ab und sind nicht handlungsleitend für die Personalentwicklung. Es wurden unendlich viele »Lücken« in den Kompetenzprofilen einzelner Mitarbeiter identifiziert, deren Bearbeitung Jahre an Weiterbildung und Training erfordert hätte (vgl. Bergmann, 2012, 2013). Daher sind in vielen großen Unternehmen Kompetenzmodelle zwar offiziell noch in Kraft, werden aber in der Praxis kaum noch weiterverfolgt. Als Alternative zu individuellen Kompetenzprofilen bietet es sich an, erforderliche Kompetenzen für »job families« identifizieren. Hierunter versteht man Funktionsgruppen von gleichartigen Tätigkeiten mit ähnlichen Qualifikationsanforderungen (vgl. Bergmann, 2012). Ausgangspunkt bilden also Grundfunktionen von Tätigkeiten, nicht Individuen.

Dieser Ansatz hilft auch bei der Bestimmung von Qualifizierungsnotwendigkeiten unter Industrie 4.0, vorausgesetzt die Technologien sind grundsätzlich bekannt. Ein gutes Beispiel hierfür ist die Funktion »operative Instandhaltung« oder »Predictive Maintenance«. In dieser produktionsnahen Funktionsgruppe oder Job Family hat sich das Tätigkeitsprofil bereits heute absehbar unter Industrie 4.0 fundamental verändert. Handwerkliche, manuelle Arbeiten an Maschinen machen nur noch rund ein Drittel der Arbeitstätigkeiten aus. Moderne Produktionsanlagen werden inzwischen serienmäßig mit einem »digitalen Zwilling« an Kunden ausgeliefert (z. B. bei SEW Eurodrive oder Trumpf).

Dieser digitale Zwilling wird in den gesamten Produktionsprozess oder Teilprozess virtuell integriert. Sensoren übermitteln alle status- und prozessrelevanten Informationen, sodass Verschleißteile vorausschauend identifiziert und Störungsquellen in Echtzeit erkannt werden können. Der Instandhalter kann am Bildschirm den Ort und den Grund der Störung identifizieren und die Störungsbehebung digital simulieren, bevor er eine manuelle Reparaturmaßnahme ergreift. Der »digitale Zwilling« verändert im Übrigen auch bei den Maschinen- und Anlagenherstellern etliche Arbeitsprozesse entscheidend. Bereits in der Konstruktion erfolgt die kundenspezifische Konfiguration anhand des digitalen Zwillings und die Servicetechniker des Anlagenherstellers können per Ferndiagnose die Instandhaltung vor Ort im Unternehmen unterstützen (vgl. Duffke, 2017). Abgesehen von der technischen Seite wurde in dem Projekt »Fit für Service« ein anspruchsvolles Kompetenzmodell für die Job Family »Servicetechniker« entwickelt, einschließlich der entsprechenden Weiterbildung der Mitarbeiter in dieser Funktion.

In Hinblick auf Ausbildungsberufe hat das Bundesinstitut für Berufsbildung (BIBB) die Tätigkeitsfelder der operativen Instandhaltung detailliert untersucht (vgl. Feirer et al., 2016; Katzer et al., 2017). Die Autoren stellen fest, dass das Tätigkeitsprofil »operative Instandhaltung« keinem bisherigen Ausbildungsberuf entspricht, so fehlen in fachlicher Hinsicht u. a. die Themen Netzwerktechnik, Roboter-Handling oder Bussysteme und in Hinblick auf das notwendige Systemverständnis Fähigkeiten zur Fehlerdiagnose und zur Problemlösekompetenz. Hingegen werden in der Mechatronikerausbildung viele handwerklich-technische Fertigkeiten vermittelt, die nicht mehr benötigt werden.

Interessant ist auch, dass sich die Autoren für einen Wandel in der Ausbildungsdidaktik aussprechen, vom induktiven hin zu einem deduktiven Vorgehen, ausgehend vom Gesamtsystem zu Systemlösungen und zum Detail, nicht umgekehrt wie bisher üblich. Grundsätzlich empfiehlt sich ein Blick in aktuelle Arbeiten des BIBB, die sich mit den Ergänzungen für Ausbildungsberufe in Hinblick auf Digitalisierung beschäftigen. Hieraus lassen sich auch Konsequenzen für die Inhalte von Weiterbildung in einzelnen Berufsgruppen ziehen. Ein Beispiel ist die Aktualisierung und Ergänzung des Ausbildungsberufs Mechatroniker/in um eine »neue integrative Berufsbildposition« einschließlich digitaler Zusatzqualifikationen (BIBB, 2018; Becker/Spöttl/Windelband, 2017). Eine neue Studie des BIBB »Nachhaltigkeit und Digitalisierung in der beruflichen Bildung« ist mit einer Laufzeit bis Ende 2020 in Bearbeitung. Hinsichtlich der Vorgehensweise ist das BIBB-VW-Projekt beispielhaft, denn es zeigt den Nutzen, sich bei neuen Arbeitsprozessen unter Industrie 4.0 an Job Families zu orientieren. Dieses Vorgehen empfiehlt sich für die Funktionen mit einer höheren Qualifizierung. Grundsätzlich macht es Sinn, sich von traditionellen Vorstellungen der Weiterbildung in Seminaren bzw. mit Lehrinhalten zu lösen. Dies ist aufgrund der Unbestimmtheit oder Unbestimmbarkeit von »Lehrinhalten« für Zeiten der Digitalisierung nicht mehr angemessen. Gerade auf der betrieblichen Ebene der Personalentwicklung besteht die Chance für alternative Möglichkeiten, auch ohne ausufernde Kompetenzmodelle.

Konkret zu dem Problem der Gewinnung von hochqualifizierten, dispositiv tätigen Mitarbeitern in der Produktion – und zwar im Unternehmen und nicht durch Rekrutierung vom Arbeitsmarkt. Dieser existiert zurzeit ohnehin nicht. Tendenziell geht es um die Identifizierung und Weiterentwicklung von rund 10 % der Mitarbeiter in der Produktion für höherwertige Aufgaben, bisherige Produktionsingenieure, Produktionsmeister, qualifizierte Facharbeiter. Neben betrieblicher Erfahrung in möglichst vielen unterschiedlichen Tätigkeiten (als schlanke Operationalisierung von »individueller Transformationskompetenz«, ▸Kap. 5) ist ein entscheidendes, aber abstraktes Kriterium die IT-Affinität. Dieses Kriterium ist durchaus altersunabhängig. Diese Personen gibt es in ausreichender Anzahl in jedem Unternehmen, nur werden sie nicht durch klassische Kompetenzmanagementsysteme erfasst, da digitale Kompetenzen in der Vergangenheit betrieblich nicht notwendig bzw. in der Tätigkeit nicht relevant waren. Die Herausforderung für die Personalentwicklung besteht darin, eine extrem produktionsnahe und schlanke Verfahrensweise zu entwickeln, diesen Personenkreis zu identifizieren, was in hohem Maße betriebsspezifisch zu bestimmen ist.

Was geschieht weiterhin hinsichtlich von »Qualifizierung« für diesen Personenkreis – in Anbetracht dessen, dass Aufgaben und Tätigkeiten höchstens in Umrissen bestimmbar sind? Denn diese Mitarbeiter sind entscheidend für die Umsetzung von Industrie 4.0 Anwendungen. Seminaristische Veranstaltungen, die in Weiterbildungstagen messbar wären, sind nicht die Methode der Wahl. Eher bietet es sich an, diesen Personenkreis frühzeitig in den digitalen Transformationsprozess einzubinden. Im Vorfeld der Transformation werden notwendiger Weise mehrere Projektgruppen im Unternehmen begründet, um die für das Unternehmen passende Strategie unter Industrie 4.0 umsetzungsreif zu entwickeln. Neben externen Beratern sollte man auf die eigenen personellen Ressourcen des Unternehmens zurückgreifen. Hierzu ist die Arbeitsweise von Projektgruppen in dem Sinne zu erweitern, als eine individuelle Expertise von Mitarbeitern schrittweise aufgebaut werden kann. Dies kann geschehen durch den Besuch von Automatisierungsmessen und -tagungen, durch Besuche bei Automatisierungsanbietern, durch Werksbesichtigungen bei anderen Unternehmen etc. Klassische seminaristische Weiterbildungen können diesen Ansatz allenfalls ergänzen, soweit ein Bedarf besteht. Auch am Markt angebotene, technologie-spezifische Webinare können hierbei hilfreich sein (z. B. von Vogel Communications Group), wenn sie in Projektgruppen oder Teilen von Projektgruppen nachgearbeitet werden.

Der Nutzen dieser Vorgehensweise besteht primär darin, dass bei einer Anpassung von Industrie 4.0-Anwendungen an die betrieblichen Prozesse eine hohe Funktionalität erreicht werden kann. Hierfür ist die Expertise von erfahrenen Produktionsmitarbeitern notwendig, nicht nur von Automatisierungsexperten. Diese Vorgehensweise ist realitätsnah, denn der ohnehin beteiligte Personenkreis in Projektgruppen wird lediglich erweitert. Für die involvierten Mitarbeiter bedeutet dies, dass sie mindestens teilweise von ihren betrieblichen Funktionen freigestellt werden müssen. Der weitere Nutzen besteht darin, dass Mitarbeiter z. B. auf ihre Rolle als Produktionsmeister bei der digitalen Steuerung von Produktionsprozessen oder als Operatoren optimal vorbereitet sind und diese Funktionen bei der finalen Umsetzung der Automatisierungsstrategie zeitnah übernehmen können. Nachgelagerte Qualifikationsmaßnahmen entfallen weitgehend. Zur Verallgemeinerung dieses Beispiels: Dieses Modell kann in weitem Sinne als eine Anwendung der Grundgedanken von Action Learning in der Organisationsentwicklung in einer digitalisierten Welt angesehen werden (vgl. Hauser/Lanz/Radl, 2020, im Druck; Hauser, 2018). In diesem Kontext argumentiert Gairing für eine »organisationale Transformationskompetenz« (▶ Kap. 5).

Es ist anzumerken, dass es sich bei dieser Vorgehensweise nicht um eine Renaissance der klassischen Organisationsentwicklung handelt (breite Beteiligung aller Betroffenen, Nutzung der Erfahrungen aller), wie es bei der Philosophie der teilautonomen Gruppen in der Produktion der Fall war. Vielmehr wird eine neue Elite von Produktionsmitarbeitern adressiert, denn nur für eine solche, eng umschriebene Gruppe besteht aus betriebswirtschaftlichen Gründen die Chance zu einer aktiven und umfänglichen Beteiligung am Transformationsprozess. Weiterhin sind für die völlig neuen Arbeitsprozesse unter Industrie 4.0 nicht die Erfahrungen »aller« notwendig. Eher kann man in der Fläche der Produktion von einer Entwertung von Erfahrung durch Systemsteuerung sprechen, denn Industrie 4.0 ist in Entwicklung und Umsetzung grundsätzlich von der Technologie getrieben (dagegen eine andere Position bei Pfeiffer/Suphan, 2015). Die frühzeitige Einbindung von Mitarbeitern in den Transformationsprozess bleibt notwendig, aber nur von einigen wenigen. Dies ist durchaus kritisch zu bewerten.

Somit stellt sich der Bereich der Qualifizierung unter Industrie 4.0 als weiterhin schwierig zu bestimmen dar:

- Allgemeine Inhalte einer Qualifizierung für Digitalisierung bzw. Industrie 4.0 sind kaum bestimmbar.
- Betriebsspezifische Inhalte einer Qualifizierung sind ebenso kaum bestimmbar, soweit die jeweiligen Digitalisierungsstrategien nicht bekannt sind.
- Wenn sich die unternehmensspezifischen Automatisierungsstrategien zumindest abzeichnen, ist ein analytischer Ansatz auf der Ebene von Job Families (Funktionsgruppen von Mitarbeitern) möglich und unter Einbezug der geplanten technologischen Strategien sinnvoll.
- Soweit eine größere Gruppe von Produktionsmitarbeiter in der manuellen Montage mit Montage-Assistenzsystemen arbeiten wird, sind quantitative Abschätzungen dieses tendenziell in der Tätigkeit dequalifizierten Bereichs möglich.
- Eine Anreicherung von Anlernphasen mittels einer Lerninsel-Konzeption ist gerade unter den Bedingungen einer modularen Fertigung sinnvoll und mit vertretbarem Aufwand möglich.
- Die Identifikation und Vorbereitung von Mitarbeitern mit höherwertigen Aufgaben in der Produktion bleibt eine Herausforderung, die über den Erfolg einer Automatisierungsstrategie in der Umsetzung entscheidet.
- Das Denken in seminaristischen Weiterbildungen führt nicht weiter. Die Arbeit in Projektgruppen unter dem Action Learning-Paradigma könnte eine Lösung darstellen für die Verfügbarkeit von Mitarbeitern für höherwertige, dispositive Aufgaben in der Produktion unter Industrie 4.0.
- Diese Gruppe mit höherwertigen Aufgaben (Polarisierungshypothese) wird nur einen geringen Anteil der bisher in der Produktion tätigen Facharbeiter umfassen.

Diese betriebliche Sicht auf die Einführung von Industrie 4.0 Anwendungen ersetzt nicht eine gesellschaftspolitische Perspektive. Wie kann eine Transformation von großen Teilen der Workforce zu anderen Arbeitstätigkeiten in einer digitalisierten Welt oder in andere Berufsfelder, wie z. B. dem Gesundheitswesen, gelingen? Zumindest hinsichtlich der Digitalisierung gibt es ein Referenzmodell aus der Vergangenheit, an welches die Erinnerung verblasst zu sein scheint. In den späten 1980er Jahren suchten viele Unternehmen wie Siemens, Nixdorf, Control Data Institut und andere händeringend qualifizierte IT-Mitarbeiter, die der Arbeitsmarkt nicht zur Verfügung stellte. Auf der anderen Seite gab es eine große Anzahl von arbeitslosen Akademikern, insbesondere von Pädagogen, die nicht in den Staatsdienst übernommen werden konnten. Ein umfangreiches Umschulungsprojekt in IT-Berufe wurde für Tausende von arbeitslosen Akademikern von der Arbeitsverwaltung im Rahmen des damaligen Arbeitsförderungsgesetzes finanziert. Siemens und andere

Unternehmen bildeten in Umschulungsprogrammen von im Schnitt neun bis 12 Monaten ihren eigenen Nachwuchs aus, von der Arbeitsverwaltung bezahlt (vgl. Computerwoche, 1986). Viele dieser Mitarbeiter blieben bis heute bzw. bis zum Ruhestand in der IT-Branche. Ein finanziell mit rund 19.000 DM pro Teilnehmer teures und hinsichtlich des Aufwands und der Inhalte umfangreiches Programm, welches zu seiner Zeit durchaus erfolgreich war. Ob dies ein Modell für die Zukunft sein kann und für welche Anzahl von Personen – das sei dahingestellt. Eine grundsätzliche gesellschaftspolitische Diskussion über die Perspektiven der Arbeit wird kommen, auch wenn der unmittelbare politische Handlungsdruck noch auf sich warten lässt.

Literaturverzeichnis

Abel, J. (2018). Kompetenzentwicklungsbedarf für die digitalisierte Arbeitswelt. Band 09 – FGW-Studie Digitalisierung von Arbeit. Hrsg.: H. Hirsch-Kreinsen & A. Karacic. Düsseldorf: FGW

Ampower (2019). Additive Fertigung mit Sintertechnologien (Ampower GmbH). Würzburg

Andelfinger, V.P. & Hänisch, T. (Hrsg.) (2017). Industrie 4.0 – Wie cyber-physische Systeme die Arbeitswelt verändern. Berlin/Heidelberg

Arntz, M., Gregory, T. & Zierahn, U. (2018): Digitalisierung und die Zukunft der Arbeit: Makroökonomische Auswirkungen auf Beschäftigung, Arbeitslosigkeit und Löhne von morgen, 30.10.2019. URL: https://www.zew.de/de/publikationen/digitalisierung-und-die-zukunft-der-arbeit-makrooekonomische-auswirkungen-auf-beschaeftigung-arbeitslosigkeit-und-loehne-von-morgen/?cHash=117762c87bbb21f0230a547d294dea02

Automation & Digitalisierung (2018a). Poka Yoke Arbeitsplatz der manuellen Montage von Mitsubishi Electric und Handke Industrie-Technik, Automation & Digitalisierung. Heft 6/2018, S. 13

Automation & Digitalisierung (2018b). Welcher 3D-Druck passt zu mir. Automation & Digitalisierung. Heft 6/2018, S. 24 – 27

Babel, N. (2019). Wo steht die additive Serienproduktion? In: mission-additive.de (Vogel Communications Group), 05.08.2019

Bauernhansl, T. (2016). Industrie 4.0: Entwicklungsfelder für den Mittelstand. Aktuelle Hemmnisse und konkrete Bedarfe. Stuttgart: Fraunhofer IPA

Bauernhansl, T. (2017). Die Vierte Industrielle Revolution – Der Weg in ein wertschaffendes Produktionsparadigma. In: B. Vogel-Heuser, T. Bauernhansl & M. ten Hompel (Hrsg.) Handbuch Industrie 4.0. Band 4. Berlin: Springer Verlag 2017, S. 235–246

Bauernhansl, T. (2018). Automobilindustrie 4.0 – personalisiert und smart. Vortrag bei 4. Automotive Photonics in Ditzingen, Februar 2018

Bauernhansl, T. & Fechter, M. (2019). Wandlungsfähige Automobilproduktion der Zukunft. In: M. Fechter, D. Korte & J. Henke (Hrsg.). Book of Abstracts der 1. Stuttgarter Tagung zur Zukunft der Automobilindustrie »Montage ohne Band und Takt«. Stuttgart: Fraunhofer-Institut IPA, Oktober 2019, S. 8

Becker, M., Spöttl, G. & Windelband, L. (2017). Berufsprofile für Industrie 4.0 weiterentwickeln. BWP - Berufsbildung in Wissenschaft und Praxis, Heft 2/2017, S. 14-18 (zum Ausbildungsprofil Mechatroniker)

Bergmann, G. (2012). Strategisches Kompetenzmanagement – und wo bleibt die Strategie? In: Reinhardt, R. (Hrsg.), Wirtschaftspsychologie und Organisationserfolg, S. 81-88. Lengerich: Pabst.

Bergmann, G. (2013). Strategisches Kompetenzmanagement – für eine schlanke Umsetzung in mittelständischen Unternehmen. In: Hochschule Pforzheim (Hrsg.): 50 Jahre – 50 Thesen. Pforzheim, S. 25-30

Bergmann, G. (2016). Auswirkungen von Industrie 4.0 auf Beschäftigung und Qualifizierung. In: HR Performance, Heft 6/2016, S. 60-61

Bergmann, G. (2020). Industrie 4.0 in der Automobilindustrie? Elektromobilität ist der entscheidende Treiber einer disruptiven Entwicklung. (Veröffentlichung in Vorbereitung / kann beim Verfasser als PDF angefordert werden)

Bergmann, G. & Ernst, F. (1996). Evaluation von Gruppenarbeit. In: Personalführung, Heft 09/96, S. 760-764

BIBB (2018). Industrielle Elektroberufe: Mechatroniker/Mechatronikerin. Bonn: BIBB. PDF-Download: https://www.bibb.de/de/84066.php

Bonin, H., Gregory, T. & Zierahn, U. (2013). Kurzexpertise Nr. 57. Übertragung der Studie von Frey/Osborne (2013) auf Deutschland, 30.10.2019. URL: https://www.zew.de/publikationen/uebertragung-der-studie-von-freyosborne-2013-auf-deutschland/

Brzeski, C. & Burk, I. (2015). Die Roboter kommen. Folgen der Automatisierung für den deutschen Arbeitsmarkt. ING DiBa Economic Research. 30.10.2019. URL: https://www.ing-diba.de/binaries/content/assets/pdf/ueber-uns/presse/publikationen/ing-diba-economic-analysis-die-roboter-kommen.pdf

CAR (2019). Center Automotive Research, Universität Duisburg-Essen. Elektromobilität kostet viele Arbeitsplätze in der Autoindustrie; Pressemitteilung der Universität Duisburg-Essen. Vgl. WDR.de, 29.09.2019; Welt am Sonntag, Vorabmeldung 29.09.2019

Computerwoche (1986). Umschulung für arbeitslose Akademiker: Siemens lehrt DV-Kommunikation, 17.10.1986. URL: https://www.computerwoche.de/a/siemens-lehrt-dv-kommunikation,1166435

Daum, T. (2019). Missing Link: Der 3D-Drucker, oder: die industrielle Revolution, die nicht stattfand. In: heise online, 07/2019, 28.07.2019

De Backer, K.; DeStefano, T. & Menon, C.; Suh, R.J. (2018). Industrial robotics and the global organisation of production. OECD Technology and Industry Working Papers. Paris

De Backer, K. & Menon, C. (2015). Reshoring – myth or reality. Structural change and the next production revolution. OECD Working Papers DSTI/IND. Paris

Dengler, K. & Matthes, B. (2015). Folgen der Digitalisierung für die Arbeitswelt. Substituierbarkeitspotenziale von Berufen in Deutschland. 30.10.2019. URL: https://www.iab.de/de/publikationen/forschungsbericht/publikationendetails-forschungsbericht.aspx/Publikation/k151209302

Dengler, K. & Matthes, B. (2018). Substituierbarkeitspotenziale von Berufen. Wenige Berufsbilder halten mit der Digitalisierung Schritt, 30.10.2019. URL: https://www.iab.de/de/publikationen/kurzbericht/publikationendetails-kurzbericht.aspx/Publikation/k180213301

Diez, W. et al. (2016). Spreu und Weizen. Welche KMU-Automobilzulieferer schaffen den Strukturwandel, welche nicht? 30.10.2019. URL: https://struktur-management-partner.com/media/mediacenter/downloads/SMP_Automotive-Studie_2016_Kurzfassung.pdf

Dietl, S. (2007). Ausbildung erleben. Reihe Personalwirtschaft. Köln: Luchterhand

Duffke, G. (2017). »Fit for Service« – Lebensphasenorientiertes und kompetenzbasiertes Laufbahnkonzept für Servicetechniker. 31.05.2017. URL: https://wap.igmetall.de/docs_Forum_7_TRUMPF_2f81e17cd2f1b499f3eb361e80e88c0074c4e3e8.pdf

Efker, B. (2019). Digitalization of production & assets in specialty chemicals (Lanxess). Vortragsmanuskript für den Smart Process Manufacturing Kongress am 24.09.2019 in Würzburg

Erpenbeck, J. & Sauter, W. (2018). Betriebliche Bildung in mittelständischen Unternehmen. Ein Geschäftsmodell im Zeitalter der Digitalisierung. In: V. Heyse, J. Erpenbeck, S. Ortmann, S. Coester und V. Heyse (Hrsg.). Mittelstand 4.0 – eine digitale Herausforderung. Führung und Kompetenzentwicklung im Spannungsfeld des digitalen Wandels. Münster, New York, S. 110 – 134

Feirer, S., Renger, P., Padur, T. & Zinke, G. (2016). Operative Instandhaltung. Arbeitspapier aus dem BIBB-VW-Projekt, Bonn/Wolfsburg

Festo (2015). Trends in Automation. Heft 2/2015 (Kundenzeitschrift)

FEV/VDMA-Studie (2018). Der Antrieb im Wandel – Auswirkungen der Elektrifizierung auf den Maschinenbau und die Zulieferindustrie. Aachen: FEV Consulting, 10.10.2018. URL: https://www.fev-consulting.com/fileadmin/user_upload/Consulting/Downloads/Publikationen/Tranformation_of_Powertrains.pdf

Fraunhofer IPA – Fraunhofer-Institut für Produktionstechnik und Automatisierung (2014). Strukturstudie »Industrie 4.0 für Baden-Württemberg«. Stuttgart: Fraunhofer IPA, 30.10.2019. URL: https://wm.baden-wuerttemberg.de/fileadmin/redaktion/m-wm/intern/Dateien_Downloads/Innovation/IPA_Strukturstudie_Industrie_4.0_BW.pdf

Frey, C.B. & Osborne, M.A. (2013). The future of employment: How susceptible are jobs to computerisation? In: Technological Forecasting and Social Change, Heft 114/2013, S. 254–280

Gerdenitsch, C. & Korunka, C. (2019). Digitale Transformation der Arbeitswelt. Psychologische Erkenntnisse zur Gestaltung von aktuellen und zukünftigen Arbeitswelten. Berlin

Hauser, B. (2018). Organisationslernen mit Action Learning. Changemanagement, Heft 8/2018, S. 4–7

Hauser, B., Lanz, H. & Radl, J. (2020, im Druck). Konsequente Digitalisierung erfordert einen nachhaltigen Kulturwandel - Critical Action Learning (CAL) zur Digitalisierung am Flughafen München. In: M. Harwardt et al. (Hrsg.). Digitales Management. Wiesbaden: Springer Fachmedien

Heel, J. (2018). Fabriken kehren aus China zurück. Heise online, 30.10.2019. URL: https://www.heise.de/newsticker/meldung/Fabriken-kehren-aus-China-zurueck-4027436.html

Heinrich, H. (2018). Der lange Weg von der Standardisierung zur Automatisierung in einer modernen Halbleiterfabrik, Vortrag 12.09.2018, Dresden: Infineon Technologies AG

Heizmann, M., Greiner, T. & Quint, F. (2018). 3D-Sensorsysteme für Industrie 4.0. In: inspect-online.com, Heft 2/2018, S. 22–23

Helmrich, R., Tiemann, M., Troltsch, K., Lukowski, F., Neuber-Pohl, C., Lewalder, A.C., Güntürk-Kuhl, B. (2016). Digitalisierung der Arbeitslandschaften. Keine Polarisierung der

Arbeitswelt, aber beschleunigter Strukturwandel und Arbeitsplatzwechsel, 30.10.2019. URL: https://www.bibb.de/veroeffentlichungen/de/publication/show/8169

Hirsch-Kreinsen, H. (2015). Digitalisierung industrieller Arbeit (Einleitung). In: H. Hirsch-Kreinsen, P. Itterman, J. Niehaus (Hrsg.), Digitalisierung industrieller Arbeit, Baden-Baden, S. 9-30

Hirsch-Kreinsen, H. (2016). Digitalisierung und Einfacharbeit. In: WISO Diskurs »Die Zukunft einfacher Industriearbeit«, 12/2016, Bonn, S. 1–23

Hirsch-Kreinsen, H. (2017). Digitalisierung industrieller Einfacharbeit. In: Arbeit, Heft 26/2017, S. 7–32

Hirsch-Kreinsen, H., Ittermann, P. (2017). Drei Thesen zu Arbeit und Qualifikation in Industrie 4.0. In: G. Spöttl & L. Windelband (Hrsg.). Industrie 4.0 – Risiken und Chancen für die Berufsausbildung. Bielefeld, S. 131–151

Hirsch-Kreinsen, H., Ittermann, P. & Niehaus, J. (Hrsg.) (2018). Digitalisierung industrieller Arbeit. 2. Auflage, Baden-Baden

Ilg, P. (2018). Wenn das Auto aus dem Drucker kommt, 15.10.2018. URL: https://www.zeit.de/mobilitaet/2018-10/automobilindustrie-vw-3d-drucker-bauteile-metallteile

Hinderer, H., Pflugfelder, T., Kehle, F. (Hrsg.) (2016). Elektromobilität – Chancen für Zulieferer und Hersteller. München: Springer Fachmedien Autohaus

Holländer, S. (2019). 500 Teile in 2 Tagen: Airbus setzt auf 3D-Druck, 19.08.2019. URL: https://www.mission-additive.de/500-teile-in-2-tagen-airbus-setzt-auf-3d-druck-a-853624/

Kagermann, H. (2017). Chancen von Industrie 4.0 nutzen. In: B. Vogel-Heuser, T. Bauernhansl & M. ten Hompel, M. (Hrsg.). Handbuch Industrie 4.0. Band 4. Berlin, S. 1-32

Kärcher, S.; Görzig, D.; Foith-Förster, P. & Bauernhansl, T. (2019). Das Applikationszentrum Industrie 4.0. Vorgehen, Planung und Erfolgsfaktoren. In: wt Werkstattstechnik online, Heft 109/2019, S. 106-110.

Katzer, O., Kreher, S. & Zinke, G. (2017). Ausbildungsgestaltung in der digitalisierten Arbeitswelt. BWP – Berufsbildung in Wissenschaft und Praxis, Heft 2/2017, S. 24-27

Kern, H. & Schumann, M. (1970). Industriearbeit und Arbeiterbewusstsein. Teil I + II. Frankfurt

Kern, H. & Schumann, M. (1984). Das Ende der Arbeitsteilung? München

Kinkel, S. & Jäger, A. (2017). Auslandsverlagerungen, Rückverlagerungen und Digitalisierungsverhalten in der deutschen Industrie. Karlsruhe

Kinkel, S. (2019). Zusammenhang von Industrie 4.0 und Rückverlagerungen ausländischer Produktionsaktivitäten nach Deutschland. FGW-Studie Digitalisierung von Arbeit. Hrsg.: H. Hirsch-Kreinsen & A. Karacic (Hrsg.): Düsseldorf: FGW

Kügler, M. (2019). SLS-Anwendungen vom Blinkereinsatz bis zum Turnschuh, 20.08.2019. URL: https://www.mission-additive.de/sls-anwendungen-vom-blinkereinsatz-bis-zum-turnschuh-a-855858/

Lotter, E. & Müller, U. (2018). Moderne/smarte Montagearbeitsplätze im Umfeld der Industrie 4.0. In: R. M. Wagner (Hrsg.). Industrie 4.0 für die Praxis. Wiesbaden, S. 93-127

Lukowski, F. & Neuber-Pohl, C. (2017). Digitale Technologien machen die Arbeit anspruchsvoller. In: BWP – Berufsbildung in Wissenschaft und Praxis, Heft 2/2017, S. 9-13

Mattes, B. (2019). E-Mobilität gefährdet 75.000 Arbeitsplätze. VDA-Presseportal, 05.03.2019. URL: https://www.presseportal.de/pm/6511/4210237

Müller, M. (2019). Digitalisierung: Viel Lärm um nichts oder kommt da was? KfW Research, Heft Nr. 250, 28.03.2019. Frankfurt: KfW

Müller, U. & Lotter, E. (2018). Intelligente (smarte) Robotik. In: R. M. Wagner (Hrsg.). Industrie 4.0 für die Praxis. Wiesbaden, S. 115-127

Mönnig, A., Schneemann, C., Weber, E., Zika, G. & Helmrich, R. (2018). Elektromobilität 2035. Effekte auf Wirtschaft und Erwerbstätigkeit durch die Elektrifizierung des Antriebsstrangs von Personenkraftwagen. IAB Forschungsbericht 8/2018. Nürnberg: IAB

Nett, B., Bönsch, J. & Fuchs-Frohnhofen, P. (2018). Digitalisierung und ihr Einfluss auf Arbeit und Qualifizierung in kleinen metallbearbeitenden Unternehmen Nordrhein-Westfalens. Band 8 FGW-Studie Digitalisierung von Arbeit. Hrsg.: H. Hirsch-Kreinsen & A. Karacic (Hrsg.), Düsseldorf: FGW

Niehaus, J. (2017). Mobile Assistenzsysteme für Industrie 4.0. Gestaltungsoptionen zwischen Autonomie und Kontrolle. Band 04 - FGW-Impuls Digitalisierung von Arbeit. Düsseldorf: FGW

n-tv.de (2019). Spardruck im Autobau: VW nennt Details zum Stellenabbau. 13.03.2019. URL: https://www.n-tv.de/wirtschaft/VW-nennt-Details-zum-Stellenabbau-article20903454.html

Perlewitz, C. (2019). E-Mobilität und vernetztes Fahren: Beschleunigung des Strategiewandels in der Automobilzuliefererbranche. Pressemitteilung Commerzbank AG, 02.09.2019. URL: https://www.commerzbank.com/de/hauptnavigation/presse/pressemitteilungen/archiv1/2019/quartal_19_03/presse_archiv_detail_19_03_83082.html

Pfeiffer, S. & Suphan, A. (2015). Der AV-Index. Lebendiges Arbeitsvermögen und Erfahrung als Ressourcen auf dem Weg zu Industrie 4.0. Working Paper, 30.10.2019. URL: https://www.sabine-pfeiffer.de/files/downloads/2015-Pfeiffer-Suphan-final.pdf

Plattform Industrie 4.0 (2019). Was ist Industrie 4.0? 30.10.2019. URL: https://www.plattform-i40.de/PI40/Navigation/DE/Industrie40/WasIndustrie40/was-ist-industrie-40.html

Produktion.de (2019). Wie BMW Industrie 4.0 mit den Mitarbeitern entwickelt, 28.05.2019. URL: https://www.produktion.de/industrial_future_roi/wie-bmw-industrie-4-0-mit-den-mitarbeitern-entwickelt-247.html

Precht, R. D. (2018). Jäger, Hirten, Kritiker. Eine Utopie für die digitale Gesellschaft. München: Goldmann

Reinhart, G., Magana Flores, A. E. & Zwicker, C. (2018). Industrieroboter. Planung, Integration, Trends. Ein Leitfaden für KMU. Würzburg: Vogel Communications

Robotik und Produktion (2018). Neue Wege in der Robotik. 3. Jg., Heft 06/2018

Sattelberger, T (2015). 50 Jahre Personalmanagement: Entwicklungen. Entgleisungen. Entdeckungen. In: T. Sattelberger, G. Bergmann, C. Eireiner, S. Fischer, H. Fischer, F. Gairing (Hrsg.): 50 Jahre Personalmanagement an der Hochschule Pforzheim. Pforzheim, S. 13–27

Schallow, J. Hengstebeck, A. & Deuse, J. (2018). Industrie 4.0 – eine Bestandsaufnahme. In: R. M. Wagner (Hrsg.). Industrie 4.0 für die Praxis. Wiesbaden, S. 15–28

Schulz, R. (2019). Intralogistik für eine wandlungsfähige Automobilfertigung. In: M. Fechter, D. Korte & J. Henke (Hrsg.). Book of Abstracts der 1. Stuttgarter Tagung zur Zukunft der Automobilindustrie »Montage ohne Band und Takt«. Stuttgart: Fraunhofer-Institut IPA, Oktober 2019, S. 9

SEW Eurodrive (2019). Schaufensterfabrik Graben-Neudorf, 30.10.2019. URL: https://www.sew-eurodrive.de/automatisierung/fabrikautomatisierung/industrie-40/schaufensterfabrik/schaufensterfabrik.html

Soder, J. (2017). Von CIM über Lean Production zu Industrie 4.0. In: B. Vogel-Heuser, T. Bauernhansl, M. ten Hompel (Hrsg.). Handbuch Industrie 4.0. Bd. 1: Produktion. Berlin: Springer, S. 3-25

Springer, R. (1999). Rückkehr zum Taylorismus? Arbeitspolitik in der Automobilindustrie am Scheideweg. Frankfurt/M.: Campus

Staab, P. & Prediger, L.J. (2019). Digitalisierung und Polarisierung. Eine Literaturstudie zu den Auswirkungen des digitalen Wandels auf Sozialstruktur und Betriebe. Düsseldorf: FGW, 09.08.2019, URL: http://www.fgw-nrw.de/fileadmin/user_upload/FGW-Studie-I40-19-Staab-2019_07_16-komplett-web.pdf

Staufen AG (2019). Studie: Zwei von drei Automobil-Managern halten das Geschäftsmodell ihres Unternehmens durch die aktuellen Umbrüche für bedroht, 03.09.2019. URL: https://www.pressebox.de/inaktiv/staufenag-beratungakademiebeteiligung-koengen/Studie-Zwei-von-drei-Automobil-Managern-halten-das-Geschaeftsmodell-ihres-Unternehmens-durch-die-aktuellen-Umbrueche-fuer-bedroht/boxid/971324

Tastl, G. (2018). Fabriken kehren aus China zurück. Heise online, 19.04.2018. URL: https://www.heise.de/newsticker/meldung/Fabriken-kehren-aus-China-zurueck-4027436.html

Tiemann, M. (2016). Routine bei der Arbeit. Eine Untersuchung zur Entwicklung von Routineinhalten auf Basis der Erwerbstätigenbefragungen seit 1979. In: BWP 02/2016, S. 18-22. URL: https://www.bibb.de/veroeffentlichungen/de/bwp/show/7957

Tropschuh, B., Vermin, S. & Reinhart, G. (2019). Ableitung von Kompetenzanforderungen. Methode für die manuelle, digitalisierte Montage. wt Werkstattstechnik online, Jg. 109, 3/2019, 142-147

Wiwo.de (2017). Individualisierung stellt Adidas vor große Herausforderungen, 20.08.2017. URL: https://www.wiwo.de/unternehmen/handel/adidas-speedfactory-individualisierung-stellt-adidas-vor-grosse-herausforderungen/20211984.html

Wolter, M.I.; Mönnig, A., Hummel, M., Schneemann, C., Weber, E., Zika, G., Helmrich, R., Maier, T., Neuber-Pohl, C. (2015). Industrie 4.0 und die Folgen für Arbeitsmarkt und Wirtschaft. Szenario-Rechnungen im Rahmen der BIBB-IAB-Qualifikations- und Berufsfeldprojektionen. In: IAB-Forschungsbericht 8/2015. Nürnberg. URL: http://www.iab.de/185/section.aspx/Publikation/k151019301

Wolter, M.I., Mönnig, A., Hummel, M., Weber, E., Zika, G., Helmrich, R., Maier, T., Neuber-Pohl, C. (2016). Wirtschaft 4.0 und die Folgen für Arbeitsmarkt und Ökonomie: Szenario-Rechnungen im Rahmen der BIBB-IAB-Qualifikations- und Berufsfeldprojektionen. In: IAB-Forschungsbericht 13/2016. Nürnberg: IAB. URL: http://iab.de/185/section.aspx/Publikation/k161108j05

Wolter, M.I., Mönnig, A., Schneemann, C., Weber, E., Zika, G., Helmrich, R., Maier, T. & Winnige, S. (2019). Wirtschaft 4.0 und die Folgen für Arbeitsmarkt und Ökonomie. Szenario-Rechnungen im Rahmen der fünften Welle der BIBB-IAB-Qualifikations- und Berufsprojektionen. Heft-Nr. 200. Bonn: BIBB (Bundesinstitut für Berufsbildung). PDF unter URL: https://www.bibb.de/veroeffentlichungen/de/publication/show/10197

2 Digitalisierung im personalstrategischen Kontext

Gery Bruederlin[1]

2.1 Digitalisierung und Human Resources Management

Schon immer haben technologische Entwicklungen einen starken Einfluss auf das Management der Humanressourcen ausgeübt. Das verhält sich mit der aktuellen Digitalisierung nicht anders. Einzig die Geschwindigkeit und auch die Art der Veränderungen und damit die Anforderung an die Personalverantwortlichen, sich schneller und umfassender auf neue Gegebenheiten, z. B. des Arbeitsmarktes oder der individuellen Entwicklungsambitionen, einzustellen, mag Anlass zu offenen Fragen geben.

Es hat allerdings einige Zeit gedauert, bis die Digitalisierung als Thema in das Bewusstsein der HR-Abteilungen eingedrungen ist. In einer repräsentativen Untersuchung vor wenigen Jahren, in welcher Personalfachleute gefragt wurden, womit sie sich in den kommenden 2 Jahren wirklich beschäftigen, erscheint sie nicht explizit, sondern versteckt sich hinter Stichworten wie »HR-Technologie« oder »HR Big Data«. Und diese werden auch nicht als besonders wichtig erkannt im Vergleich zu Themen wie »Führungskräfteentwicklung« oder »Talentegewinnung« (GfK, Universität St. Gallen, ZfU, HR Today, 2015). Dies ändert sich schlagartig in der gleichen Umfrage zwei Jahre später: Digitalisierung als eigenständiger Begriff rückt auf die 2. Position vor, wird quasi über Nacht zum heißen Thema – und nicht nur für Experten und in einschlägigen Publikationen, sondern jetzt auch für den Durchschnitt der HR-Manager (GfK, Universität St. Gallen, HR Today, Avenir Group, 2017).

Mit dieser Einschätzung wird aber in keiner Weise Klarheit geschaffen, was Digitalisierung im HR-Kontext genau bedeutet, geschweige denn wie in der betrieblichen Praxis mit der Thematik und den damit zusammenhängenden Fragestellungen im Einzelnen umgegangen werden soll. Auf der einen Seite stehen Aussagen wie »Everything is Becoming Digital« (Bersin by Deloitte, 2016, S. 1) verbunden mit der Erwartung ans HRM, diesbezüglich an vorderster

---

1 Dieser Beitrag beruht in Teilen auf einer anderen Veröffentlichung des Autors: *Die beste HR-Strategie für Ihr Unternehmen: Systematisch entwickeln, konsequent umsetzen*, Luchterhand (Wolters Kluwer Deutschland), Köln 2020.

Front dabei zu sein: »As the enterprise as a whole becomes digital, HR must become a leader in the digital organization« (Deloitte, 2017, S. 5). Auf der anderen Seite bewegen sich die HR-Organisationen aber nur sehr zögerlich in diese Richtung: »..., only 7 % of organizations globally believe their HR function is fully prepared for the organizational changes required for digital transformation, ...« (WillisTowersWatson, 2019, S. 1). Während also die Digitalisierung als Thema auch im HR-Umfeld allgegenwärtig ist, sind sich viele Personalabteilungen über die Implikationen nicht im Klaren und überlegen fieberhaft, was jetzt wohl zu tun sei: Ist es die Überführung des Personaldatensystems in die Cloud, welche die Digitalisierung im HR ausmacht oder doch eher die Aufstellung und Implementierung einer Social Media-Strategie in der Rekrutierung?

Es stellen sich demzufolge wesentliche Fragen:

- Was heißt »Digitalisierung« im HR-Kontext genau, und was bedeutet das für die Aufgaben der HR-Abteilung?
- Auf welche Art und Weise beeinflusst die Digitalisierung die Strategie des HRM?
- Was für Handlungsfelder kann und soll das HR bezüglich Digitalisierung abdecken und welche Rollen werden entsprechend übernommen?

Dieser Beitrag stellt neue Überlegungen an, um Antworten auf diese Fragen zu finden. Zuerst betrachtet er, in welcher Weise die Digitalisierung eine HR-Kernstrategie verändern kann und was dies für die Personalfunktion bedeutet. Anschliessend werden die verschiedenen Berührungspunkte, welche das HRM mit der Digitalisierung hat, näher beleuchtet. Dabei erweisen sich zwei unterschiedliche Perspektiven als wesentlich: die agierenden und die reagierenden Handlungsfelder des HR, deren inhaltliche Priorisierung wie auch konkrete Ausgestaltung für die strategische Ausrichtung der HR-Funktion und die darauf aufsetzende operative Umsetzung bestimmend sind.

2.2 Die personalstrategische Positionierung der Digitalisierung

Was die heutige Digitalisierungswelle außergewöhnlich macht, ist deren unmittelbare und besonders intensive Wirkung auf die Humanressourcen. Dies geschieht wie auch schon bei früheren Technologie-Sprüngen in zweierlei Hinsicht: Erstens werden die Begleitung und die Unterstützung von HR bei der

Digitalisierung des Unternehmens erwartet. Dabei geht es um personalrelevante Handlungsfelder wie u. a. die Evaluation der kulturellen Bereitschaft, die Entwicklung von digitalen Fähigkeiten oder auch das Führen im digitalen Umfeld. Zweitens kann sich die HR-Funktion selber der eigenen Digitalisierung nicht entziehen – von der Automatisierung seiner Prozesse, über die Roboterisierung seiner Instrumente bis zum integralen Einsatz von künstlicher Intelligenz. Von diesen beiden Themenkreisen, der »Digitalisierung des Geschäfts« und der »Digitalisierung des HR« wird im Kapitel 3 weiter unten die Rede sein.

Falls diese Einschätzung richtig ist, dass nämlich neue Technologien die Art und Weise, wie im HR gearbeitet wird, zu einem großen Teil definieren, und falls es ebenso korrekt ist, dass sich alle personalrelevanten Tätigkeiten auf eine HR-Strategie zurückführen lassen sollten, dann ist zu erwarten, dass die aktuelle Digitalisierung nicht nur einen grossen Effekt auf die operativen Tätigkeiten des HR hat, sondern eben auch auf dessen strategische Ausrichtung (► Abb. 4).

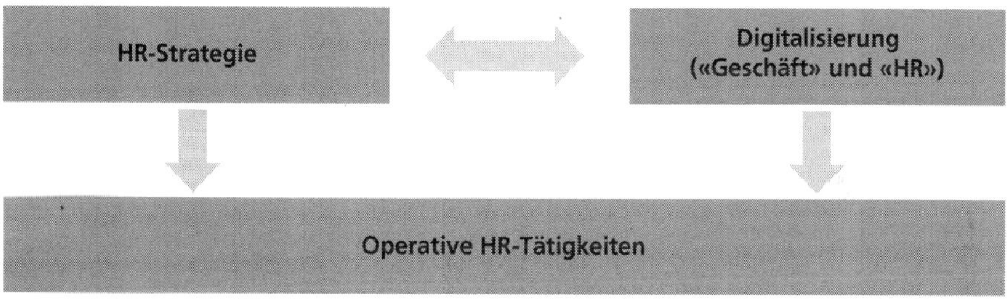

Abb. 4: Wirkungszusammenhänge

2.2.1 HR-Kernstrategien

Um zu verstehen, wie die Wechselwirkung von Digitalisierung und HR-Strategie aussieht, muss zuerst das Konzept der HR-Kernstrategie erläutert werden (vgl. Bruederlin 2014, 2017, 2020). Innerhalb einer Unternehmung entspricht diese einer fundamentalen strategischen Positionierung des HRM. Sie resultiert aus der Analyse von drei definierenden Komponenten: Geschäftsstrategie, Personalpolitik und Unternehmenskultur. Aussagen zu deren Inhalten führen für die betreffende Firma zu präzisen HR-strategischen Lagepunkten auf einer 4-teiligen Matrix, welche die beiden Dimensionen »Qualität/Kosten« und »Flexibilität/Stabilität« verbindet. Dabei wird die erste Dimension durch die Geschäftsstrategie, die zweite durch die Personalpolitik in Verbindung mit der Unternehmenskultur getrieben. Mit anderen Worten: Aussagen eines

Unternehmens zu seiner Geschäftsstrategie, kombiniert mit implizit oder explizit vorhandenen Äußerungen zu seiner Personalpolitik resp. seiner Kultur ermöglichen die Übersetzung in eine HR-Strategie-Position, welche einem bestimmten Punkt in einem der Quadranten der Matrix entspricht. Diese Position entspricht einer von vier HR-Kernstrategien (▸ Abb. 5):

- **Langfristig angelegte »HR-Investment-Strategie«**, welche den Qualitäts- mit dem Stabilitätsfokus verbindet
- **Stabil-solid angelegte »HR-Balance«-Strategie,** welche den Kosten- mit dem Stabilitätsfokus verbindet
- **Kurzfristig angelegte »HR-Low Cost«-Strategie,** welche den Kosten- mit dem Flexibilitätsfokus verbindet
- **Flexibel-agil angelegte »HR-Flex Value«-Strategie,** welchen den Qualitäts- mit dem Flexibilitätsfokus verbindet

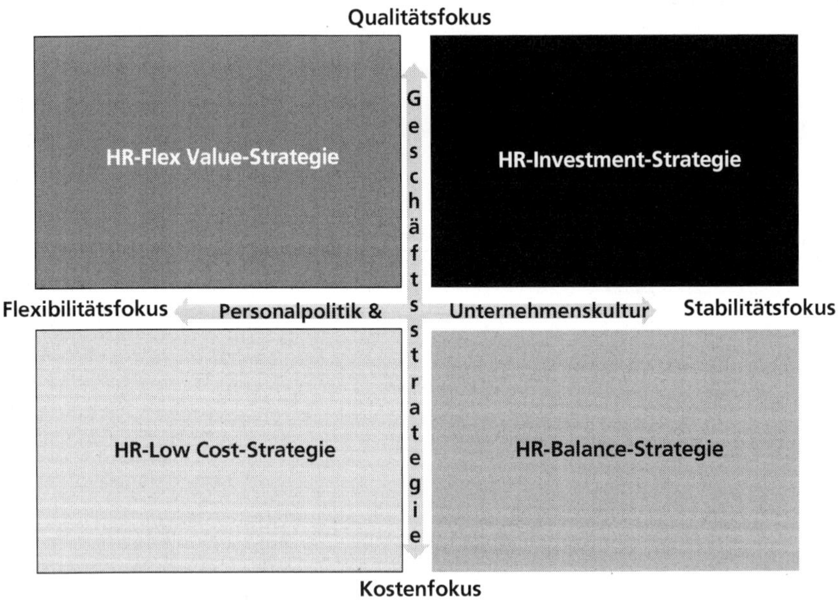

Abb. 5: HR-Kernstrategie-Matrix

Die vier HR-Kernstrategien zeichnen sich durch unterschiedliche Ausprägungen des HRM und seiner wichtigsten Prozesse und Instrumente aus. So beinhaltet beispielsweise eine HR-Investment-Strategie eine qualitativ orientierte und längerfristig angelegte Personalplanung wie auch ein stark entwickeltes Talente Management. Am anderen Ende des Spektrums ist es für eine HR-Low Cost-Strategie charakteristisch, nur das Nötigste in Planung und Weiterbildung zu investieren, sich auf administratives Verwalten des Personals zu beschränken und allenfalls weitergehende HR-Prozesse wie die Rekrutierung an Drittparteien auszulagern. Die HR Balance- und die HR Flex Value-Strategie liegen dazwischen. Dabei hat beispielsweise die Personalentwicklung für den Balance-Ansatz wegen des Stabilitätsfokus eine größere Relevanz als für die Flex Value-Strategie, für welche in der Regel trotz den qualitativen Ansprüchen eine kurzfristige Hire & Fire-Mentalität zutrifft.

Weitere Differenzierungsmerkmale der HR-Kernstrategien betreffen personalrelevante Kennzahlen und HR-Kosten. So werden in Relation zur Population eines Unternehmens die Gesamtaufwendungen für das HRM, also sämtliche personalrelevanten Ausgaben, bei einer HR Investment-Strategie immer substanziell höher sein als bei einer Balance- oder Low Cost-Strategie. Neben dieser »HR FTE-Investment-Faktor« genannten Messgröße werden sich aber auch andere Kennzahlen je nach HR-Kernstrategie unterscheiden, z. B. die Betreuungsquote, also die Anzahl HR-Mitarbeitender bezogen auf die Gesamtpopulation einer Unternehmung. Diese Messzahl ist allerdings weniger aussagekräftig. Als sehr zielführend erweist sich hingegen das Verhältnis von Gesamtkosten HR zum Gesamtumsatz des Unternehmens, wobei eine Zahl über 4 % als hoch, eine unter 0,5 % dagegen als niedrig anzusehen ist.

Eine HR-Kernstrategie kann also durch die Aufwendungen für das HRM indiziert werden. Passen diese nicht zu den Größenordnungen, welche für eine bestimmte HR-Kernstrategie zu erwarten sind, dann können sich interessante Erkenntnisse ergeben: Im Verhältnis zu hohe Kosten deuten auf eine Überqualifizierung der Personalorganisation hin oder das HR verzettelt sich in Aktivitäten, welche für die unternehmensspezifische HR-Kernstrategie nicht notwendig sind. Im umgekehrten Falle, das heißt bei im Verhältnis zu tiefen Kosten dürfte die HR-Abteilung nicht in der Lage sein, den Erwartungen, welche die entsprechende Kernstrategie stipuliert, gerecht zu werden (vgl. Bruederlin, 2020 S. 65-69).

Die Differenzierung von HR-Kernstrategien über die inhaltliche Ausgestaltung der HR-Prozesse einerseits und über die kostenspezifische Ausprägung der HR-Funktion andererseits kann durch die Digitalisierung erheblich beeinflusst werden. Das bedeutet, dass die Art und Weise, wie längerfristige Digitalisierungsaspekte ins HR hineinspielen, die HR-Kernstrategie dieser Unternehmung verändern kann. Dies erfolgt – wie im Folgenden dargestellt – auf unterschiedliche Weise.

2.2.2 Automation vs. Innovation

Basierend auf ihren treibenden Faktoren Geschäftsstrategie, Personalpolitik und Unternehmenskultur ist die HR-Kernstrategie längerfristig angelegt, deswegen aber in keiner Weise statisch. Im Gegenteil, sie wird sich entlang der Zeitachse permanent in die eine oder andere Richtung bewegen. Diese Verschiebungen werden ausgelöst durch geschäftsstrategische Kurskorrekturen, welche im HRM eine Veränderung von inhaltlichen Priorisierungen nach sich ziehen. Dies wiederum kommt in geringfügigen Richtungswechseln auf der HR-Kernstrategiematrix zum Ausdruck. Wichtig im Sinne von Konsistenz und Kontinuität ist aber, dass sich keine wesentlichen Verschiebungen ergeben – außer wenn die Unternehmensstrategie dies effektiv stipulieren würde (vgl. Bruederlin 2020, S. 70).

In der Welt der aktuellen Digitalisierungen kommen demzufolge unterschiedliche Muster von Strategieveränderungen in Frage. Im Gesundheitswesen beispielsweise spielt sich die Digitalisierung trotz letztendlich massiver zu erwartender Veränderungen insgesamt in vielen Schritten ab und dauert deshalb erheblich länger als in der Finanzindustrie, wo massive Entwicklungen innert kurzer Zeit stattgefunden haben und einen großen Teil von Dienstleistungen bereits heute über reine IT-Plattformen ermöglichen. Im Zeitverlauf unterscheidet sich also je nach Branche die Geschwindigkeit und damit die Intensität des durch die Digitalisierung bewirkten Wandels. Gemeinsam ist beiden Entwicklungsmöglichkeiten, dass über einen längerfristigen Zeitraum in der Regel von substanziellen Veränderungen ausgegangen werden muss, weil sich Produkte, Dienstleistungen und Prozesse stark wandeln, ja ganze Business-Modelle sich erneuern und entsprechend großer Einfluss auf das Kunden- und Nutzerverhalten genommen wird. Dies kann in analoger Weise zu kurzfristigen oder langfristigen, in jedem Fall aber sichtbaren Verschiebungen auf der HR-Kernstrategie-Matrix führen, was wiederum einhergeht mit einer Neudefinition der Rollen und Kompetenzen der HR-Funktion.

Inhaltlich gesehen stehen zwei unterschiedliche Ausrichtungen von Digitalisierung im Vordergrund, Automation und Innovation: »Such programs [»digital transformations«, G. B.] generally have two aims: to *automate* supply chains and internal processes and to *innovate* by creating digital product and service offerings, as well as new business models to deliver these« (vgl. Reeves & Whitaker, 2018, S. 1). Übersetzt in den HR-Kontext bedeutet dies, dass für das Ausmass einer potenziellen HR-Kernstrategieverschiebung neben der Geschwindigkeit der Entwicklung auch deren inhaltliche Ausprägung bezüglich Automation und/oder Innovation entscheidend ist. Bei einer automationsgetriebenen HR-Digitalisierung geht es in erster Linie um Effizienzgewinne und damit einen hohen Kostenfokus der digitalisierungsbezogenen Maßnahmen. Ist der Sinn und Zweck der HR-Digitalisierung jedoch innovationsgetrieben, dann sind die Ziele der HR-Aktivitäten im Bereich der Effektivitätsgewinne zu suchen. Entsprechend geht es primär um eine qualitätsorientierte Strategie (vgl. Bruederlin 2020, S. 74). Anhand von zwei einfachen konkreten Beispielen soll der Unterschied zwischen den beiden Ausprägungen von Digitalisierung im HRM erläutert werden.

Die erste Firma überführt ihr HR Management System von einer maßgeschneiderten lizenzierten Software (On Premise Licensed Software) in eine verstärkt standardisierte Cloud-Lösung (Software as a Service) unter gleichzeitiger Einführung von Self Service-Funktionalitäten. Dabei können auf verschiedene Arten Kosten eingespart werden:

- Größere Standardisierung der Prozesse,
- Ersatz von Vorabinvestitionskosten durch aufwandbezogene Ausgaben,
- Verzicht auf weitergehende IT-Entwicklungskosten,
- Einsparung von HR-Mitarbeitenden im Administrationsbereich etc.

Unter der Bedingung, dass keine weiteren Maßnahmen ergriffen werden, geht es hier um die digitalisierungsbezogene Ausprägung »Automation«, weil Kostenersparnisse im Vordergrund stehen.

Die zweite Firma fährt eine unterschiedliche Strategie und möchte auf der Grundlage eines starken Unternehmenswachstums vor allem die Rekrutierungsfunktion mit neuen und wirkungsvollen Mitteln unterstützen:

- Erweiterung des bestehenden Bewerbermanagementsystems durch automatische Abgleichfunktionalitäten (CV-Matching),
- Forcierung des Active Sourcing durch stärkere Nutzung der sozialen Medien und Anstellung eines Spezialisten,
- Intensivierung des Mobile-Kanals durch Ermöglichung von One-Click-Bewerbungen,
- Verbesserung des Candidate Journey durch Einführung eines Onboarding-Tools etc.

Unter der Bedingung, dass auch in diesem Fall keine weiteren Maßnahmen geplant sind, geht es hier um die digitalisierungsbezogene Ausprägung »Innovation«, weil Qualitätsgewinne im Vordergrund stehen.

Während im ersten Fall eine bestehende HR-Kernstrategie auf der Matrix nach unten bewegt wird, ist bei der zweiten Unternehmung das Umgekehrte der Fall. Oder anders ausgedrückt: Eine ausgeprägte oder auch übergewichtete Automation führt auf der HR-Kernstrategie-Matrix in den Kostenfokus, eine ausgeprägte oder auch übergewichtete Innovation führt in den Qualitätsfokus (▸ Abb. 6):

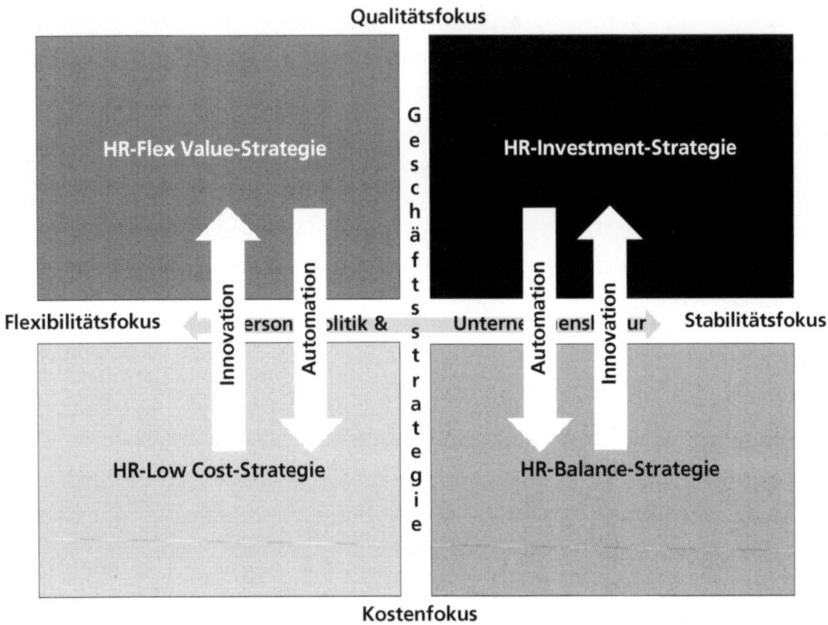

Abb. 6: Wirkung von ausgeprägter Automation und Innovation auf die HR-Kernstrategie (Quelle: In Anlehnung an Bruederlin, 2020, S. 76)

Es ist an dieser Stelle festzuhalten, dass sich in der betrieblichen Realität Automation und Innovation nicht gegenseitig ausschließen. Erstens wird Innovation durch Automatisierung impliziert, das heißt, die Automation von Prozessen bedeutet auch eine innovative Lösung. Zweitens finden in der Praxis die Realisierung von Prozesseffizienz (Automation) und die Schaffung von Produkteeffektivität (Innovation) oft gleichzeitig statt. Dies wiederum bedeutet, dass Kostenersparnisse und zusätzliche Investitionen nahe beieinanderliegen können. Nicht von ungefähr verlangen viele »HR-Transformationen«, welche in der Praxis angegangen werden, qualitative Verbesserungen bei gleichzeitiger Kostensenkung (vgl. Bruederlin, 2020, S. 76).

Dieser Sachverhalt zeigt sich auch in einigen aktuellen Untersuchungen. So stellen Konrad, Schaltegger und Jansen (2018) fest, dass die Digitalisierung in der Form von »Tools und Automatisierung« – auch wenn sie nicht weit fortgeschritten ist – zählbare Resultate erwarten lässt. Im Besonderen ergibt sich eine positive Korrelation sowohl mit erwarteter Qualitätssteigerung wie auch mit erwarteter Kostenreduktion. Dies unterstützt die ambivalente Sichtweise, die man gegenüber einer digitalisierungsgetriebenen Transformation haben kann.

Es ist ein interessanter Aspekt der Digitalisierung im HRM, dass strategisch gesehen höchst unterschiedliche Auswirkungen die Folge sein können, dass also mit Automation und Innovation entgegengesetzte personalstrategische Ausrichtungen gleichzeitig unterstützt werden. Die Ambition, Kostenersparnisse und Qualitätssteigerungen parallel und nachhaltig zu verfolgen, hat aber sicher ihre Grenzen. So sehen Boston Consulting Group (2017) eine chronologische Abfolge von unterschiedlichen Gewichtungen, nämlich, dass bei Transformationen wie beispielsweise Digitalisierungsstrategien am Anfang Kostensenkungsüberlegungen im Vordergrund stehen, dass aber Qualitätssteigerungen längerfristig die größere Wirkung erzielen.

Ob in der betrieblichen HR-Praxis ein durch Automation getriebener Kostenfokus überwiegt oder ob durch Innovation bewirkte Qualitätssteigerungen vorherrschen – oder sich beide Aspekte neutralisieren –, hängt in großem Maß aber auch von der aktuellen HR-Kernstrategie ab. Dies liegt daran, dass beispielsweise eine Unternehmung, die im Bereich einer konsistenten Low Cost-Strategie operiert, in Bezug auf die Digitalisierung effizienzorientierte Lösungen priorisiert. Anders ausgedrückt, die Digitalisierung fokussiert in diesem Fall auf Automation und bestärkt die bisherige kostenorientierte strategische Ausrichtung im HRM, als dass sie diese verändert. Umgekehrt wird eine Unternehmung im Investment-Strategie-Quadranten den Anspruch haben, eine Digitalisierungsstrategie zu verfolgen, welche die Qualitätsorientierung unterstützt, also z. B. die Anwendung innovativer Tools forciert – ohne natürlich effizienzgesteuerte Kosteneinsparungen zu vernachlässigen. Aber der Qualitätsfokus und die damit verbundene Generierung von Mehrwert genießen Vorrang. Mit anderen Worten, die Digitalisierung fokussiert in diesem Fall auf Innovation und bestätigt die bisherige qualitätsorientierte personalstrategische Ausrichtung. In beiden geschilderten Szenarien findet demzufolge »trotz« Digitalisierung und der damit zusammenhängenden Veränderungen keine Strategietransformation statt. Die HR-Kernstrategie bleibt die gleiche (vgl. Bruederlin, 2020, S. 75).

Aktuelle Erfahrungen aus der HR-Praxis zeigen, dass die gegenseitige Neutralisierung von Automation (Effizienz) und Innovation (Effektivität) in zahlreichen Fällen nicht zutrifft, d. h. Kostensenkungen werden verglichen mit Qualitätssteigerungen höher gewichtet. Damit wird der Automatisierung von HR-Prozessen – oftmals einhergehend mit deren Zentralisierung – und damit längerfristigen Effizienzgewinnen eine höhere Wichtigkeit zugeordnet. Dies entspricht der Verschiebung der HR-Kernstrategie von mehr Qualitätsorientierung zu mehr Kostenorientierung – und zwar in unterschiedlichen

Ausprägungen. Ein Blick in aktuelle betriebliche Praktiken im HRM zeigt, dass dieser Ansatz bei vielen digitalisierungsgetriebenen HR-Transformationen eine wichtige Rolle spielt (vgl. Bruederlin, 2020, S. 77).

2.3 Die HR-Handlungsfelder in der Digitalisierung

Während die HR-Kernstrategie eine Aussage darüber macht, wo sich eine Unternehmung personalstrategisch positioniert, geht es bei den HR-Handlungsfeldern um die dazu passenden konkreten Inhalte. Wie schon einleitend festgehalten wurde, lassen sich diese in Bezug auf die Digitalisierungsrelevanz in zwei Kategorien einteilen, agierende/ personalfunktionsbezogene und reagierende/ geschäftsbezogene Handlungsfelder. Es handelt sich dabei um eine umfassende Liste von Berührungspunkten, welche das HRM mit der Digitalisierung haben kann. Daraus lassen sich anschließend verschiedene Handlungsfelder oder Rollen ableiten, die das HRM im Kontext der Digitalisierung bearbeitet resp. einnimmt.

Agierende Handlungsfelder beziehen sich darauf, dass die Personalfunktion, das heißt ihre Prozesse, ihre Systeme und die von ihr verwendeten Instrumente selber der Digitalisierung ausgesetzt werden. Es geht also bei dieser Kategorie um die Digitalisierung des HR.

Reagierende Handlungsfelder beziehen sich darauf, dass die Digitalisierung der Geschäftsfelder einer Unternehmung personalrelevante Auswirkungen hat, mit welchen sich die HR-Funktion beschäftigen muss. Es geht bei dieser Kategorie also um die Digitalisierung des Geschäfts.

Beide Aspekte, sowohl die Digitalisierung des HR wie auch die Digitalisierung des Geschäfts, können automations- oder innovationsgetrieben sein, wobei beide personalstrategisch relevant sind. Diese Bedeutung richtet sich nach den jeweiligen Unternehmensbedürfnissen und sie wird deshalb von jeder Unternehmung resp. deren Personalabteilung auch unterschiedlich beurteilt. Im Vordergrund steht oft die agierende Perspektive, da sie einfacher zu handhaben ist und der HR-Funktion auch näherliegt. Man könnte diese deshalb als die »Basis« der HR-Digitalisierung bezeichnen. Sie wird in der betrieblichen Realität von jeder Personalfunktion erkannt und in der Regel auch proaktiv adressiert.

Die Wichtigkeit der reagierenden Perspektive dagegen wird vielfach nicht oder nur eingeschränkt verstanden, weil sie einen tieferen und auch kreativeren Einblick in die personalrelevanten Bedürfnisse des Business erfordert. Man könnte sie deshalb als »Erweiterung« der HR-Digitalisierung bezeichnen. Es wird sich im weiteren Verlauf dieser Erläuterungen zeigen, dass sich die damit verbundenen Handlungsfelder längerfristig aber als erheblich wirkungsvoller und damit als wichtiger für die unternehmensstrategische Positionierung des HRM erweisen als die Basis-Handlungsfelder. Im Folgenden werden die Handlungsfelder sowohl der agierenden wie auch der reagierenden Kategorie näher vorgestellt. Dabei wird der Fokus vor allem auf die als zukunftsträchtig erachteten und damit substanziell wichtigen Handlungsfelder der zweiten erweiterten Kategorie gelegt und mit konkreten Beispielen ergänzt.

2.3.1 Agierende Handlungsfelder in der HR-Digitalisierung

Bei der agierenden Basis-Digitalisierung wird HR als Organisation selber von der Digitalisierung erfasst. Das bedeutet, dass sie sich mit den Möglichkeiten einer intensiven Rationalisierung und Virtualisierung einer großen Anzahl der eigenen Aktivitäten auseinandersetzen muss. Dabei geht es auf der einen Seite um die Digitalisierung von personalrelevanten Systemen und Prozessen, auf der anderen um die ganze Bandbreite von veränderten – im Idealfall auch verbesserten – Kundenerlebnissen (Mitarbeitende und Vorgesetzte) durch digitalisierte Produkte und Dienstleistungen. Sowohl Prozessoptimierungen wie auch neue Tools und Applikationen können die Etablierung neuer HR-Geschäftsmodelle bewirken und damit auch einen großen Einfluss auf die Struktur der Personalabteilung nehmen (vgl. Bruederlin, 2020, S. 74).

Die folgenden Berührungspunkte resp. Handlungsfelder stehen im agierenden Spektrum demzufolge im Fokus:

1. **Transformation der HR-Systeme** (z. B. die Überführung der bestehenden traditionellen HR-Managementsysteme in cloudbasierte Lösungen)
2. **Automation der HR-Prozesse** (z. B. die Einführung von Selbstbedienungstechnologie für Mitarbeitende und Vorgesetzte)
3. **Technologisierung der HR-Wertschöpfungskette** (z. B. die Verwendung von Videotechnologien in der Mitarbeitendengewinnung)
4. **Entwicklung der HR-Kompetenzen** (z. B. der Erwerb von zusätzlichen Fähigkeiten der Personalabteilung betreffend Social Media-Rekrutierung)

Die Entwicklung der digitalen HR-Kompetenzen ist auch für das reagierende Spektrum relevant, weshalb sie im Kapitel 2.3.2 behandelt wird. Auf die ersten drei Handlungsfelder oder auch Rollen, welche das HR in der ersten Kategorie der HR-Digitalisierung übernehmen kann, soll jetzt genauer eingegangen werden.

2.3.1.1 Transformation der HR-Systeme

Die Ersetzung traditioneller lizenzierter Software (on-premise licensed software) durch cloudbasierte Systeme (software as a service) kann heute als eine häufig durchexerzierte Standardmaßnahme einer personalbezogenen Digitalisierungsstrategie betrachtet werden. Das liegt darin begründet, dass dieser Schritt in erster Linie eine große Vereinfachung darstellt. Beispielsweise muss die Firma sich nicht mehr um die Wartung oder Maintenance resp. um Aufrüstungen oder Upgrades der Systeme kümmern. Dies ist gerade in einem Umfeld, welches von schnellen Veränderungen geprägt ist, sehr hilfreich. Gleichzeitig bringen cloudbasierte Software-Lösungen auch ein großes Kostensparpotenzial mit sich. Beispielsweise zahlt man als Unternehmen nur noch für die Leistungen, die man effektiv braucht: »pay as you go«. Die positiven Folgen sind geringere Komplexität, kleinere Risiken und schnellere Implementierungen. Dies funktioniert allerdings nur, wenn die Transformation gut geplant, nachhaltig umgesetzt und vor allem auch die Akzeptanz der Enduser, welche in Zeiten des Self Service auch Mitarbeitende und Manager umfasst, sichergestellt wird.

Einzig die Datenschutzproblematik, welche bei der Sensitivität der Personaldaten besondere Aufmerksamkeit verdient, bildet für viele Unternehmen noch einen Grund, um den Schritt in die HR-Cloud hinauszuzögern. Neben dieser offenen Frage birgt das Führen der HR-Systeme über die Cloud aber durchaus auch Nachteile und Risiken, die es zu berücksichtigen gilt: So können die Initialkosten des Systemwechsels substanziell sein. Dies kann dazu führen, dass weitergehende innovationsgetriebene Investitionen in HR-Produkte verschoben werden oder sogar ganz darauf verzichtet wird. Weiter darf in der betrieblichen Realität davon ausgegangen werden, dass eine Systemtransformation dieser Art nicht immer vollständig problemlos ablaufen wird. Auch bleibt das Risiko der Abhängigkeit von einem Anbieter mit einer Einzellösungsumgebung akut bestehen.

Trotz dieser nicht zu vernachlässigenden Negativpunkte gehört der »HR-Cloud« die Zukunft und es ist zu erwarten, dass sich gerade die Datenschutzproblematik lösen wird. Dabei darf Cloudcomputing im HRM nicht als ein Endpunkt einer digitalisierungsgetriebenen Entwicklung angesehen werden, sondern eher als ein Anfang, welcher über weitergehende Automatisierungen, z. B. Chatbots, bis zur Ausnutzung von künstlicher Intelligenz z. B. in Form von Computersystemen, welche Aufgaben ausführen können, welche menschliche Intelligenz erfordern, führen könnte. Es darf deshalb nicht verwundern, dass der Markt mit cloudbasierten HR-Software-Lösungen heiß umkämpft ist.

2.3.1.2 Automation der HR-Prozesse

Mit dem Wechsel in der HR-Technologie sind auch Veränderungen der Prozesse verbunden. Es hat keinen Sinn, das HR-Managementsystem zu erneuern und gleichzeitig veraltete Prozesse beizubehalten. Eine solche Prozessveränderung betrifft einmal den verstärkten Einbezug von Mitarbeitenden in möglichst nutzerfreundliche digitalisierte Abläufe. So gehört beispielsweise die Förderung flächendeckender Implementierungen von Mitarbeitenden- und Vorgesetzten-Self Services in diese Kategorie.

Dann verändert sich durch intensive Automatisierungen aber auch die Produktestruktur im HRM. Es findet eine Standardisierung statt, welche dazu führt, dass HR-Prozesse zu einer Ware oder »Commodity« werden, deren Erbringung nicht nur zentralisiert, sondern auch zu einem externen Anbieter im In- oder Ausland ausgelagert werden kann. Interessanterweise zeigen praktische Erfahrungen, dass automationsgetriebene Standardisierungen vor allem in Organisationen gefördert werden, welche bereits relativ stark zentralisiert sind. Und diese Entwicklung geht aktuell immer weiter und im Besonderen über die bisher bekannten HR-Commodities wie Gehaltsabrechnung oder Datenverwaltung hinaus und mitten in Kernprozesse wie Personalgewinnung oder -erhaltung hinein. Die Vor- und Nachteile liegen auf der Hand: Es können längerfristig Kosten eingespart werden, aber das HRM wird gleichzeitig zu einer Funktion, welche kaum mehr einen qualitativen Mehrwert und damit keinen kompetitiven Vorteil für das Unternehmen erbringen kann. Mit anderen Worten: Automation fördert Standardisierung, was wiederum die Verschiebung der HR-Kernstrategie in Richtung Low Cost begünstigt (► Kap. 2.2.2).

In der betrieblichen Praxis zeigt sich dieser Sachverhalt vor allem bei Entwicklungen in der Personalgewinnung: von einer hohen Gewichtung einer individualisierten und dezentralen Rekrutierung weg zur Priorisierung eines harmonisierten und zentralisierten Sourcing-Prozesses. Automatisierung im Recruiting beruht zwar oft auf neuen technologischen Entwicklungen und beinhaltet deshalb auch innovative Aspekte, im Vordergrund steht bei einem Automatisierungsfokus aber die Kostenersparnis durch effiziente und zentralisierte Prozesse.

Beispielsweise zeigen aktuelle Untersuchungen auf, dass für viele Unternehmungen die Einführung von innovativen Tools wie beispielsweise die Nutzung von CV-Parsing, also die Verwendung von Algorithmen zwecks automatisierter Vorselektion von Bewerbungen, in erster Linie mit Effizienzüberlegungen verbunden ist: Beschleunigung des Bewerbungsprozesses; Kosten- und Ressourceneinsparungen und Verringerung des Anteils administrativer Aufgaben der Personalabteilung (vgl. Müller, 2018).

2.3.1.3 Technologisierung der HR-Wertschöpfungskette

Neben der kostengetriebenen Standardisierung lässt sich aber auch die Fokussierung auf wertschöpfende Produkte und Dienstleistungen beobachten. Dies äußert sich sowohl in der Überarbeitung und Erneuerung bestehender Produkte, z. B. im Performance Management als auch in der Entwicklung und Etablierung neuer wertschöpfender Instrumente, z. B. in der Rekrutierung.

Diese neuen Technologien, welche mehr und mehr Bedeutung gewinnen, erstrecken sich über die gesamte HR-Wertschöpfungskette (▶ Abb. 7), nirgends aber sind sie so stark verbreitet wie in der Personalgewinnung. Eine Vielfalt von Anwendungsbeispielen über die verschiedenen Phasen des Rekrutierungsprozesses bietet sich an:

- Bewerbenden-Management-Systeme, auch ATS (Applicant Tracking Systems) genannt, haben sich in den letzten Jahren von einfachen Verwaltungstools zu multifunktionalen Instrumenten entwickelt, welche auch Matching- und Selektionsfähigkeiten besitzen, das heißt, dass Informationen aus den Bewerbungsunterlagen automatisiert mit den Anforderungen der zu besetzenden Stellen abgeglichen werden, um dann geeignete Kandidaten vorzuschlagen und den passendsten Bewerbenden mit der höchsten Übereinstimmung auszuwählen. Damit lässt sich nicht nur Zeit und Geld sparen, sondern unter Umständen auch die Rekrutierungspräzision erhöhen.
- Mit Hilfe der sozialen Medien, seien es berufliche wie auch private Plattformen, welche u. a. über Mobile-Applikationen angesteuert werden können, lassen sich erweiterte Segmente des passiven Arbeitsmarktes erschließen, welche so mittels Active Sourcing und kognitivem Profiling angegangen werden können.
- Schreibunterstützungstools optimieren Inserat-Texte, vergleichen diese mit dem Markt und erhöhen die Wahrscheinlichkeit von passenden Bewerbungen.
- Touchpoint-Anwendungen evaluieren den Candidate-Journey und geben via algorithmusgesteuerten Auswertungen vor, welche Rekrutierungskanäle sich für bestimmte Positionen besser eignen, um Breiten- und/oder Tiefenwirkung zu erzielen. Dabei werden trotz Initialinvestment die Kosten substanziell optimiert.
- Interaktive Onboarding-Plattformen verbessern die Anfangserfahrung von neuen Mitarbeitenden und optimieren deren initiale Leistung am Arbeitsplatz.
- Auch Blockchain hält Einzug in die Rekrutierungswelt. Vorerst beschränken sich die Anwendungen auf die Verifizierung und Sicherung von individu-

ellen Profilen, vor allem von Ausbildungsabschlüssen und Referenzen. Dies sind aber Anfänge, das Potenzial könnte sehr hoch sein.

- Viele neue und weiterentwickelte Technologien kümmern sich im Besonderen um den letzten Prozessschritt, die effektive Selektion:
  - Persönlichkeits- und Leistungstests, welche in den Online-Bewerbungsprozess integriert sind, vereinfachen schon seit geraumer Zeit die Erstauswahl.
  - Videoapplikationen ermöglichen orts- und zeitunabhängige Prüfung von Bewerbenden und unterstützen den Entscheidungsprozess.
  - Sprachcomputer können Telefongespräche oder Interviews linguistisch analysieren und sogar Persönlichkeitsprofile erstellen.

Es darf allerdings nicht unterschätzt werden, dass alle Anwendungen, welche mit Algorithmen arbeiten und die dadurch für die Evaluation großer Datenmengen geeignet sind, nur so gut sind wie erstens die Qualität der Daten und zweitens die Passgenauigkeit des Algorithmus selber, also der Instruktionen, welche die Auswertung steuern. In dieser Problematik liegt oft die Skepsis von Personalabteilungen gegenüber der Nutzung solcher Tools begründet.

HR-Verantwortliche besitzen aber noch andere Möglichkeiten, neue Technologien auch außerhalb der Personalgewinnung einzusetzen: Im Performance Management kommen in verstärktem Maß agile, mobile Applikationen zum Einsatz, welche permanentes Leistungsfeedback und damit ein wirkungsvolles »Performance Consulting« ermöglichen. Damit können die traditionellen einmaligen Diskussionen zum Jahresende, welche in der Vergangenheit wenig Ertrag bei verhältnismäßig großem Aufwand generierten und damit für hohe Unzufriedenheit bei Mitarbeitenden und Management sorgten, ersetzt werden. Auch unterstützen die neuen Technologien einen Wechsel der Entscheidungsorientierung. Performance Management soll primär nicht mehr die Grundlage für die Kompensation und Beförderung sein, sondern für die berufliche und persönliche Entwicklung von Individuen und Teams: »... the future of Performance Management is more data-driven, more flexible, more continuous, and more development-oriented« (vgl. Schrage et al., 2019).

Im Talent Management steht einerseits die Analyse von organisationalen Daten zwecks Personalbindung im Vordergrund, andererseits aber auch die Generierung von personalisierten Entwicklungsempfehlungen basierend auf Informationen zu Unternehmensbedürfnissen, Markttrends und Mitarbeitendenspezifikationen. Noch wichtiger bezüglich der Ausnutzung von digitalen Technologien in der Personalentwicklung ist aber die Entwicklung von auf die eigenen Bedürfnisse zugeschnittenen Ausbildungsplattformen, welche einen umfassenden Zugriff auf interne und externe Quellen zulassen und damit eine schnelle und effiziente Abdeckung größerer Mitarbeitendensegmente ermöglichen.

Im Kompensations- oder Vergütungsmanagement ergeben sich neue Möglichkeiten bezüglich vorausschauender Gehaltsabgleiche. Durch das Auswerten von internen und externen Datenquellen sowie die Extrapolation von fehlenden Informationen können Vergütungsbereiche für neu geschaffene Funktionen oder auch neu zu bearbeitende Märkte prognostiziert werden. Es ist aber offensichtlich, dass die Kompensation bis heute am wenigsten vom Erneuerungsaspekt der Digitalisierung betroffen ist.

Betrachtet man die HR-Wertschöpfungskette und die damit verbundenen Wirkungen neuer digitaler Technologien, so geht aus heutiger Sicht eine überwältigende Mehrheit der Investitionen in die Rekrutierung, während die anderen Handlungsfelder weniger bis kaum berücksichtigt werden (▶ Abb. 7).

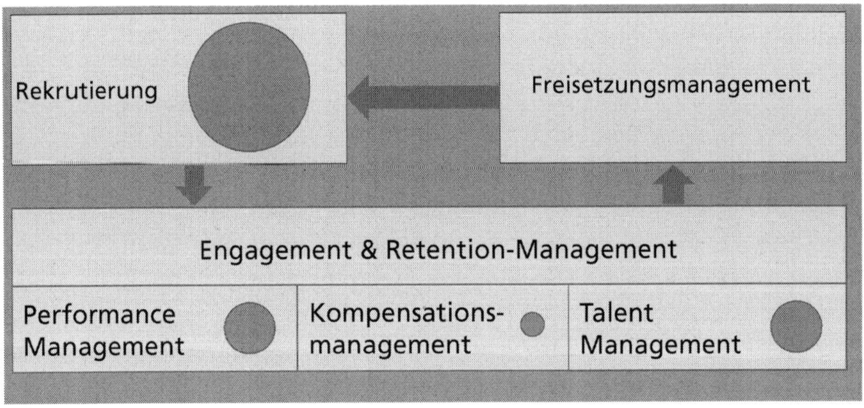

Abb. 7: Relative Wirkung digitaler Technologien auf Handlungsfelder der HR-Wertschöpfungskette

Im Gegensatz zum Automatisierungsfokus, wo es primär um Kostenersparnisse geht, stehen bei der Technologisierung der HR-Wertschöpfungskette weitergehende Innovationsaspekte im Vordergrund. Die Konsequenz ist daher mehrheitlich eine Verschiebung der HR-Kernstrategie in Richtung mehr Qualitätsorientierung (▶ Kap. 2.2.2).

Für HR-Manager geht es in dieser immensen Diversität von Handlungsmöglichkeiten darum, das eigene digitale HR-Portfolio so zu gestalten, dass ein für die Unternehmung zielführendes Gleichgewicht von Systemerneuerungen, Prozessoptimierungen und Produktinnovationen resultiert, welches mit der HR-Kernstrategie kompatibel ist, also Kosten- und Qualitätsüberlegungen sorgfältig gegeneinander abwiegt. Wichtig ist hier, dass diese Fragestellung und vor allem deren Lösung nicht mehr der IT-Abteilung gehört oder an diese delegiert werden kann. Im Gegenteil, durch die Einführung von cloudbasierter Software verlagert sich der Fokus von der Technologie zum Inhalt. Dies bedeutet, dass HR-Verantwortliche sich stark in die System- und Instrumentenauswahl einbringen und im Prinzip die Federführung übernehmen müssen. Auch wenn der HR-Manager kaum über Nacht zum IT-Manager mutieren kann, so muss er oder sie zumindest in der Lage sein, sich zu einem versierten Schnittstellen-Manager zu entwickeln. Diese Verschiebung in der Aufgabenverteilung zwischen IT und HR ist vielen Personalabteilungen und IT-Verantwortlichen nicht klar und führt zu schwierigen Diskussionen, unterschiedlichen Meinungen und schließlich zu suboptimalen Ergebnissen.

In diesem Kontext wird eine Frage besonders wichtig: Welche und vor allem wie viele HR-Prozesse und -Applikationen sollen durch das HR-Kernsystem abgebildet werden und wo kommen sogenannte »Best of Breed«-Systeme ins Spiel? HR-Manager stehen nämlich vor dem Problem, dass HR-Komplettlösungen, die alle Anwendungsbereiche abdecken, nicht unbedingt für jede Funktionalität für jedes Unternehmen den besten Ansatz darstellen, ja dass in einigen Bereichen die integralen Systeme den innovativen Best of Breed-Konzepten heillos unterlegen sind. Dies trifft für die Rekrutierung, das Performance Management wie auch das Talent Management zu. Mit jeder auch noch so gut begründeten Entscheidung, für bestimmte Module einen Best of Breed-Ansatz zu wählen, ergeben sich jedoch zusätzliche Kosten für Implementierung und Wartung wie auch nicht zu unterschätzende Schnittstellenprobleme. Kommt noch dazu, dass die Gehaltsabrechnung in den meisten Fällen als lizensierte Software außerhalb der Cloud betrieben wird, also für ein zusätzliches Interface sorgt. Vor- und Nachteile der verschiedenen Möglichkeiten sind deshalb sorgfältig gegeneinander abzuwägen. Dabei sollte jede Unternehmung im Auge behalten, welche Funktionalitäten auf Basis der strategischen Ausgangslage für sie besondere Bedeutung haben resp. Wettbewerbsvorteile begründen und deshalb optimal unterstützt werden sollten. In der aktuellen betrieblichen Realität kann im Übrigen im Durchschnitt von einer Aufteilung von 70 % Kernsystem und 30 % Best of Breed ausgegangen werden. Dies könnte sich in Zukunft aber ändern.

2.3.2 Reagierende Handlungsfelder in der HR-Digitalisierung

Bei der reagierenden Erweiterungsdigitalisierung wird das HRM durch die Digitalisierung anderer Bereiche einer Firma mit den Auswirkungen auf die Mitarbeitenden konfrontiert und hat daraus resultierende Verantwortlichkeiten zu übernehmen. HR reagiert auf und beschäftigt sich mit der Digitalisierung des Geschäfts und damit mit betrieblichen Transformationen und deren Folgen. Die entsprechenden Aktivitäten umfassen ein sehr breites Feld, welches sich von der operativen Behandlung digitalisierungsbegründeter Abbauszenarien bei der Belegschaft über die Erforschung und die Einführung flexibler und marktkompatibler Arbeitsverhältnisse bis zur Mithilfe bei der zukunftsträchtigen Entwicklung neuer Berufsbilder bei Schlüsselfunktionen erstrecken kann. Die folgenden Berührungspunkte resp. Handlungsfelder stehen im reagierenden Spektrum im Fokus:

1. **Aufbau einer digitalen Kultur** (z. B. durch Priorisierung der kulturellen Eignung von Bewerbenden im Rekrutierungsprozess)
2. **Wegbereitung für ein digitales Führungsverständnis** (z. B. durch Konzeptionierung eines neu ausgerichteten Nachwuchsprogramms)
3. **Analyse alter und neuer Berufsfelder** (z. B. durch Durchführung von umfassenden Berufsfeldanalysen)
4. **Entdeckung geeigneter Talente** (z. B. durch Implementierung einer systematisch Kompetenzen-orientierten Personalsuche)
5. **Umgang mit der Flexibilisierung von Arbeitsverhältnissen und Arbeitsinhalten** (z. B. durch Verknüpfung der Personalplanung mit einem systematischen Sourcing von unterschiedlichen Arbeitsmarkt-Segmenten)
6. **Zusammenstellung und Interpretation von Daten** (z. B. durch bewusstes Ausweiten der Daten auf Quellen ausserhalb von HR)
7. **Entwicklung von »digitalen« HR-Kompetenzen** (z. B. durch auf die HR-Kernstrategie ausgerichtete Weiterqualifizierung)
8. **Beratung in Sachen Digitalisierung** (z. B. durch klare Differenzierung zwischen agierenden und reagierenden Handlungsfeldern)

Auf diese acht Handlungsfelder oder auch Rollen, welche das HR in der zweiten Kategorie der HR-Digitalisierung übernehmen kann, wird im Folgenden eingegangen. Zwei davon, nämlich die Entwicklung von Berufsprofilen und der Umgang mit Daten, sind aus heutiger Perspektive für die zukünftige Entwicklung des HRM besonders wichtig. Sie werden deshalb auch anhand konkreter Beispiele ausführlicher behandelt, während die anderen sechs Handlungsfelder nur kurz erläutert werden.

2.3.2.1 Aufbau einer digitalen Kultur

Die Entwicklung und Etablierung einer Unternehmenskultur kann nie die alleinige Aufgabe des HR-Managements sein, jedoch soll und muss die Personalfunktion bei diesem Prozess immer eine wichtige Rolle spielen. Dies ist in Bezug auf die digitale Kultur einer Unternehmung nicht anders. Bei der Entwicklung und Etablierung einer solchen geht es eben nicht nur darum, Prozesse zu automatisieren und digitale Produkte zu implementieren. Auch der Aufbau einer nicht direkt zur Unternehmung gehörenden Satellitenwelt von innovativen Start-ups kann keine Kulturveränderung herbeiführen. Es ist deshalb kritisch, parallel zu diesen Maßnahmen ein Umfeld zu schaffen, in welchem Mitarbeitende Veränderungen begrüßen, sich mit schnell wechselnden Rahmenbedingungen zurechtfinden und für neue Formen der Zusammenarbeit bereit sind. Solche Entwicklungen passieren nicht über Nacht, sind aber enorm wichtig, um digitale Transformationen auch zum Erfolg werden zu lassen.

Damit ein solcher Prozess auch vom beteiligten HR zielführend angegangen wird, muss Klarheit darüber bestehen, was überhaupt eine digitale gegenüber einer »traditionellen« Kultur ausmacht und worin die Prioritäten für das betroffene Unternehmen bestehen. Die folgenden Faktoren zeichnen eine digitale Kultur aus:

- Schnelle und agile Anpassung an Veränderungen im internen und externen Markt.
- Risikoaffinität verbunden mit der Bereitschaft, Misserfolge zu erlauben und daraus zu lernen.
- Hohe Vernetzung über Organisationsgrenzen hinweg verbunden mit einer ebenso hohen Offenheit gegenüber reibungsloser Kommunikation und Zusammenarbeit.
- Zielführende Implementierung von projektbasierter Arbeit mit flexibler Handhabung.
- Flache Hierarchien mit hoher Entscheidungsdelegation.
- Verständnis für und Verarbeitung von hohen Mengen an Daten und Informationen.

Es ist klar, dass das HR hier einen wesentlichen Beitrag leisten kann, z. B. wenn es um die kulturelle Passung bei externen Anstellungen oder bei internen Beförderungen geht.

Die Messung oder Bewertung des digitalen Reifegrads – sei es der Unternehmung als Ganzes oder auch der HR-Funktion im Besonderen – stellt eine weitere Möglichkeit für die Personalabteilung dar, bei der Entwicklung einer digitalen Kultur Wirkung zu erzielen. Zu diesem Zweck stehen heute einige geeignete Modelle zur Verfügung, z. B. die »Digital Maturity Matrix« des Massachusetts Institute of Technology (vgl. Rossmann, 2016). Diese Reifegradmodelle beschreiben nicht nur den Ist-Zustand, sondern regen auch zum Nachdenken über wichtige Fragen bezüglich Digitalisierung an. Damit lässt sich ein Transformationsprozess transparent verfolgen und steuern.

2.3.2.2 Wegbereitung für ein digitales Führungsverständnis

Die Entwicklung von Führungskräften ist eines der Themen, welches sich über Jahre konstant weit oben auf der HR-Agenda platziert. Dadurch, dass die Digitalisierung in der Führung eines Unternehmens eine sehr wichtige Rolle bekommt, erhält auch »Leadership« eine neue Dimension. Die Schaffung neuer Geschäftsmodelle oder auch nur die Einführung digitalisierter Prozesse bedingen demzufolge ein verändertes Führungsverständnis, das mit der oben beschriebenen digitalen Kultur kompatibel ist. Die wichtigsten Komponenten eines »digitalen Leaderships« könnten folgendermassen aussehen:

- **Digitales Mindset**: Einstellungen und Geisteshaltungen müssen den Einsatz von neuen Technologien über die gesamte mögliche Palette erlauben, von künstlicher Intelligenz bis zum Maschinenlernen.
- **Offene Innovation**: Produkte und Dienstleistungen des Unternehmens sollten sich neuesten und zukunftsträchtigen Entwicklungen durch Inputs von innen und aussen systematisch aussetzen. Dabei soll in gesundem Maß auch eine gewisse Experimentierfreudigkeit zum Tragen kommen.
- **Portfolio-Fokus**: Eine Unternehmung sollte zu jeder Zeit eine hohe Anzahl von Investitionsmöglichkeiten prüfen, nur wenige weiterentwickeln, um schließlich nur den vielversprechendsten Ansatz zu realisieren.
- **Kundenverständnis**: Ein solches war und ist schon immer wichtig, erhält aber durch die technologischen Entwicklungen nochmals zusätzlichen Schub.
- **Adaptives Leadership**: Nicht nur das Verständnis für den Kunden und sein Verhalten erfordert eine immer höhere Flexibilität inklusive der Möglichkeit von Kurskorrekturen, auch das Führen einer immer diverseren Belegschaft, zusammengesetzt aus Mitarbeitenden mit möglicherweise heterogenen Interessen und Zielen, bedingt eine hohe Anpassungsfähigkeit.
- **Optimaler Zentralisierungs-/ Dezentralisierungs-Mix**: Technologische Entwicklungen erlauben einen hohen Zentralisierungsgrad, während digitales Leadership einen hohen Grad an Entscheidungsdelegation und damit an Dezentralisierung mit sich bringt. Hier die richtige Mischung für eine Unternehmung zu finden, ist eine der großen Herausforderungen.
- **Change**: Die Fähigkeit, Veränderungen zu erkennen, in die Organisation zu tragen und auszulösen, zu begleiten, zu kommunizieren und erfolgreich abzuschließen wird zu einem der wichtigsten Werte des neuen Leaderships.

Es gehört zu den schwierigeren Handlungsfeldern im HR, an diesen Komponenten zu arbeiten und im Besonderen mitzuhelfen, eine Talente-Pipeline zu schaffen, welche den soeben aufgeführten Anforderungen an ein digitales

Führungsverständnis entspricht und damit zum zukünftigen Erfolg des Unternehmens massgeblich beitragen kann. Viele CEOs setzen aber genau hier die Priorität.

2.3.2.3 Analyse alter und neuer Berufsfelder

In entwickelten Arbeitsmärkten findet ein kontinuierlicher struktureller Wandel statt, welcher permanent Arbeitsstellen neu schafft, während andere verschwinden. Es werden bestehende Berufsbilder verändert und damit auch die Fähigkeiten, welche es für bestimmte Funktionen braucht. Diese Entwicklung wird durch die aktuelle Digitalisierung substanziell verstärkt, wenn auch nicht in jeder Branche auf die gleiche Weise und in der gleichen Intensität (▶ Kap. 2.2.2). Einzelne Stellen können durch Automatisierung vollständig eliminiert werden, z. B. im Bereich von Routinetätigkeiten. Bei vielen, wenn nicht den meisten Funktionen kommt es durch die Digitalisierung zu Neuausrichtungen der benötigten Kompetenzen, wobei nicht selten die neuen Technologien die menschlichen Fähigkeiten unterstützen und besser zum Tragen bringen. Und bei nochmals anderen Jobs sind wenigstens im Moment automatisierungsbedingt keine oder nur geringfügige Veränderungen der Profile absehbar, z. B. bei medizinischen Pflegeberufen.

Die Frage, die sich jedes Unternehmen stellen muss, ist daher diejenige der eigenen Betroffenheit. Im Kontext der Digitalisierung ist diese Frage eine der entscheidenden und entsprechend dürfen die damit verbundenen Herausforderungen für das HRM keinesfalls unterschätzt werden. Wer als Unternehmung weiß oder wenigstens mit einiger Sicherheit voraussagen kann, welche seiner Profile sich in welchem Zeitraum in welcher Weise verändern werden, der kann sich optimal auf die Zukunft einstellen und bereits zum heutigen Zeitpunkt die richtigen Maßnahmen ergreifen – in der Personalplanung, in der Rekrutierung und vor allem auch in der Personalentwicklung. Es wird aber schnell klar, dass es eine enorme Herausforderung darstellt, diese Weichenstellungen systematisch und permanent vorzunehmen. Schließlich bedingt es nicht nur die Analyse von zum heutigen Zeitpunkt bekannten Informationen, wie die Digitalisierung Einfluss auf individuelle Funktionen nimmt, sondern auch deren Extrapolation in die Zukunft verbunden mit passenden Prognosen, sowie deren Interpretation und ständige Übersetzung in zielführende konkrete Maßnahmen.

Dass diese Problematik auch Berufsbilder betrifft, wo man dies spontan nicht unbedingt erwarten würde, zeigt das Beispiel des Anwalts. Traditionell wird in der juristischen Branche konsequent und meistens mit Papier gearbeitet. Doch damit wird es langsam aber sicher ein Ende haben. Die Tatsache, dass es im Anwaltsberuf oft darum geht, große und heterogene

Datenmengen zu durchsuchen, um die für den eigenen Fall relevanten Informationen und deren Zusammenhänge fokussiert zur Verfügung zu haben, bringt neue Technologien auf den Plan, welche die bisherigen mühsamen und zeitintensiven Verfahren ablösen. Vor allem bei investigativen Recherchen, Vertragsanalysen oder bei Mandaten in den Bereichen Fusionen & Übernahmen kann neue Software aus dem digitalen Markangebot eingesetzt werden (vgl. Frey & Osborne, 2013, S. 17). Große Anwaltskanzleien – in Zusammenarbeit mit Technologie-Start-ups – setzen teilweise sogar auf Eigenentwicklungen, um kompetitive Vorteile gegenüber ihren Kunden zum Tragen zu bringen.

Solche Entwicklungen bringen einerseits Kostenersparnisse, aber auch Qualitätsgewinne (▶ Kap. 2.2.2), nicht zuletzt dadurch, dass den Kunden auch neue Produkte angeboten werden können, was einer verstärkten Anbindung dient. Wesentlich ist aber vor allem auch, dass sich das Profil des Anwalts ändert. So kann der Wegfall von repetitiven Tätigkeiten das Berufsbild gerade für Neueinsteiger attraktiver machen. Auf der anderen Seite wird der Anwaltsberuf auch technischer, was wiederum die Entstehung neuer Profile, z. B. legale Analytiker, unterstützt, aber auch das Verschwinden von Jobs beschleunigt, z. B. juristische Assistenten oder Übersetzer (vgl. NZZ, 2019). Dass sich mit der Digitalisierung des Anwaltsberufs auch die Kultur von Anwaltskanzleien verändert, liegt auf der Hand (vgl. Frey & Osborne, 2013, S. 41).

Besonders offensichtlich und auch eindrücklich ist eine starke digitalisierungsgetriebene Prägung von einzelnen Funktionen in der Transportbranche. Deshalb soll in diesem Zusammenhang eingehend auf das Profil des Lokführers eingegangen werden. Dieser ist heute in vielen Ländern, vor allem aber in Deutschland und in der Schweiz, zu einem Mangelberuf geworden. Gemäß der Fachkräfteengpassanalyse der deutschen Bundesagentur für Arbeit, welche darstellt, in welchen Berufen Besetzungsschwierigkeiten auftreten, liegt die Berufsgruppe »Fahrzeugführung im Eisenbahnverkehr« auf Rang 13 der Berufsgruppe mit bundesweiten Engpässen (vgl. BAA, 2018). Die Eisenbahnunternehmungen in Deutschland und der Schweiz sind also mit einem einschneidenden Fachkräftemangel konfrontiert, der im Lokführer-Bereich zu einem harten Konkurrenzkampf geführt hat. Die Rekrutierung von qualifiziertem Personal hat deshalb uneingeschränkten Vorrang, umso mehr, als das Wachstum der Eisenbahnunternehmen entscheidend davon abhängt. Gerade im Güterverkehr verhindern aber die eingeschränkten Ressourcen aktuell die Verlagerung des Straßenverkehrs auf die Schiene, wodurch das angestrebte Wachstum nur beschränkt realisiert werden kann. Erschwert werden diese Umstände zusätzlich durch nicht immer attraktive Arbeitsbedingungen wie unregelmäßige und versetzte Arbeitszeiten, häufiger Nachtdienst und die Tatsache, dass ein Lokführer mehrheitlich allein im Führerstand arbeitet.

Dieser sehr schwierigen Arbeitsmarktsituation, welche die Personalabteilungen der betroffenen Unternehmungen nicht nur inhaltlich fordert, sondern auch zeitlich stark belastet, stehen Aussagen gegenüber, welche den vollständigen Ersatz der Lokführer durch selbstfahrende und führerlose Lokomotiven prognostizieren. Dass dies nicht aus der Luft gegriffen ist, zeigen ja aktuelle Beispiele auf kürzeren und klar definierten Strecken, z. B. im U-Bahn-Bereich. Die Frage ist nur, ob selbstfahrende Lokomotiven flächendeckend zum Einsatz kommen und gar keine Lokführer mehr benötigt werden oder ob sich »nur« das Profil ändern wird und wie ein solcher Wandel auf der zeitlichen Achse allenfalls aussieht. Trotz all dieser Unsicherheiten muss sich das HR diesen Fragen stellen und zusammen mit der Linie an möglichen Szenarien arbeiten. Es geht zwar um die Digitalisierung eines Geschäftsfeldes, aber indem das HR zielführend auf diese Entwicklung reagiert, kann es einen wesentlichen Beitrag leisten. Dieser ist im Endeffekt wichtiger und für das Unternehmen entscheidender als jede Maßnahme im Bereich der Digitalisierung des HR selber. Somit wird die Nähe zum Geschäft und damit die Möglichkeit, zusammen mit den Verantwortlichen nicht nur die Entwicklungen auf dem Transportmarkt aufmerksam zu verfolgen, sondern diese auch permanent im eigenen Unternehmen zu reflektieren und in Maßnahmen bezüglich Ausbildung und Rekrutierung zu übersetzen, zum kritischen Erfolgsfaktor für das HR.

Einen optimalen Ansatz, die Entwicklung des Berufsbildes Lokführer – aber auch anderer von Veränderung getriebener Funktionen – erfolgversprechend anzugehen, bildet eine ausgedehnte und kontinuierlich weiter zu entwickelnde Berufsfeldanalyse. Diese besteht aus den folgenden Elementen, welche alle im Kontext des zur Diskussion stehenden Profils näher angeschaut werden müssen:

1. Unternehmensstrategie
   a) Bestimmung der geschäftsstrategischen Schwerpunkte, welche das in Frage stehende Berufsfeld massgeblich beeinflussen.
   b) Auflistung der wesentlichen Treiber des Wandels und deren Auswirkungen (Demographie, Technologie, Kundenbedürfnisse, Regulation, etc.).
2. Kerntätigkeiten Berufsfeld
   a) Definition der heutigen Kerntätigkeiten des Berufsfeldes.
   b) Evaluation und Prognose für die Kerntätigkeiten des Berufsfeldes für einen Zeithorizont von 3, 5 und 10 Jahren.
   c) Einschätzung der sich parallel verändernden aufgabenbezogenen Ressourcensituation (Handlungsspielraum, Unterstützung, Mitsprache, Entwicklung).
3. Attraktivität Berufsfeld
   a) Einschätzung aus aktueller Sicht.
   b) Konkurrenzvergleich und Rekrutierungsherausforderungen.

4. Kompetenzen
   a) Fachkompetenzen
      i. Einschätzung der inhaltlichen Entwicklung aktueller technischer Fachkompetenzen.
      ii. Prognose bezüglich Wegfall von aktuellen Fachkompetenzen.
      iii. Eruierung neuer für das Berufsfeld relevanter Fachkompetenzen (z. B. Kommunikation).
   b) Digitale Kompetenzen.
      i. Einschätzung, welche digitalen Kompetenzen aufgrund technischer Entwicklungen erforderlich sein werden (z. B. Vernetzung, Systemkenntnisse etc.).
5. Bildungsbedarf
   a) Definition, Priorisierung und Verfügbarkeit von Entwicklungsmaßnahmen aufgrund neuer Anforderungen und Kompetenzen.
   b) Abgleich und Integration in bestehendes Kompetenzmodell.
   c) Bestimmung und mögliche inhaltliche Gestaltung von neu auszubildenden Kompetenzen.
   d) Konkrete Maßnahmensegmentierung: Grundbildung, Ausbildung, Weiterbildung, Zweitausbildung.
6. Lern- und Arbeitsformen
   a) Einschätzung zur Veränderung der Zusammenarbeitsformen.
   b) Evaluation zukünftiger inhaltlicher und formeller Ansprüche.
7. Gesundheit und Leistungsfähigkeit
   a) Einschätzung der Veränderung aufgabenbezogener Belastungen auf Basis der anzunehmenden Tätigkeiten (Zeitdruck, körperliche Belastungen, Arbeitszeiten, Work-Life-Konflikte).
   b) Einschätzung der Veränderung sozialer Belastungen auf Basis der anzunehmenden Tätigkeiten (Alleinarbeit, Teamarbeit, Kundenverhalten, Führung auf Distanz).
8. Kultur
   a) Einschätzung der für die Veränderung relevanten kulturellen Aspekte.
   b) Evaluation der neu an die Führung gestellten Anforderungen.

Je intensiver sich ein Unternehmen mit der Entwicklung gerade seiner kritischen Berufsfelder beschäftigt, je schneller kommt die Einsicht, dass eine umfassende Analyse zwar sehr schwierig und aufgrund vieler sich auch verändernder Annahmen sehr unsicher, aber auch zwingend notwendig ist, um sich einigermaßen zielsicher in die Zukunft bewegen zu können. Dies gilt im Besonderen für die HR-Funktion, welche ohne diese Informationen kaum mit der Unternehmensstrategie kompatible Schritte machen könnte.

Dies zeigt sich am Beispiel des Lokführers. Zwar weisen die heutigen Projektionen von Fachleuten darauf hin, dass bis auf weiteres die Präsenz eines Lokführers im Cockpit nötig sein wird, aber es wird zu großen Veränderungen des Berufsprofils kommen: Aus Sicht Zugführung ist mit umfangreicher Automation im Bereich Zugvorbereitung (z. B. Überprüfung der Betriebstauglichkeit), aktiver Zugführung (z. B. Beachten der Signale) und Nacharbeiten (z. B. Rangierfahrten) zu rechnen. Deren Stelle wird durch zunehmende Überwachungsfunktionen (z. B. Instrumente und Fahrgastraum) und kundenorientierten Tätigkeiten (z. B. Fahrgastbetreuung und kleine Serviceangebote) eingenommen. Dies sind wohl nur erste Schritte, aber sie zeigen, dass bereits heute konkrete Maßnahmen im Bereich Weiterbildung und Umschulung adressiert werden müssen. Auch bezüglich der Rekrutierung wird sich das Personalmarketing und das Employer Branding auf diese Veränderungen einstellen müssen – mit durchaus interessanten Optionen im Hinblick auf die Vergrößerung des Rekrutierungspotenzials.

2.3.2.4 Entdeckung geeigneter Talente

Die Darstellung der Berufsfeldanalyse zeigt auf, dass mit den dynamischen Entwicklungen einzelner Berufsfelder es für das HR nochmals wichtiger wird, die richtigen Profile im internen Markt zu entwickeln und im externen Markt zu finden, als es jetzt schon in Zeiten des Fachkräftemangels ist. Die Rolle des Talent-Entdeckers ist deshalb untrennbar mit derjenigen des Berufsfeldanalysten verbunden.

Bei der entsprechenden Bearbeitung der internen und externen Märkte gilt es zwei Punkte zu beachten. Einerseits muss für die Suche von »digitalen Talenten« sorgfältig überlegt werden, ob die Employer Value Proposition angepasst werden muss. Eine komplette Neuausrichtung wird kaum notwendig sein, eine fokussierte Adjustierung hingegen schon. Mit anderen Worten, die für die Rekrutierung wichtigen Attraktivitätsfaktoren wie Barkompensation, interessante Arbeit und flexible Arbeitsregelungen bleiben die gleichen, während deren Gewichtung im Digitalisierungskontext gegenüber traditionellen Profilen Veränderungen erfahren kann. Bei der Personalbindung kommen Ausbildung und Entwicklung als wesentliche Motivatoren für digitale Talente dazu (vgl. Willis Towers Watson, 2019).

Andererseits erlaubt die Verwendung neuer Rekrutierungssoftware die systematische Suche aus unterschiedlichen Perspektiven. Dadurch lassen sich Talente finden, wo man sie gar nicht vermuten würde. Indem man beispielsweise nach bestimmten Kompetenzen sucht (was jemand zu machen in der Lage ist) und nicht nach Profilen (was jemand schon gemacht hat), ergeben sich zusätzliche Optionen für Stellenbesetzungen, die traditionell nicht erfasst worden wären. Dieser imminente Wandel von einem Profil- und Job-Fokus zu einem Kompetenzen-Fokus stellt eine Entwicklung dar, welche auch im nächsten Kapitel zur Sprache kommt.

2.3.2.5 Umgang mit der Flexibilisierung von Arbeitsverhältnissen und Arbeitsinhalten

Neben der durch Automation ausgelösten Standardisierung (▸ Kap. 3.1.2), können technologische Entwicklungen wie die Digitalisierung im HR-Kontext auch Flexibilisierungen bewirken. Dabei sind zwei Ausrichtungen zu unterscheiden, nämlich die Flexibilisierung von Arbeitsverhältnissen und die Flexibilisierung von Arbeitsinhalten. Beide hängen eng zusammen und bedingen sich gegenseitig. Vor allem aber muss das HR mit beiden Entwicklungen kompetent umgehen können.

Bei der ersten Flexibilisierung geht es darum, dass die Digitalisierung erlaubt, räumliche und zeitliche Grenzen mühelos zu überwinden. Damit wird die Schaffung von weitergehenden flexiblen Arbeitszeit- und Arbeitsplatzregelungen bis hin zu virtueller Arbeit ermöglicht und es ergeben sich ganz neue Optionen, ein Arbeitsverhältnis zu gestalten: Auf der einen Seite können individuelle Arbeitsmarktteilnehmer bestimmen, ob sie bei einer Unternehmung fest oder nur temporär für ein Projekt angestellt, in Vollzeit oder Teilzeit beschäftigt sein oder ob sie sich als Selbständigerwerbende resp. als unabhängige Freelancer bewegen wollen, sei es auf längerfristiger Basis als externer Mitarbeitender oder eher kurzfristig als »Gig Worker«. Auf der anderen Seite werden sich Unternehmungen gut überlegen, wie sie mit dieser Diversität von Sourcing-Möglichkeiten umgehen, um sich sowohl der sich verändernden Marktsituation anzupassen wie auch um die eigenen Personalkosten zu optimieren.

Unter dem Strich zeigt sich deshalb heute schon eine stärker werdende Trennung von Funktionen (inklusiv den dazu notwendigen Kompetenzen) und der für die Leistungserbringung notwendigen Organisation. Mit anderen Worten: Ein Job ist immer weniger an eine Unternehmung gebunden.

Bei der zweiten Flexibilisierung, welche verglichen mit der ersten eine viel größere Tragweite hat, geht es darum, dass sich einzelne Funktionen wie auch ganze Berufsfelder aufgrund der Digitalisierung kontinuierlich oder auch abrupt verändern (▸ Kap. 2.3.2.3). Einzelne Kompetenzen werden obsolet, andere müssen neu erarbeitet werden, Fähigkeitenprofile werden ständig neu zusammengestellt, um eine Arbeit zu leisten. Weiterqualifizierungen, Umschulungen, Kompetenzverbesserungen sind deshalb in der betrieblichen Realität nicht mehr nur wichtig, sondern zwingend notwendig – und zwar aus der Perspektive sowohl des Mitarbeitenden wie auch des Unternehmens. Unter dem Strich wird sich so mit der Zeit eine stärker werdende Trennung ergeben zwischen Funktionen und den traditionell damit verbundenen Kompetenzen. Mit anderen Worten: Kompetenzen sind immer weniger an bestimmte Jobs gebunden.

In einer zukünftigen sich flexibilisierenden Arbeitswelt, in welcher Unternehmungen, Jobs und Kompetenzen als voneinander getrennt betrachtet werden (▶ Abb. 8), sind Kompetenzen die Währung, mit der Unternehmen kalkulieren – nicht Jobs, nicht Funktionen, vielleicht nicht einmal Menschen. Es wird eine wesentliche Aufgabe des HR sein, diese Entwicklung zu begleiten und zu beherrschen.

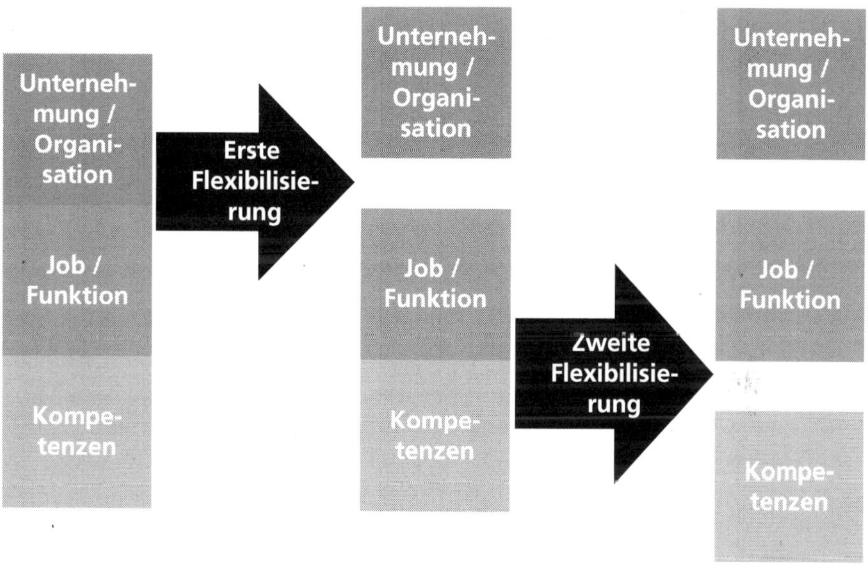

Abb. 8: Flexibilisierung von Arbeitsverhältnissen und Arbeitsinhalten

2.3.2.6 Zusammenstellung und Interpretation von Daten

Im Gegensatz zur Digitalisierung als Ganzes ist das Handlungsfeld »HR-Analytics« trotz vieler gegenteiliger Äußerungen in Fachmedien nach wie vor für viele HR-Abteilungen kein großes Thema. Dies ist erstaunlich, denn allein schon die Tatsache, dass HR-Analytics per definitionem die Analyse von HR-Daten in Verbindung mit strategisch relevanten Unternehmensdaten bezeichnet, gibt genügend Hinweise darauf, dass dieses Handlungsfeld wichtig sein muss. Die Aussage »When talent matters, workforce analytics matter« (vgl. Huselid, 2018, S. 682) trifft den Nagel auf den Kopf und weist darauf hin, dass das HR vor allem in qualitätsorientierten Kernstrategien den Schritt vom traditionellen, operativen und rückwärtsgerichteten Berichtswesen (descriptive reporting) zu strategisch verankerten, praxisnahen und vorausschauenden Analysen (predictive analytics) machen muss. Eine solche Entwicklung wäre gleichbedeutend mit dem Schritt vom Datenadministrator zum strategischen Berater von Geschäftseinheiten. Dazu braucht es einen neuen und mehrheitlich von technologischen Entwicklungen getriebenen Blick auf die zur Verfügung stehenden Daten und Informationen.

Erstens bezüglich der Erweiterung der Datenmenge: Die aktuelle Digitalisierung hat dafür gesorgt, dass das Volumen auswertbarer Daten nicht nur exponentiell zugenommen hat (Stichwort Big Data), sondern mittels Anwendung statistischer Methoden auch zielgerichtet und in einem vernünftigen Zeitraum ausgewertet werden kann (Stichwort Data Mining). Dabei gilt es wegen diesen großen Datenmengen, aber auch wegen dem aktuellen Tempo des Datenzuwachses und der unterschiedlichen Strukturierung der vorhandenen Daten, die wertvollen und relevanten Informationen herauszufiltern und in geeigneter Form zur Verfügung zu stellen. Nur so können die wirklich wichtigen Entwicklungen und Zusammenhänge, z. B. in Form von bestimmten Mustern erkannt werden.

Zweitens bezüglich der Ausweitung der Datenquellen: Heutzutage stehen – und auch dieser Punkt ist der Digitalisierung geschuldet – viel mehr Daten ausserhalb von HR für Auswertungen zur Verfügung. Einerseits ist dies innerhalb der Unternehmung der Fall, z. B. im Finanzbereich. Dies ist zwar nicht neu, aber wiederum ist es wichtig zu vermerken, dass die neuen Technologien vermehrt große Informationsmengen aus verschiedenen Systemen analysieren und auswerten können. Neuer ist aber der Gedanke, personalrelevante Daten aus unternehmensexternen Quellen zu gewinnen. Beispielsweise berufsbezogene Plattformen wie LinkedIn oder Xing, soziale Netzwerke wie Facebook, Twitter, Videoplattformen wie YouTube oder auch Bewertungsportale wie kununu oder glassdoor enthalten Informationen, welche für die Personalabteilung sehr nützlich sein können und vorläufig vor allem in der Personalgewinnung zum Einsatz kommen. Noch weiter geht natürlich die Auswertung von Mobiltelefon-Transaktionen oder sensorisch erfassten Informationen wie z. B. Bewegungsdaten, wobei hier sowohl ethisch wie auch juristisch unsicherer Grund betreten wird.

Drittens bezüglich der Fokussierung des Dateninhalts: Es wurde bereits erwähnt, wie wichtig eine gute Filterfunktion ist, um sich auf die Fakten und Zahlen zu stützen, die für das HR einen Mehrwert bringen. Der Fokus der Informationssuche und -analyse sollte deshalb auf denjenigen Daten liegen, welche einen Bezug zur Strategie haben. Das HR sollte nur Leistungskennzahlen für sich selber aufstellen, welche mit der eigenen HR-Kernstrategie kompatibel sind (▶ Kap. 2.2.1). Diese Forderung ist nicht spektakulär und sie hat auch nicht direkt etwas mit den digitalen Entwicklungen zu tun. Sie gewinnt aber im heutigen betrieblichen Umfeld an Relevanz, einerseits, weil aktuelle Personalcontrollingsysteme immer wieder die gleichen primär operativen Kennzahlen auswerten, und andererseits, weil die digitalisierungsgetriebene Vielfalt der datenbezogenen Möglichkeiten den Blick auf das strategisch Relevante trübt.

Es sind somit digitalisierungsgetriebener Datenfokus und inhaltsgetriebener Geschäfts- und Strategiefokus, welche die Entwicklung vom Personalcontroller zum HR-Analytiker ausmachen (▶ Abb. 9).

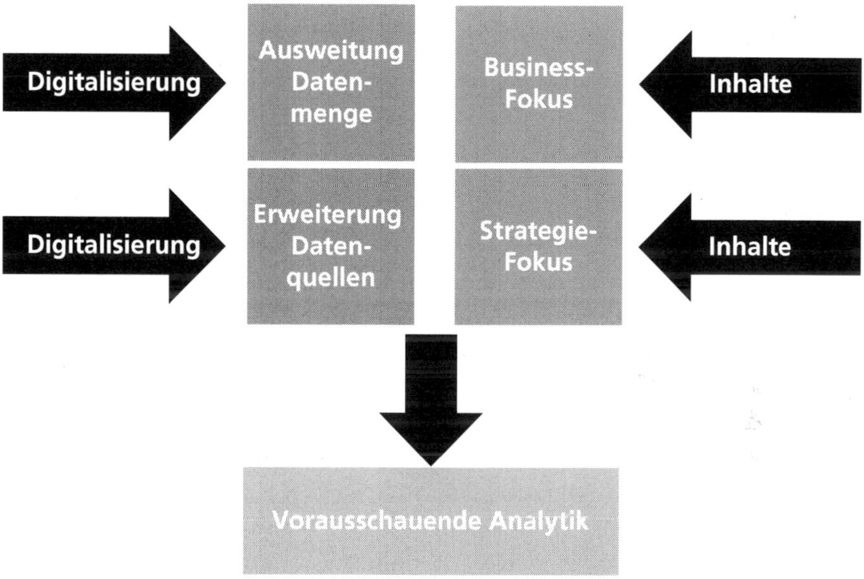

Abb. 9: Konstituierende Elemente »Predictive Analytics«

Genau wie die digitalen Technologien insgesamt (▶ Kap. 2.3.1.3) erstrecken sich die Anwendungsbereiche einer vorausschauenden Analytik über die gesamte HR-Wertschöpfungskette auch hier mit klarer Priorisierung bei der Personalgewinnung (▶ Abb. 10). Zwei aktuelle Beispiele stehen repräsentativ für die Vielzahl von Optionen:

- **Personalgewinnung**: Die Firma Accelerom hat ein Algorithmus-gesteuertes Touchpoint-Analysen-Tool entwickelt, welches die Evaluation der Wichtigkeit von Rekrutierungskanälen für bestimmte Profile im Markt ermöglicht und damit die Rekrutierungskosten optimiert.

- **Personalretention:** IBM wertet interne Daten aus und erklärt öffentlich, dass die Firma mit 95 %-iger Wahrscheinlichkeit voraussagen kann, welche Mitarbeitenden in den nächsten Wochen kündigen werden (um sie dann im Vorfeld zu kontaktieren).

Es wird für die Zukunft wichtig sein, dass die Personalfunktion in Sachen Analysefähigkeit den Anschluss nicht verliert. Dazu gehört auch eine geschickte Aufteilung der anstehenden Aufgaben. So sollte beispielsweise der HR-Businesspartner resp. die HR-Businesspartnerin den Strategie- und Businessfokus einbringen sowie beim Research Design und bei der Dateninterpretation eine wichtige Rolle spielen, während das effektive Datenmanagement und die Datenanalyse von Spezialisten übernommen wird.

2.3.2.7 Entwicklung von »digitalen« HR-Kompetenzen

Der im vorangehenden Kapitel beschriebene Weg zu einer modernen HR-Analytics-Funktion zeigt, dass die Digitalisierung eine Weiterentwicklung der Personalabteilung und ihrer Mitarbeitenden bedingt. Weiterqualifizierungen haben aber in Analogie zum Business auch für das HR einen grundsätzlichen Charakter (▸ Kap. 2.3.2.3-2.3.2.5) und müssen sich auf mehrere Bereiche ausdehnen, sofern dies mit der HR-Kernstrategie und deren Kostendimensionierung vereinbar ist (▸ Kap. 2.2.1). Zwei Ausrichtungen sind zu unterscheiden:

Erstens geht es um die Berücksichtigung der allgemein für eine digitale Zukunft wichtigen Kompetenzen wie Kreativität, Anpassungsfähigkeit, Problemlösung, soziale Intelligenz und Systemverständnis. Natürlich sind auch technische Fähigkeiten gefragt (z. B. Data Mining, digitales Marketing, die Entwicklung von Mobil-Applikationen oder agile Arbeitsmethoden), aber vor allem in Kombination mit anderen Kompetenzen, damit daraus innovative Lösungen entstehen können (vgl. Zobrist, 2017, Deloitte, 2018).

Zweitens – und weit wichtiger - geht es um die Berücksichtigung der spezifisch für die Erfüllung der strategischen Unternehmensziele wichtigen HR-Kompetenzen. Das betrifft sowohl agierende wie auch reagierende Handlungsfelder. Welche dabei bezüglich Kompetenzenbildung berücksichtigt werden, hängt nicht nur von der HR-Kernstrategie ab (▸ Kap. 2.2.1), sondern auch von unternehmensspezifischen Priorisierungen. Mit anderen Worten: ob im HR im Kontext der Digitalisierung nur die Systeme und Prozesse im Rahmen einer angestrebten Kosteneffizienz optimiert (▸ Kap. 2.3.1.1 und 2.3.1.2), ob zusätzliche wertschöpfende innovative Tools eingesetzt (▸ Kap. 2.3.1.3) oder sogar noch einzelne oder mehrere geschäftsgetriebene digitale Handlungsfelder wie HR-Analytics, digitale Kulturentwicklung und Berufsfeldanalysen getrieben werden (▸ Kap. 2.3.2), ist eine Frage der personalstrategischen

Positionierung und der damit verbundenen inhaltlichen Schwerpunkte. Wie auch immer das personalrelevante digitale Massnahmenportfolio am Ende aussieht, es braucht in der Personalabteilung die zu seiner Erfüllung notwendigen Kompetenzen.

Aktuell lässt sich aus verschiedenen Studien schließen, dass diese Fähigkeiten in den meisten Fällen noch entwickelt werden müssen (vgl. Deller et al., 2017, S. 9) Auch Konrad, Schaltegger und Jansen (2018) halten fest, dass die digitale Kompetenz des HR »mittelmäßig« ausgeprägt ist, wobei die Fähigkeit, große Datenmengen zu analysieren, aktuell am wenigsten ausgebildet ist. Sehr interessant ist die Feststellung, dass die Höhe der digitalen Kompetenz des HR mit dessen Reputation korreliert. Es kann somit abgeleitet werden, dass digitale Kompetenzen im HRM sich zwar in den letzten Jahren entwickelt haben, dass aber ein weiterer substanzieller Ausbau für eine bessere Qualität und höhere Akzeptanz der HR-Arbeit notwendig sein wird.

2.3.2.8 Beratung in Sachen Digitalisierung

In der Beratungsrolle des HR-Managements, sei es als Business Partner oder Spezialist, kommen alle in den vorangehenden Kapiteln behandelten Handlungsfelder zusammen. Der HR-Digitalisierungsberater und die HR-Digitalisierungsberaterin zeichnen sich nämlich durch folgende Fähigkeiten aus:

- Sie sind in der Lage, in Bezug auf die Digitalisierung der HR-Funktion oder das agierende Handlungsfeld die Funktion eines kompetenten Vermittlers zwischen Technologien und den Mitarbeitenden der HR Funktion zu übernehmen. Entsprechen sind sie in der Lage, eine IT-Denkweise anzunehmen, die es ihnen erlaubt, sich sowohl in der HR-IT-Systemlandschaft wie auch bei qualitätssteigernden HR-Technologien auszukennen. Auf dieser Basis können sie punkto prozessoptimierenden Schritten den für das Unternehmen passenden Automatisierungsgrad im HRM durchsetzen.
- Sie sind in der Lage, in Bezug auf die Digitalisierung der Geschäftsfelder oder der reagierenden Handlungsfelder des HRM die richtigen personalrelevanten Schwerpunkte zu setzen und damit betreffend den wesentlichen Bereichen der HR-Wertschöpfungskette wie beispielsweise Personalplanung, Personalgewinnung und Personalerhaltung die für die Entwicklung des Business zielführenden strategischen und operativen Schritte zu unternehmen.

Beide Rollen sind für die Zielerreichung wichtig. Während die erste für jede Personalabteilung zwingend und für die Optimierung der Kosten hilfreich ist, so ist der längerfristige Mehrwert bei der zweiten Rolle und vor allem bei geschickter strategieorientierter Auswahl und Gewichtung der einzelnen Handlungsfelder erheblich größer.

2.4 Abschluss

Bei all den Optionen, die dem HR-Verantwortlichen im personalstrategischen Digitalisierungs-Kontext geboten werden, stellt sich die Frage des geeigneten Vorgehens. Dazu wird ein 6-Phasen-Modell vorgeschlagen (▸ Abb. 10).

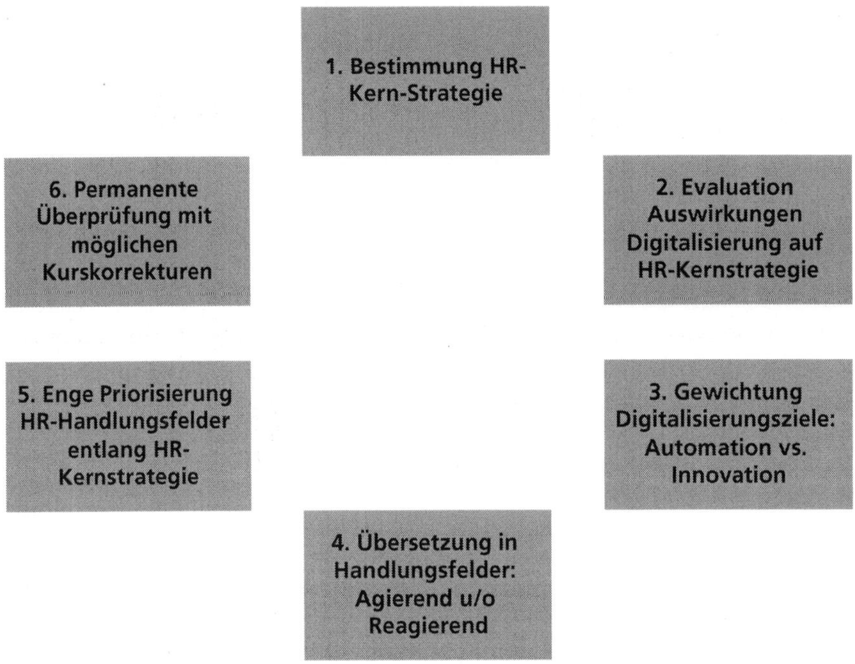

Abb. 10: Ablauf Digitalisierung im personalrelevanten Kontext

Am Anfang steht die Bestimmung der passenden HR-Kernstrategie verbunden mit der Einschätzung der Auswirkungen der Digitalisierung auf die Unternehmung und damit auf besagte HR-Kernstrategie (▸ Kap. 3.2.1). Dies entspricht inhaltlich einer Akzentuierung der Digitalisierungsziele im HR, d. h. einer Gewichtung von Automation und Innovation (▸ Kap. 3.2.2). Die vierte Phase ist die entscheidende: Die resultierende personalstrategische Positionierung muss in die passenden Handlungsfelder aus dem agierenden und reagierenden Spektrum übersetzt werden (▸ Kap. 2.3). Dazu ist eine umfassende

Priorisierung notwendig, einerseits, weil nicht alle Handlungsfelder für jede HR-Kernstrategie Sinn machen und andererseits, weil ressourcenmässig nicht zu viele gleichzeitig abgedeckt werden können. Wie oft im Digitalisierungsumfeld sollte auch im HR eine Konzentration auf wenige digitale Handlungsfelder erfolgen. Dafür sollten diese intensiv und wirkungsvoll abgedeckt, aber auch permanent überprüft werden, um allenfalls schnell und agil Kurskorrekturen vornehmen zu können.

Ein solch phasenweises Vorgehen erlaubt einen wirkungsvollen, weil strategie- und unternehmensbezogenen Einsatz der HR-Funktion. Dabei kann nicht genügend betont werden, dass die Entwicklung einer Digitalisierungsstrategie im HR mit dem agierenden und reagierenden Ansatz zwei Aspekte hat, die beide relevant sind. Anders ausgedrückt:

Man braucht nicht nur eine Digitalisierungsstrategie für das HR, sondern vor allem auch eine HR-Strategie für das digitalisierte Unternehmen!

Literaturverzeichnis

Baches Zoé (2019): »Der Anwalt wird digital – Maschinen erledigen gewisse Arbeiten besser als der Mensch«. In: Neue Zürcher Zeitung, 26.3.2019. URL: https://www.nzz.ch/wirtschaft/neue-technologien-veraendern-den-anwaltsberuf-ld.1470003, Abruf am 27.3.2019

Belizon, Maria (2019): »The HR Analytics Management Cycle«. In : AIHR, Analytics in HR. 8.4. 2019, URL: https://www.analyticsinhr.com/blog/the-hr-analytics-management-cycle/, Abruf am 12.4.2019

Brandes, Dennis; Zobrist Luc (2015): »Mensch und Maschine: Roboter auf dem Vormarsch? Folgen der Automatisierung auf dem Schweizer Arbeitsmarkt«, Deloitte Zürich

Boston Consulting Group / Henderson Institutue (2017): »The Transformations that Work – and Why«. Boston, 7.1.2017. URL: https://www.bcg.com/publications/2017/transformations-people-organization-that-work-why.aspx, Abruf am 10.7.2019

Bruederlin, Gery (2014): »Die leistungsfähige HR-Funktion: Kompetenzen, Strategie und Struktur«. In: Pekruhl, Ulrich; Spaar, Regula; Zölch, Martina (Hrsg.) Human Resource Management Jahrbuch 2014. Zürich: WEKA-Verlag, S. 45-76

Bruederlin, Gery (2017): »Neue HR-Kompetenzen«. In: Personal Schweiz, Sonderausgabe 2, September, Zürich: WEKA-Verlag, S. 38-40

Bruederlin, Gery (2018): »Employability wird strategisch wichtig werden«. In: Personal Schweiz, Ausgabe 3, Mai, Zürich: WEKA-Verlag, S. 6-8

Bruederlin, Gery (2020): Die beste HR-Strategie für Ihr Unternehmen: Systematisch entwickeln, konsequent umsetzen, Luchterhand (Wolters Kluwer Deutschland), Köln 2020.

Chensoff, Grace et al. (2018): »The Rise of Analytics in HR«. In: LinkedIn Talent Solutions. URL: https://business.linkedin.com/content/dam/me/business/en-us/talent-solutions/

talent-intelligence/workforce/pdfs/Final_v2_NAMER_Rise-of-Analytics-Report.pdf, Abruf am 21.3.2019

Dalla Vecchia, Martina (2019): »Go Digital! Digitale Transformation im Unternehmen«. Vorlesung Fachkurs HRM PLUS, Fachhochschule Nordwestschweiz

Danoesastro, Martin; Freeland, Grant & Reichert, Thomas (2017): »A CEO's Guide to Leading Digital Transformation«. In: The New Way of Working Series, The Boston Consulting Group Inc., 22.5.2017. URL: https://www.bcg.com/publications/2017/digital-transformation-digital-organization-ceo-guide-to-digital-transformation.aspx, Abruf am 11.11.2018

Deller, Jürgen; Gotzian, Lisa & Fortmeier, Maike et al. (2017): Digital-Inventur: Status der digitalen Transformation im HR. Leuphana, Universität Lüneburg

Deloitte (2016): »Digital HR – Revolution, not evolution«. In: Global Human Capital Trends 2016, the new organization: different by design, Deloitte UP, S. 97-103

Deloitte (2016): Research Report: Predictions for 2017, »Everything is Becoming Digital«, Deloitte Development LLC

Deloitte (2017): Deloitte Human Capital Trends 2017, »Rewriting the rules for the digital age«, Deloitte University Press

Deloitte (2018): »From careers to experiences: New pathways« In: 2018 Global Human Capital Trends, Deloitte, 28. März 2018. URL: https://www2.deloitte.com/insights/us/en/focus/human-capital-trends/2018/building-21st-century-careers.html, Abruf am 25. Mai 2018

Deutsche Bundesagentur für Arbeit (2018): URL: http://statistik.arbeitsagentur.de, Abruf am 31.7.2019

Frey, Carl Benedikt; Osborne, Michael A (2013): The future of employment: How susceptible are jobs to computerisation? Sept. 13, 2013, Oxford. URL: https://www.oxfordmartin.ox.ac.uk/downloads/academic/The Future of Employment.pdf, Abruf am 13. 8. 2019

Gesellschaft für Kommunikation; Universität St. Gallen; Zentrum für Unternehmensführung & HR Today (2015): HR Hot Topics 2016-2017. URL: https://www.gfk.com/fileadmin/user_upload/dyna_content/CH/documents/News_2016/Mitarbeiterbefragung/GfK_HR_Trendstudie_Infograph.pdf, Abruf am 10.7.19

Gesellschaft für Kommunikation; Universität St. Gallen; HR Today & Avenir Group (2018): HR Trends 2018: Hot or not? URL: https://hrtoday.ch/de/article/hr-trendbarometer-hr-trends-2018-hot-or-not, Abruf am 10.7.2019

Gratton, Lynda (2019): »Five Insights From Davos on the Future of Work«. In: MIT Sloan Management Review. Blog 11. 2. 2019. URL: https://sloanreview.mit.edu/article/five-insights-from-davos-on-the-future-of-work/, Abruf am 21.3.2019

Hemerling, Jim; Kilmann, Julie; Danoesastro, Martin; Stutts, Liza & Ahern, Cailin (2018): »It's not a digital transformation without a digital culture«, The Boston Consulting Group, 13.4.2018. URL: https://www.bcg.com/publications/2018/not-digital-transformation-without-digital-culture.aspx, Abruf am 10.9.2018

Heric, Michael (2018): »HR's New Digital Mandate«. In: Insights, Bain & Company, October 10, 2018. URL: https://www.bain.com/insights/hrs-new-digital-mandate/, Abruf am 23.10.2018

Huselid, Mark A. (2018): »The science and practice of workforce analytics: Introduction to the HRM special issue«. In: Human Resource Management, Mai 2018, S. 679-684

Jesuthasan, Ravin; Boudreau, John (2019): »The future of work: Can you answer these strategic questions?«. In: Insights, 30. Januar 2019, Willis Towers Watson. URL: https://

www.willistowerswatson.com/en-CA/insights/2019/01/future-of-work-can-you-answer-these-strategic-questions, Abruf am 21.3.2019

Konrad, Jonas; Schaltegger Christina & Jansen Anne (2018): »HR im digitalen Wandel. Veränderungen im Arbeitsalltag aus der Perspektive von HR-Fachleuten«. In: HR Today Special 2018, Zürich

Konrad, Jonas; Schaltegger Christina & Jansen Anne (2018): »Digitalisierung im HR«. Studienpräsentation und Podiumsdiskussion. Fachhochschule Nordwestschweiz, 25. September 2018, Olten

Mercer (2018): »2018 Global Talent Trends Study – Unlocking Growth in the Human Age«, Mercer, 2018

Müller, Reto (2018): »Automatisierte Vorselektion von Bewerbenden unter Anwendung von Parsing und Matching«, unveröffentlichte Masterarbeit, FHNW, Institut für Personalmanagement und Organisation, FHNW, Oktober 2018, Olten

Reeves, Martin; Whitaker, Kevin (2018): »Reinventing the Enterprise – Digitally«, The Boston Consulting Group Inc.; Henderson Institute. 13.2.2018. URL: https://www.bcg.com/publications/2018/reinventing-enterprise-digitally.aspx, Abruf am 5.10.2018

Rossmann, Alexander (2016): »Digitale Reifegradmodelle: Theoretische Grundlagen und praktische Anwendung«. In: IM+io Das Magazin für Innovation, Organisation und Management, Heft 4, November 2016, S. 42–47

Schrage, Michael; Kiron, David; Hancock, Bryan & Breschi, Raffaele (2019): »Performance Management's digital shift«. In: MIT Sloan Management Review, Massachusetts Institute of Technology, February 26, 2019

Spindler-Freudenreich, Laurence (2019): »Lokführerinnen und Lokführer gewinnen und binden in Zeiten des Fachkräftemangels«. Unveröffentlichte Masterarbeit, Master of Advanced Studies in Human Resources, Fachhochschule Nordwestschweiz, August 2019, Olten

Strack, Rainer; Dyrchs, Susanne; Kotsis, Adam & Mingardon, Stephanie (2017): »How to Gain and Develop Digital Talent and Skills«. In: The New Way of Working Series, The Boston Consulting Group Inc., 19.7.2017. URL: https://www.bcg.com/publications/2017/people-organization-technology-how-gain-develop-digital-talent-skills.aspx, Abruf am: 8. August 2019

Willis Towers Watson (2018): »The future of work: Debunking myths and navigating new realities«. In: Insights, 6. Februar, 2018. URL: https://www.willistowerswatson.com/en-GB/insights/2018/02/the-future-of-work-debunking-myths-and-navigating-new-realities, Abruf am 21.3.2019

Willis Towers Watson (2019): »Digital transformation will require HR transformation too«. In: Insights, 11. Januar, 2019. URL: https://www.willistowerswatson.com/en-US/Insights/2019/01/digital-transformation-will-require-hr-transformation-too, Abruf am 21.3.2019

Zobrist, Luc; Brandes, Dennis (2017): »What key competencies are needed in the digital age? – The impact of automation on employees, companies and education«, Zürich, Deloitte AG, 2017

3 Digitalisierung und Personalentwicklung

Sascha Armutat

Die Digitalisierung führt in Verbindung mit den übrigen Megatrends demografischer Wandel, Internationalisierung und Wertewandel zu radikalen Veränderungen in Unternehmen. Das wirkt sich auf die Unternehmenstätigkeit und in der Folge auch auf die Arbeit in Unternehmen aus, die technologiegestützter, netzwerkorientierter, iterativer und projektorientierter wird und zu neuen Anforderungen an Belegschaften führt. Das Personalmanagement ist gefordert, diese Entwicklungen hin zu einem digitalisierten New Work aktiv mitzugestalten. Dabei kommt der Personalentwicklung eine bedeutende Rolle zu. Sie muss den Wandel unterstützen, an der zukunftsorientierten Belegschaftsgestaltung mitwirken und sich zugleich selbst in Richtung einer tätigkeitsintegrierten und tätigkeitsübergreifenden Leistungsunterstützung weiterentwickeln.

3.1 Digitalisierung – zentraler Trend der VUKA-Welt

Die Digitalisierung ist das prägende Thema unserer Zeit. Hat der Begriff der Digitalisierung ursprünglich nur die Umwandlung analoger zu digitalen, computerbasiert speicher- und verarbeitbaren Daten bezeichnet (vgl. Bölting et al. 2016), so ist er mittlerweile zu einer Charakterisierung einer Zeitenwende in Gesellschaft und Wirtschaft geworden: Er bezeichnet eine digitale Revolution, den Beginn eines zweiten Maschinenzeitalters (Brynjolfsson, McAfee 2014), das sich mit der Nutzung von Daten in Verbindung mit Informations- und Kommunikationstechnologien in allen Bereichen unserer Lebenswelt ergibt. Kurz gesagt: Digitalisierung steht für die Nutzung von Datentechnologien in den Abläufen des Lebens und Arbeitens und impliziert zugleich die Veränderungen, die damit für die Abläufe einhergehen. Vor allem fünf Phänomene sind hiermit eng verbunden (► Abb. 11):

1. Big Data steht für die cloudbasierte Speicherung und die algorithmenbasierte Auswertung umfangreicher Datenmengen.

2. Künstliche Intelligenz meint intelligente, d. h. auf der Basis von Erfahrungsdaten lernende und sich selbst optimierende Anwendungen, die ein autonomes Entscheiden von Maschinen möglich machen.
3. Robotik bezeichnet die Entwicklung datenbasiert (teil-)autonom handelnder Maschinen, die menschliche Tätigkeiten ausführen.
4. 3-D-Druck beschreibt datenbasierte additive Produktionstechnologien.
5. Virtuelle Vernetzung bezeichnet den datenbasierten Informationsaustausch zwischen Menschen, aber auch zwischen Anwendungen und Maschinen.

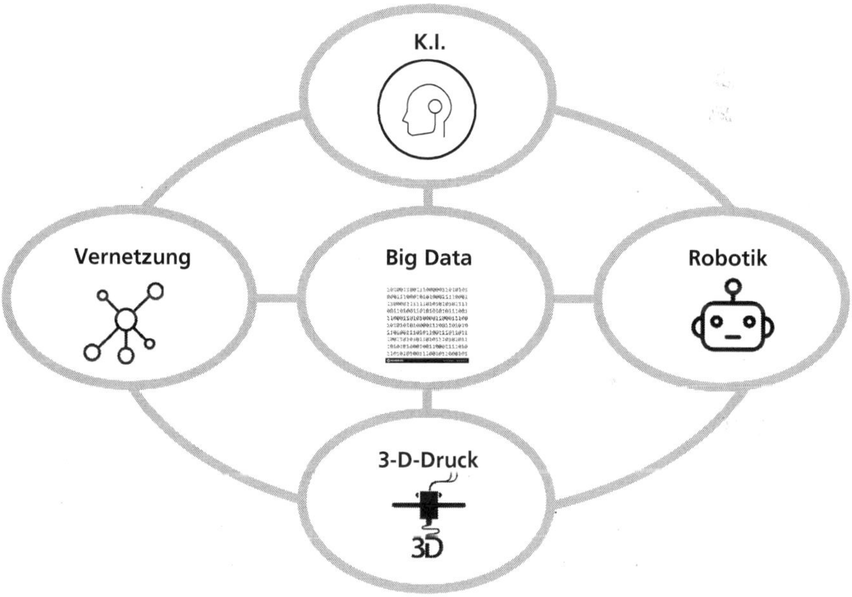

Abb. 11: Phänomene der Digitalisierung

Diese fünf Phänomene der Digitalisierung bedingen und verstärken sich gegenseitig. Sie führen in Abhängigkeit von den anderen Megatrends der demografischen Entwicklung, dem Wertewandel und der Globalisierung zu dynamischen, komplexen und unvorhersehbaren Veränderungen in allen Bereichen des privaten, gesellschaftlichen und wirtschaftlichen Lebens, durch die Kontexte des Lebens und Arbeitens unscharf werden. Die Digitalisierung steht immer in einem Zusammenhang mit einer neuen Unsicherheit, die oft als VUKA-Welt bezeichnet wird. **VUKA** steht nach Mack und Kahre (2016) für

- **Volatilität**, also das Ausmaß von Schwankungen innerhalb einer kurzen Zeitspanne, durch das Handlungssituationen immer instabiler, unberechenbarer und damit immer schwieriger prognostizierbar werden,
- **Unsicherheit**, einen Zustand notorisch unzureichender handlungsrelevanter Informationen und eine Ungewissheit, die mit einem unbekannten Risiko behaftet ist,
- **Komplexität**, eine Vielzahl handlungsrelevanter Einflussfaktoren, die zudem noch vielschichtig miteinander verflochten sind,
- **Ambiguität**, eine Uneindeutigkeit handlungsrelevanter Sachverhalte.

Die Digitalisierung beschleunigt die VUKA-Welt, genauso wie sie dabei hilft, ihr zu begegnen. Für die Digitalisierung in Unternehmen und für die Rolle, die das Personalmanagement und die Personalentwicklung dabei spielen, ist dieser Zusammenhang von hoher Relevanz.

3.2 Digitale Transformation in Unternehmen

3.2.1 Arbeitsdefinition Digitalisierung in Unternehmen

Wenn die Digitalisierung die Umfeldbedingungen von Unternehmen verändert und zugleich Möglichkeiten bietet, diese Veränderungen konstruktiv für den Erfolg zu nutzen, dann ist die Beschäftigung mit dem Thema Digitalisierung für jedes Unternehmen zwingend.

Das haben viele Unternehmen mittlerweile erkannt. Laut BMWE-Studie wird die Bedeutung der Digitalisierung im Jahr 2018 von 46 % der befragten Unternehmen als äußerst wichtig eingeschätzt, während im Vorjahr nur 36 % das Thema als Top-Thema auf ihrer Agenda hatten (BMWE 2018, S. 16). Bei der Frage der Umsetzung gibt es allerdings gerade bei den Unternehmen in Deutschland weiterhin Defizite: 19 % der in der BMWE-Studie befragten Unternehmen gelten als digitale Anfänger, 8 % als digitale Nachzügler ohne wirkliche eigene Digitalisierungserfahrungen (BMWE 2018, S. 12). Ein weiteres Faktum kommt erschwerend hinzu: Auch wenn sich Unternehmen mit Digitalisierungsthemen beschäftigen, bedeutet das nicht, dass sie das Potenzial der Digitalisierung nutzen, wie Ramin (2019, S. 16) feststellt: »Im schlimmsten Fall wird die Umstellung von Fax auf E-Mail schon als Digitalprojekt verkauft. Doch Geschäftsmodelle und Strukturen vieler Unternehmen bleiben unverändert.« In den meisten Unternehmen dominiert ein auf Prozessoptimierung und Kundenerlebnis reduziertes Digitalisierungsverständnis (Accenture 2016).

Dieses verkürzte Verständnis ist deshalb problematisch, weil es eine ganzheitliche Anpassung des Unternehmens an die Anforderungen einer digitalisierten Wirtschaft behindert, weil es grundsätzlich auf die bestehenden Geschäftsmodelle an den bekannten Märkten ausgerichtet ist und die bestehenden Handlungsmuster in Unternehmen fortschreibt. Digitalisierung wird so zu einem Werkzeug der Exploitation statt zu einer Initialzündung für eine Exploration, in deren Rahmen neue Geschäftsideen entwickelt, ausprobiert und in veränderten Strukturen umgesetzt werden – im Sinne der Zukunftsfähigkeit eines Unternehmens (Hofbauer et al. 2017).

Darum ist es sinnvoll, Digitalisierung in Unternehmen immer als ein sich auf das unternehmerische Gesamtsystem auswirkendes Phänomen zu verstehen, das letztlich zu ganzheitlichen Veränderungen führt: Die Digitalisierung in Unternehmen beschreibt den Grad, in dem die Datentechnologien das unternehmerische Gesamtsystem beeinflussen (vgl. Grebe et al. 2018). Die wechselseitige Beeinflussung zeigt sich insbesondere

- in der Berücksichtigung von Digitalisierungsthemen bei der strategischen Ausrichtung des Unternehmens,
- im Umfang neuer digitaler Produkte und Leistungen im Geschäftsmodell des Unternehmens,
- im Ausmaß der Digitalisierung des Kundenmanagements,
- in der Intensität der digitalen Abbildung von Geschäftsprozessen,
- in der quantitativen Prägung der Belegschaftsstruktur mit Trägern digitaler Kompetenzen,
- im Stellenwert, den das Thema im Top-Management hat (▶ Abb. 12).

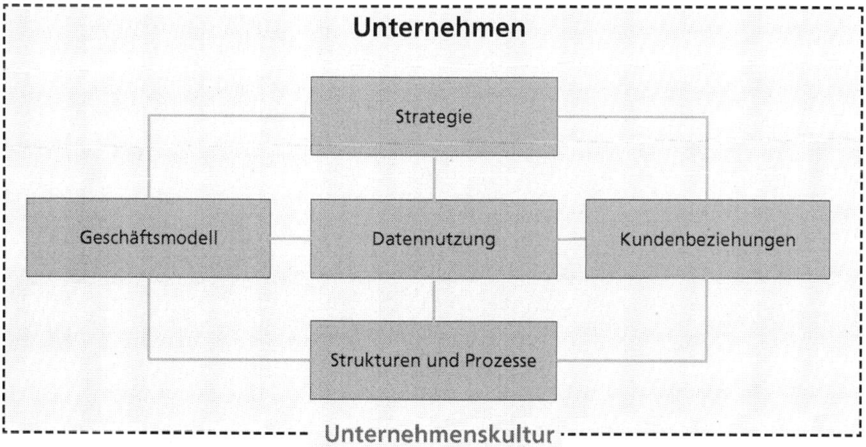

Abb. 12: Von der Digitalisierung betroffene Elemente des unternehmerischen Gesamtsystems

3.2.2 Reifegrade der Digitalisierung in Unternehmen

Kombiniert man die unterschiedlichen Ausprägungen dieser Aspekte des unternehmerischen Gesamtsystems, dann ergeben sich vier Reifegrade der Digitalisierung von Unternehmen (in Anlehnung an Grebe et al. 2018):

- **Reifegrad 1: Digitale Experimentierphase**
  Hier dominieren unverbundene, vereinzelte Digitalisierungsaktivitäten. Unternehmen experimentieren in dieser Phase mit einzelnen Anwendungen der Digitalisierung, ohne dass es Konsequenzen für das Geschäftsmodell oder die Strukturen und Prozesse des Unternehmens hat.
- **Reifegrad 2: Digitale Projektphase**
  In dieser Phase dominieren unverbundene Digitalisierungsprojekte in ausgewählten Funktionsbereichen des Unternehmens. Es gibt keine integrierende Vorstellung über Ziele der Digitalisierung des Unternehmens.
- **Reifegrad 3: Digitale Transformationsphase**
  Diese Phase prägen eine integrierende Digitalisierungsstrategie und eine organisatorische Verankerung der Digitalisierungsaktivitäten. Es gibt bereits beobachtbare Konsequenzen aus den miteinander verbundenen Digitalisierungsaktivitäten.
- **Reifegrad 4: Digitalisiertes Unternehmen**
  In dieser Phase sind digitalisierte, teils neue Produkte und Leistungen sowie automatisierte Prozesse ein wichtiger Baustein des Geschäftsmodells. Die Nutzung von Datentechnologien hat die Arbeit im Unternehmen verändert.

Diese Reifegrade korrespondieren mit spezifischen Organisationsstrukturen, unterschiedlichen Führungsverständnissen, unterschiedlichen Lernkulturen sowie prägenden Mitarbeiterkompetenzen. Während Unternehmen in der digitalen Experimentierphase durch klassische, hierarchisch-primärorganisatorische Organisationsstrukturen geprägt sind, bekommen mit zunehmendem Reifegrad sekundärorganisatorische Strukturen (Prozesse, Projekte und Netzwerke) ein Gewicht. Ähnliches gilt beim Führungsverständnis, das sich von einem hierarchisch-institutionellen Verständnis in den frühen Phasen der Digitalisierung zu einem eher prozessorientierten, transformationalen Verständnis spätestens ab der digitalen Transformation entwickelt. Auch die Lernkultur wandelt sich im Zuge der Digitalisierungsaktivitäten von einem vorgebenden, angebotsorientierten Lernen hin zu einem bedarfsorientierten, alltagsintegrierten Lernen. Damit korrespondiert eine Anpassung bei den Kompetenzprofilen der Mitarbeiter/innen, für die zunehmend agile Kompetenzen, wie Reflexionskompetenz, Verknüpfungskompetenz und digitale, arbeitsbezogene Kompetenzen, Bedeutung erlangen.

3.2.3 Erfolgsfaktoren der Digitalisierung

Dass Erfolg in der Digitalisierung nicht ausschließlich auf die souveräne Handhabung von Datentechnologien zurückzuführen ist, zeigt Cap Gemini (2018) in einer Studie auf, in der herausgearbeitet wird, was die besonders erfolgreichen Unternehmen in der Digitalisierung, die mindestens 25 % smarte und vernetzte Produkte im Portfolio haben und mindestens 14 % ihres Umsatzes aus diesen Produkten generieren, von den übrigen Unternehmen unterscheidet (▸ Abb. 13).

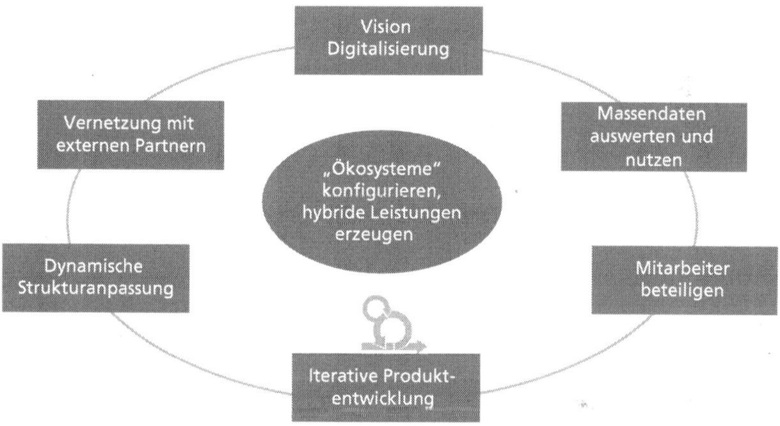

Abb. 13: Erfolgsfaktoren agiler, digitalisierter Unternehmen in Anlehnung an Capgemini Digital Transformation Institute (2018)

In dieser Studie wird deutlich, was die in der Digitalisierung erfolgreichen Unternehmen auszeichnet:

- **Organisatorische Agilität**: Sie passen ihre Strukturen dynamisch an Marktveränderungen an und richten dadurch die Organisation kontinuierlich an den Marktanforderungen aus (97 %).
- **Kundenorientierte Produktentwicklung**: Sie haben einen schnellen, iterativen Produktentwicklungsprozess auf Basis von Kundenfeedbacks (95 %).
- **Beteiligung**: Sie verbreiten ihre digitalen Ambitionen auf allen Ebenen, Funktionen und Bereichen und nehmen dadurch die Mitarbeiter/innen im ganzen Unternehmen mit (95 %).
- **Datability**: Sie gehen souverän mit den im Unternehmen anfallenden Daten um, indem sie die Daten von smart vernetzten Produkten systematisch nutzen (93 %).

- **Strategische Orientierung**: Sie haben eine Digitalvision mit Roadmap und dadurch eine klare, integrierende Vorstellung, wohin sich das Unternehmen entwickeln soll (92 %).
- **Vernetzung**: Sie haben die Zusammenarbeit mit Partnern des externen Ökosystems formalisiert und beziehen externe Partner dadurch auf Augenhöhe in die Zusammenarbeit ein (86 %).
- **Hybride Geschäftsmodelle**: Sie haben hybride Geschäftsmodelle mit Produkten und Services und den Mut, die alten Geschäftsmodelle durch Kombinationen aus klassischen und digitalen Produkten und Leistungen zu erweitern (72 %).

Die Unternehmen sind zukünftig in einer digitalisierten Wirtschaft erfolgreich, wenn sie die Veränderung vom Produzenten von Dingen und Dienstleistungen zum agilen, vernetzenden Konfigurator von Ökosystemen zur Erzeugung integrierter Leistungen schaffen (Simmet 2014).

Das stellt Unternehmen vor allem vor unternehmenskulturelle Herausforderungen (▸ Abb. 14). Im Sinne der beschriebenen Neudefinition der Geschäftstätigkeit im Rahmen der Digitalisierung muss eine neue Arbeitskultur vor allem

Klassische Unternehmenskultur	Unternehmenskultur in digitalisierten Unternehmen
hierarchiegeprägt egoistisch	unhierarchisch partizipativ
kontrollorientiert	selbstgesteuert
fachlich und bereichsbezogen	interdisziplinär und vernetzt
individuell	kollaborativ
planfixiert und gründlich	schnell und iterativ
erfahrungsgetrieben und analog	datengetrieben und technologiebasiert
starr	flexibel
stationär	mobil
intransparent	transparent
outputorientiert	sinnorientiert
einseitig arbeitsfixiert	ausbalanciert

Abb. 14: Veränderungen in der Unternehmenskultur

- das problemorientierte Miteinander zum Zentralprinzip der Steuerung machen,

- Mitarbeiter/innen Beteiligungsmöglichkeiten bieten und deren Selbststeuerung unterstützen,
- die Vernetzung von Mitarbeiter/innen unabhängig von Bereichen, Disziplinen oder Unternehmenszugehörigkeit fördern,
- die Kollaboration zum Arbeitsmodus zu machen,
- Schnelligkeit und Iteration zur Leitidee der Arbeitsabläufe machen,
- Resonanz im Sinne einer offenen Feedbackkultur unterstützen,
- Datenbasierung im Sinne eines Evidence Based Managements mit maximaler Entscheidungs- und Prozesstransparenz fördern,
- routinebasierte Wahrnehmungsschranken zugunsten der Offenheit für neue Erfahrungen überwinden,
- Sinnangebote machen,
- mobiles Arbeiten unterstützen,
- eine Work-Life-Balance bieten.

Genau in dieser unternehmenskulturellen Veränderung besteht laut Bearing Point (2017) die eine große Herausforderung bei der digitalen Transformation von Unternehmen: 75 % der befragten Unternehmen geben an, dass die größten Herausforderungen eher innerhalb der Organisation liegen; von diesen sagen 54 %, dass insbesondere die Kultur eine große interne Herausforderung darstellt.

Die zweite Herausforderung besteht darin, dass es innerhalb der Organisationen an visionären Köpfen fehlt, die den digitalen Transformationsprozess vorantreiben können. Nur 49 % der Unternehmen können die Frage nach visionären Köpfen innerhalb der Organisation bejahen, attestieren allerdings, dass diese visionären Köpfe mit bedeutenden kulturellen Herausforderungen zu kämpfen haben, insbesondere mit historisch gewachsenen Strukturen und Denkmodellen (15 %).

Die erste Frage ist folglich: Wie sieht eine Arbeitskultur aus, die mit der digitalen Transformation eines Unternehmens einhergeht? Dieser Frage geht Kapitel 3.4 nach.

Die zweite Frage ist: Wie können das Personalmanagement und insbesondere die Personalentwicklung sich unter diesen Bedingungen aktiv und gestaltend in den Digitalisierungsprozess des Unternehmens einbringen? Dieser Frage geht Kapitel 3.5 nach.

3.3 Digitalisierung und New Work

3.3.1 New Work – eine Eingrenzung

Der Begriff, mit dem die Arbeitskultur, die der digitalen Transformation von Unternehmen folgt, beschrieben wird, ist »New Work«. Was genau darunter zu verstehen ist, wird deutlich, wenn man an die Ursprünge dieses Begriffs zurückgeht, zur New Work-Bewegung von Frithjof Bergmann, der in seinem Manifest aus den 1980er Jahren einige Leitideen neuer Arbeit beschreibt, die den Begriff gerade in Zeiten der Digitalisierung so aktuell machen:

> »New Work ist ein Aufstieg – ein Aufstand – durch intelligenten und fantasievollen Gebrauch einer Flut von überraschend innovativen Technologien, von denen einige sehr einfach sind, andere hingegen den heutigen Computern um Meilen voraus [...]. Anstatt auf einen immer fragwürdiger werdenden Arbeitsmodus beschränkt zu sein, nämlich den von Arbeitsplätzen, wird eine wachsende Zahl von Menschen etwa 10 Stunden pro Woche in Gemeinschaftsproduktion beschäftigt sein. Weitere 10 Stunden werden sie in einem der neuen Unternehmen arbeiten, die die erwähnten radikal innovativen Technologien nutzen, welche die industriellen Technologien der Vergangenheit ersetzen.
>
> Und an dritter Stelle, werden sie die wirklich Neue Arbeit tun [...]: Arbeit, die die Menschen als ihre Berufung erfahren.« (Bergmann 2019)

Für Bergmann ist New Work in erster Line ein Vehikel, um zu einer neuen, gerechteren, sinnvollen Gesellschaftsordnung zu gelangen. Stellt man den Fokus auf seine Überlegungen zu einer neuen Arbeitskultur ein, dann klingen relevante Leitmotive an, die auch aktuell die Diskussion um ein neues Arbeiten dominieren. Bergmann macht deutlich, dass es bei New Work darum geht, neue Technologien als Ausgangspunkt für die Veränderung des Wirtschaftens und Arbeitens konstruktiv anzunehmen. Er rät dazu, durch flexible Arbeits- und Arbeitssystemgestaltung mehr Flexibilität zu wagen, und fordert, durch Freiheit und Partizipation die Selbstbestimmung der Individuen im Arbeitsprozess zu ermöglichen. Wichtig ist ihm der Gedanke der Teilhabe an der Gemeinschaft, der Kollaboration, der Netzwerke und der Chance, ein balanciertes Leben in den wechselseitig austarierenden Lebensbereichen zu führen. Zentral ist allerdings die Forderung, Arbeit als Berufung zu verankern – durch Sinnvermittlung und gesellschaftliche Verantwortung.

Diese Elemente eines New Work-Verständnisses werden teilweise durch das Alltagsverständnis von Unternehmensangehörigen bestätigt: Laut einer Befragung von Deloitte (2018) wird New Work vorrangig mit der Flexibilisierung von Arbeit, der Bereitschaft zum lebenslangen Lernen, mit neuen Qualifikationsanforderungen, mit der Vereinbarkeit von Beruf und Familie, einer veränderten Unternehmenskultur und Veränderungen im Führungsstil assoziiert. Diese Überlegungen lassen sich in einer Arbeitsdefinition zusammenfassen: Der Begriff New Work steht in den weiteren Ausführungen für eine demokratische, neue Arbeitskultur, die durch flexible kollaborative Arbeitsbedingungen, verantwortliche Partizipation des Einzelnen und agile Arbeitsbedingungen auf der Grundlage von Abläufen, die durch Datentechnologien unterstützt werden, charakterisiert ist.

Was das konkret bedeutet, lässt sich anhand zweier Überlegungen verdeutlichen:

In Anlehnung an die vorherigen Überlegungen und Kienbaum und Stepstone (2018) gibt es vier Prinzipien, mit denen sich die neuen Arbeitsbedingungen angemessen beschreiben lassen:

- **Flexibilität**: Möglichkeiten zur Selbstorganisation von Arbeit hinsichtlich Ort, Zeit und Inhalt
- **Entgrenzung**: Verschmelzung von Berufs- und Privatleben (Work-Life-Integration)
- **Sinnhaftigkeit**: Wunsch, dass Arbeit etwas Wichtiges ist, wichtige Beiträge für die Gesellschaft leistet, sinnstiftend ist
- **Digitale Tools**: Aufgabenerledigung mit digitalen Tools und Medien

Diese Prinzipien wirken sich auf viele Bereiche des Unternehmens aus, vor allem aber auf die Anpackpunkte der Organisation des Arbeitsplatzes, die arbeitsgestaltenden Systeme, die Organisationsstrukturen und das Führungsverständnis. Mit anderen Worten: Wer New Work im Rahmen der digitalen Transformation etabliert, muss dafür sorgen, dass die vier New Work-Attribute in den zentralen Anpackpunkten berücksichtigt werden (▶ Abb. 15):

Abb. 15: Elemente von New Work

Um Flexibilität zu ermöglichen, muss man u. a. den Mitarbeiter/innen arbeitsplatzbezogen die Möglichkeit zu mobilem Arbeiten eröffnen und den

Arbeitsplatz mit einer angemessenen IT-Infrastruktur versorgen. Um Entgrenzung praktikabel zu machen, muss man u. a. flexible Arbeitszeitsysteme einsetzen und für die notwendigen arbeitsplatzungebundenen Kollaborationssysteme sorgen. Um Sinnhaftigkeit zu transportieren, müssen die Führungskräfte einen transformationalen, sinnvermittelnden Führungsstil praktizieren.

Diese Arbeits- und Führungskultur korrespondiert mit den Anforderungen, die der digitale Transformationsprozess an Unternehmen stellt. In der Realität sind viele Unternehmen weit davon entfernt, New Work im beschriebenen Sinn zu praktizieren. Laut Hille und Schwalm (2018) beschreibt fast jedes zweite Unternehmen die eigene Organisations- und Arbeitskultur als traditionell hierarchisch mit ersten Ansätzen einer agilen, interaktiven Kultur mit flachen Hierarchien, während nur 7,4 % der befragten Unternehmen konstatieren, dass sich das eigene Unternehmen schon immer durch eine agile und interaktive Kultur mit flachen Hierarchien definiert.

Unternehmen, die sich auf den Weg der Digitalisierung begeben, müssen die im Folgenden beschriebenen Ansatzpunkte eines Neuen Arbeitens etablieren, damit die digitale Transformation gelingen kann.

3.3.2 New Work und Arbeitsgestaltung

Bei der Arbeitsgestaltung für digitalisierte New Work-Kontexte lassen sich zwei Bereiche unterscheiden: Erstens geht es um den Arbeitsort und die Frage, welche Konsequenzen sich durch Digitalisierung und New Work für die Gestaltung des Arbeitsortes ergeben. Zweitens ist es notwendig, die Änderungen in den Arbeitssystemen in den Blick zu nehmen, die sich insbesondere mit Blick auf das Arbeitszeit-Management und das Performance Management ergeben.

Hinsichtlich des Arbeitsortes ist festzuhalten, dass der/die Mitarbeiter/in in einem digitalisierten New Work-Kontext selbstbestimmter entscheiden kann, wo er/sie arbeitet: Er/sie kann wählen, ob er/sie die Arbeit mobil, im Homeoffice oder im Büro erledigt. Diese Arbeitsortflexibilisierung wird laut Genner et al. (2017) von der überwiegenden Mehrzahl der Mitarbeiter/innen (74 %) positiv erlebt.

Beim mobilen Arbeiten greifen Mitarbeiter/innen über mobile Endgeräte und Client-Lösungen auf Datensysteme des Unternehmens zu, um räumlich und zeitlich flexibel zu arbeiten. Beim Homeoffice verrichten Mitarbeiter/innen einen definierten Prozentsatz ihrer vertraglich vereinbarten Arbeiten von zu Hause. Bei beiden Varianten müssen Unternehmen spezifische

Voraussetzungen schaffen, damit sie rechtssicher und leistungsorientiert umgesetzt werden können (Deloitte 2018):

1. Das Unternehmen muss für eine leistungsfähige IT-Infrastruktur sorgen: Dazu zählen leistungsfähige mobile Endgeräte mit aktueller Software, ein einfacher Zugang zur einheitlichen IT-Infrastruktur des Unternehmens sowie eine einheitliche Arbeitsplattform mit File-Sharing und Synchronisationsprozessen.
2. Das Unternehmen muss für geregelte Arbeitsabläufe sorgen: Dabei geht es um standardisierte Arbeitsprozesse, aber auch um Regelungen für das mobile Arbeiten, für die Homeoffice-Nutzung, für Datenschutz- und Datensicherheit und für erforderliche Präsenzzeiten.
3. Das Unternehmen muss die Mitarbeiter/innen und Führungskräfte auf die Arbeitsortflexibilisierung vorbereiten: Das impliziert die Entwicklung einer Bereitschaft zur virtuellen Kollaboration, die Schulung von Anwendungskompetenzen und die Sensibilisierung für Fragen von Datensicherheit und -schutz, gesundes Arbeiten sowie bei den Führungskräften für die Besonderheiten virtueller Führung.
4. Unternehmen müssen ein modernes Bürokonzept entwickeln: Hier stehen attraktive Räume für Meetings, agile Projektarbeit und Socializing im Mittelpunkt (vgl. Hille, Schwalm 2018).

Bei den Arbeitssystemen geht es darum, die individuelle Flexibilisierung der Arbeitsorganisation der Mitarbeiter/innen, aber auch den Trend zur Kollaboration zu unterstützen. Besonders wichtig sind in dem Zusammenhang flexible Arbeitszeitsysteme, bei denen Dauer und/oder Lage der Arbeitszeit einseitig vom Mitarbeiter/von der Mitarbeiterin innerhalb definierter Richtwerte abgewandelt werden können (Linnenkohl 1995). Dazu zählen vor allem Modelle der Vertrauensarbeitszeit, bei denen je Mitarbeiter die zu erbringenden Arbeiten, das Arbeitszeitvolumen und der Bemessungszeitraum festgelegt werden. Der Mitarbeiter/die Mitarbeiterin kann seine/ihre Arbeitszeiten dann eigenverantwortlich planen und steuern. Kombiniert werden diese Modelle mit Arbeitszeitkonten, in denen die real geleistete Arbeitszeit eines Mitarbeiters/einer Mitarbeiterin festgehalten und mit der vertraglich vereinbarten Arbeitszeit verrechnet wird. Mehrarbeit führt zu einem Guthaben, weniger Arbeit führt zu einem Defizit. Das Guthaben kann je nach Unternehmen als Freizeit, als Entgelt oder als Sozialleistung ausgezahlt werden. Mitarbeiter/innen sind angehalten, ihr Konto in einem definierten Zeitraum auf null zu bringen, wobei sich dieser Zeitraum auf ein Jahr oder auch auf das gesamte Arbeitsleben erstrecken kann.

Bei diesen flexiblen Arbeitszeitmodellen spielen Zielsysteme, mit denen der Einsatz der Mitarbeiter/innen koordiniert wird, eine herausragende Rolle. Diese Zielsysteme sind ein maßgeblicher Baustein eines betrieblichen Leistungsmanagements. Dieses »Performance Management« ist die systematische Ausrichtung des individuellen und kollektiven Leistungsverhaltens an den monetären und nichtmonetären Zielen des Unternehmens mit Hilfe aufeinander abgestimmter Planungs-, Belohnungs- und Steuerungsverfahren« (Armutat 2018). Es zielt darauf, das Verhalten der Mitarbeiter/innen strategisch auszurichten, die Motivation und das Engagement der Mitarbeiter/innen zu steigern und Leistungsbeiträge zu fördern, die einen Nutzen für das Unternehmen stiften. Dadurch kann das Unternehmen seine kurz-, mittel- und langfristigen Ziele erreichen.

Umgesetzt wird das Performance Management durch die Führungskräfte mithilfe eines integrierten Instrumente-Baukastens, den das Personalmanagement konzipiert (▸ Abb. 16): Die Führungskräfte identifizieren mit Zielvereinbarungs- und Leistungsbeurteilungsinstrumenten den angestrebten Verhaltenserfolg, sie belohnen oder sanktionieren mithilfe der monetären und nicht monetären Anreize des Vergütungssystems das vom Mitarbeiter/von der Mitarbeiterin gezeigte Verhalten und stellen im Mitarbeiter/innengespräch die Kontingenz zwischen dem Verhaltenserfolg und der Belohnung her (vgl. Armutat 2018).

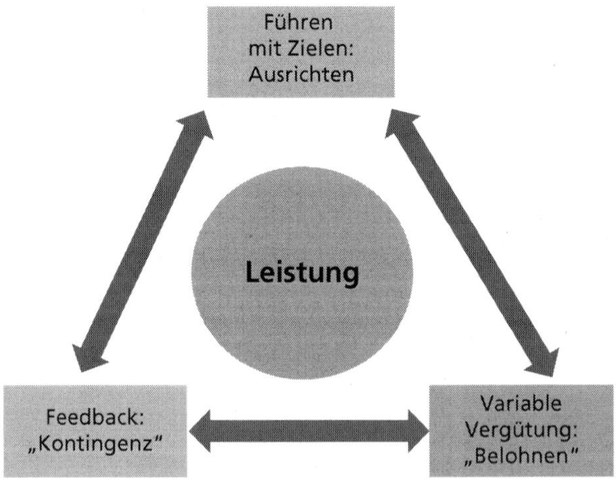

Abb. 16: Instrumente des Performance Managements (Quelle: Armutat 2018)

Angesichts der beschriebenen Anforderungen digitalisierter New Work-Kontexte wird es notwendig, den Instrumente-Baukasten näher an die Unternehmensziele zu rücken und an die Realität kollektiver, selbstgesteuerter Arbeitsprozesse anzupassen (vgl. Armutat 2018).

Das bedeutet für die Zielsysteme, dass die Zielorientierung als kollektive Variante der Zielklärung an Bedeutung gewinnt: Führungskraft und Mitarbeiter/in, besser noch: Führungskraft und Team, verständigen sich angesichts eines starken, visionären übergeordneten Ziels über die Wege, wie man gemeinsam dieses Ziel erreichen kann, und kommen entsprechend überein. Der Zielworkshop ersetzt dabei das klassische Zielvereinbarungsgespräch.

Für die Anreizsysteme resultiert daraus, dass erstens kollektive variable Vergütungskomponenten, die sich am Team-, Bereichs- und/oder Unternehmenserfolg ausrichten, individuelle leistungsbezogene Vergütungskomponenten ablösen (z. B. Astheimer 2017; Friebel et al. 2015); d. h. zweitens, dass kollektive freiwillige Sozialleistungen, wie z. B. Gesundheitsmanagement, attraktives Arbeitsambiente (vgl. Radermacher und Schneider 2017), in Verbindung mit individuellen freiwilligen Sozialleistungen, wie Werkswohnungen (Kersting 2017), Übernahme von Handykosten, Unterstützung bei der Kinder- und Seniorenbetreuung (Jung 2015), als Belohnungen für Leistung an Bedeutung gewinnen.

Das impliziert für die Gesprächs- und Feedbackinstrumente, dass sie prozessintegrierter und kontinuierlicher im Sinne eines auf das Leistungsverhalten bezogenen Instant-Feedbacks (Eppler 2015) zum Einsatz kommen müssen.

Das Konzept der Objectives and Key Results (OKR) bietet Ansatzpunkte für eine Optimierung des Performance Managements zu einer ausgeprägten Business- und Verhaltensnähe im Sinne des Anliegens, die Erreichung der Unternehmensziele durch die Ausrichtung des Leistungsverhaltens aller Mitarbeiter in einem agilen, kollaborativen und digitalisierten Arbeitsumfeld zu unterstützen (Armutat 2018b). OKR ist ein zeitgemäßes, verhaltensorientiertes Führungsinstrument, das Feedback statt Belohnung in den Fokus stellt und durch kürzere Zielbearbeitungszyklen eine schnelle Anpassung der Mitarbeiter/innenaktivitäten an agile Unternehmensentscheidungen in einem dynamischen Umfeld unterstützt. OKR setzt laut Editorial Team Workpath (2017) auf

- eine multidirektionale Abstimmung von Zielen und Aktivitäten,
- Transparenz und gemeinsame Arbeit in Netzwerken,
- auf Leistungsfortschritt und Feedback ohne Vergütungskopplung,
- die kontinuierliche Anpassung der Ziele und der zu erreichenden Ergebnisse innerhalb kürzerer Zeiträume.

Angelehnt an die Scrum-Projektmanagementphilosophie, geht der OKR-Ansatz davon aus, dass für den Bereich, für die Abteilung, für das Team aus einer starken Vision und visionären Jahreszielen qualitative, anspruchsvolle Quartalsziele top-down abgeleitet werden. Diese werden auf jeder Ebene um bottom-up durch die Mitarbeiter/innen formulierte Ziele ergänzt. Die Mitarbeiter/innen setzen diese Objectives in messbare Teilergebnisse (Key Results) um und geben dem Arbeitsprozess ihres Teams damit eine Ausrichtung. In einer OKR-Liste werden diese Planungen festgehalten und für alle Mitarbeiter/innen visualisiert. In wöchentlichen Kurz-Meetings diskutieren und dokumentieren die Mitarbeiter/innen in ihren Teams den Stand der Key Result-Umsetzung und planen die nächsten Umsetzungsschritte. Am Quartalsende erfolgt eine inhaltliche Bewertung der tatsächlich erreichten Ergebnisse und eine prozessbezogene Bewertung des Verlaufs des dreimonatigen OKR-Zyklus (▸ Abb. 17). Daran schließt sich der neue OKR-Zyklus an (vgl. Backovic 2018, Lobacher 2017, Lobacher et al. 2017).

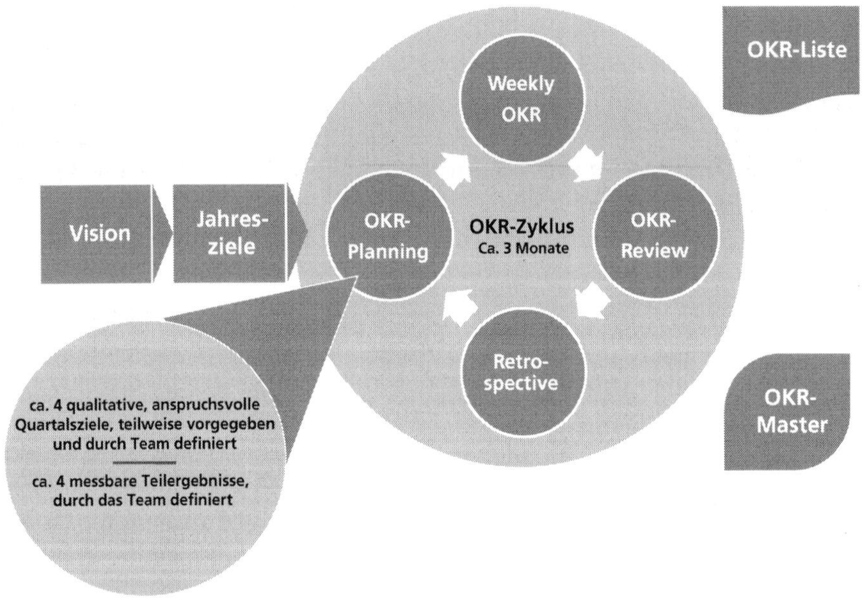

Abb. 17: Der OKR-Zyklus in Anlehnung an Lobacher et al. (2017)

Die Besonderheit dieses Performance Management-Ansatzes besteht in dem unmittelbaren Businessbezug der OKR, der Möglichkeit der kontinuierlichen Ziel- und Ergebnisanpassung sowie in der Verlagerung der Prozessverantwortung auf das Team, das in hohem Maße selbstgesteuert in einem dichten Resonanzraum an den gemeinsamen Zielen arbeitet (Armutat 2018b). Dadurch ist dieses Steuerungsinstrument besonders für digitalisierte New Work-Kontexte geeignet. Die Anwendung erfordert allerdings die Ausbildung veränderter Kompetenzprofile bei Führungskräften und Mitarbeiter/innen.

3.3.3 New Work und Organisation

Nicht ohne Grund ist diese neue Arbeitskultur in zunehmend digitalisierten Unternehmen geprägt durch sekundärorganisatorische Organisationsformen, die die Primärorganisation überlagern und damit zur Flexibilisierung der Arbeitsbedingungen, zur Selbstbestimmung und – so eng mit der Digitalstrategie des Unternehmens verzahnt – zur Sinnorientierung beitragen.

Unter Sekundärorganisation werden laut Vahs (2019) hierarchieübergreifende und -ergänzende Organisationsformen verstanden, die teilweise befristet oder nichts ständig in Aktion treten. Der Vorteil dieser Organisationsformen liegt auf der Hand: Sie ermöglichen eine flexible Anpassung an marktbezogene Erfordernisse, ohne dass das Unternehmen seine Grundstrukturen verändern muss. Genau diese flexiblen Anpassungsleistungen müssen digitalisierte Unternehmen erbringen: Deloitte (2018) stellt heraus, dass für 62 % der befragten Unternehmen aufgrund von Arbeitswelten 4.0 die Agilität für die Unternehmensorganisation immer wichtiger wird und dass immerhin nach Meinung von 51 % der Befragungsteilnehmer/innen in dem Zuge starre Organisationsstrukturen aufgebrochen werden müssen.

Drei sekundärorganisatorische Organisationsformen verbinden sich mit diesen Anforderungen:

Erstens brauchen Unternehmen in der digitalen Transformation ein systematisches Prozessmanagement: Sie müssen die Management-, die Geschäfts- und die Supportprozesse von den externen und den internen Kund/innen aus definieren und zu einem Prozesshaus integrieren (▶ Abb. 18).

Dabei ist darauf zu achten, dass bei jedem Prozess ein prozessintegriertes Wissensmanagement besteht, durch das sich das Prozesshaus agil weiterentwickelt.

Zweitens brauchen Unternehmen ein systematisches Projektmanagement: Sie müssen mindestens Standards, Templates und Tools definieren, durch die die professionelle Initiierung, Durchführung und Nachbearbeitung von Projekten möglich wird. Oftmals werden diese neuen Strukturen an agile Projektmanagementtechniken angelehnt, so wie im Manifest zur agilen Softwareentwicklung von 2001 beschrieben. Darin geht es um die konstitutiven Werte und Prinzipien von Projekten, die sich im Erarbeitungsprozess schärfen, bei deren Umsetzung der Fokus auf der fachlichen Expertise statt auf der Steuerungskompetenz von Manager/innen liegt und bei denen eine hohe

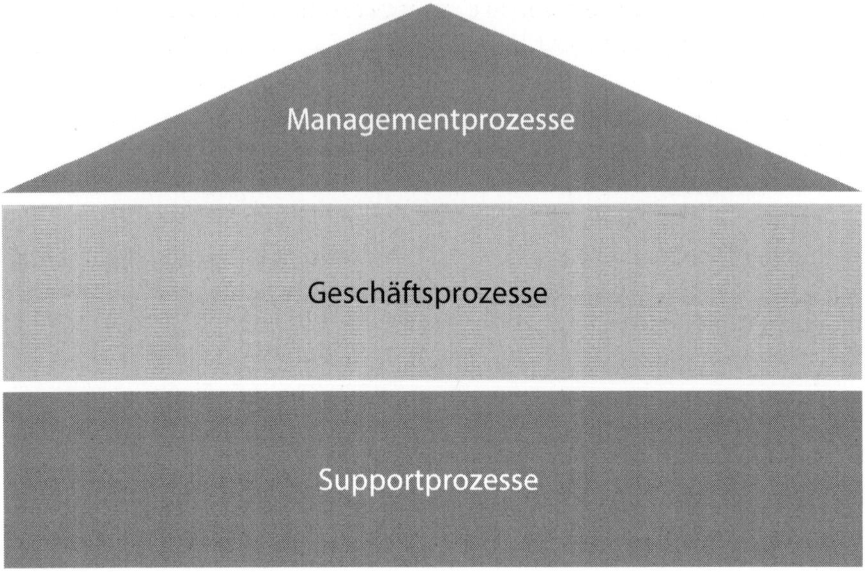

Abb. 18: Prozesshaus in Anlehnung an Vahs (2019)

Kommunikationsdichte, partizipative Umsetzungsstrukturen sowie die Schnelligkeit von Entscheidungen und Ergebnissen dominieren (vgl. Beck et al. 2001). Entsprechend lesen sich die Prinzipien des agilen Manifests wie eine Planskizze für die agile, neue Arbeitskultur in Unternehmen, exemplarisch verdeutlicht am fünften Prinzip des Manifests: »Errichte Projekte rund um motivierte Individuen. Gib ihnen das Umfeld und die Unterstützung, die sie benötigen, und vertraue darauf, dass sie die Aufgaben erledigen.« (Beck et al. 2001) In agilen Projektmanagementmethoden, wie z. B. Scrum, lässt sich diese veränderte Arbeitswelt besonders beobachten: Scrum ist ein inkrementeller, interaktiver Ansatz der Projektentwicklung, bei dem das Projektteam methodengeleitet und mit regelmäßigen Resonanzschleifen schrittweise das angestrebte Ergebnis erarbeitet und dabei das Ergebnis angesichts der gemachten Erfahrungen kontinuierlich anpasst (vgl. Häusling 2017). Die Idee vom Projektergebnis wird in einem Product Backlog formuliert und die Schritte zu dessen Erreichung werden in Arbeitsphasen, sogenannte Sprints zerlegt. Diese Sprints werden geplant und kontinuierlich ergebnisbezogen und prozessbezogen reflektiert; dadurch – und durch alle zugänglichen Dokumentationen von Planungen und Status-Kennzeichnungen – wird eine Transparenz erzeugt, die das selbstorganisierte Arbeiten der Teammitglieder unterstützt. Getragen wird das Scrum-Projekt durch neue Rollen (Haufe 2017): »Product Owner« ist der/die Produktverantwortliche, der/die den fachlichen Gesamtüberblick besitzt. Er/sie trägt die Verantwortung dafür, dass die richtigen Anforderungen im Product Backlog stehen und dass sie in einer geeigneten Reihenfolge abgearbeitet werden. »Scrum Master« ist der/die Prozessverantwortliche, der/die dafür sorgt, dass die Techniken des Scrum-Projektmanagements richtig eingesetzt werden. Er/sie identifiziert und beseitigt Hindernisse und sorgt für benötigte Ressourcen. Das »Scrum-Team« ist für die Umsetzung der Produktanforderungen in Produktfunktionalitäten verantwortlich. Es steht im Zentrum des Prozesses und agiert in höchstem Maße selbstgesteuert. Product Owner und Scrum Master unterstützen das Scrum-Team mit ihren Aktivitäten.

In das professionelle Projektmanagement lassen sich agile Methoden, wie das beschriebene Scrum-Projektmanagement oder auch Kanban und Design Thinking, integrieren, aber auch einzelne agile Techniken, die klassische Projekte bereichern können, wie z. B. das Task-Board, das den Prozess der Erledigung definierter Aufgaben visualisiert, oder ein Daily Stand-up, bei dem ein Team kurz die erledigten To-dos von gestern und die geplanten To-dos von heute austauscht. Auch wenn man beim Projektmanagement nur von diesen einzelnen Techniken Gebrauch macht – mit ihnen werden immer auch Werte transportiert, die das bereits zitierte agile Manifest herausgestellt hat (▶ Abb. 19).

Abb. 19: Ebenen agilen Projektmanagements nach Haufe 2017

Drittens brauchen Unternehmen erste Ansätze einer Netzwerkorganisation, wie sie Kotter (2012) in seinem Konzept der dualen Betriebssysteme formuliert hat. Im Kern geht es darum, Mitarbeiter/innen Freiraum für die freiwillige Beteiligung an unternehmensbezogenen Initiativen zu geben, die sie gemeinsam mit anderen neben ihrer regulären Arbeit erledigen. Die Initiativen sind als unternehmens- und hierarchieübergreifende Netzwerke gedacht, die lose durch eine lenkende Koalition verbunden sind (▶ Abb. 20).

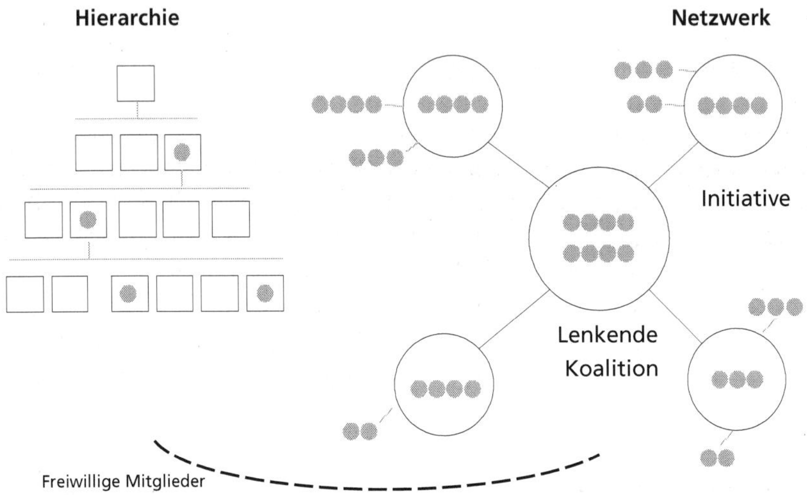

Abb. 20: Duale Betriebssysteme nach Kotter 2012

Ein Beispiel, wie ein duales Betriebssystem in einem Unternehmen funktioniert, bietet die Haufe Umantis AG: »Bei Haufe Umantis sind z. B. alle Themen, die die Strategie und die Vision betreffen, im agilen Netzwerk angesiedelt. Hier diskutieren alle Mitarbeiter, es gibt demokratische Abstimmungen. [...] Auch der Bereich Research & Development ist im agilen Netzwerk verankert. [...] Es gibt bei uns aber nach wie vor Bereiche, die nach einer gemeinsamen Klärung der Strategie und Ziele in der Top-down-Struktur verankert sind. So hat sich Haufe-Umantis z. B. vor Kurzem erst von einigen Mitarbeitern getrennt, weil sie den Anforderungen der nächsten Wachstumsphase [...] nicht mehr gerecht geworden sind.« (Rotzinger, Stoffels 2015)

Kotter (2012) formuliert insbesondere fünf Anforderungen für den Aufbau derartiger Netzwerke:

1. Freiwillige müssen die Initiativen des Netzwerks tragen.
2. »Ich will« muss statt »Ich muss« als Geisteshaltung bei den Mitarbeiter/innen dominieren.
3. Mitarbeiter/innen müssen durch die Vermittlung von Sinn mit Kopf und Herz angesprochen werden, damit sie zum Wandel beitragen wollen.
4. Unternehmen brauchen in dieser Organisation mehr motivierende, sinnstiftende Führung statt mehr planerisches Management.

5. Die zwei Systeme prägen die eine Organisation: Hierarchie und Netzwerk müssen durch personelle Identität und Gleichberechtigung integriert werden.

3.3.4 New Work und Führung

Die Änderungen der Arbeitsbedingungen und die Anpassungen der Organisationsstrukturen funktionieren nur, wenn sich auch die Führungskultur an die neue Arbeitskultur anpasst. Führung wird in digitalisierten New Work-Kontexten vielgestaltiger als in klassischen Arbeitssettings: Führung wird dienend, arbeitsteilig und transformational. Es dominiert ein dienendes Führungsverständnis, das Greenleaf (1977) dahingehend kennzeichnet, dass »the servant leader is servant first. [...] It begins with the natural feeling that one wants to serve, to serve first. Then conscious choice brings one to aspire lead. The difference manifests itself in the care take by the servant-first to make sure that other peoples highest priority needs are being served.«

Dienende Führung wird in Verbindung mit dem Konzept der geteilten Führung praktiziert, also einer aufgabenabhängigen Verteilung von Führungsaufgaben und -einfluss auf verschiedene Mitglieder eines Teams (vgl. Tretter 2015). Die klassische Führungskraft hat vor allem die Aufgabe, die Energie der Mitarbeiter/innen zu transformieren. Wie ein Transformator Bewegung in elektrische Impulse umwandelt, so wandelt die Führungskraft mithilfe des transformationalen Führungsstils die wertbasierten Aktivitäten der Mitarbeiter/innen in zielkonformes Handeln um. Sie entzündet in ihnen ein Feuer, unterstützt die Auseinandersetzung mit ihren Werten und lässt sie dem Ideal der Organisation nachstreben – durch Vermittlung von Enthusiasmus und Begeisterung, durch eine fesselnde, sinnstiftende Vision, das Aufbrechen klassischer Denkmuster und die individuelle Ansprache (vgl. Felfe 2006).

3.4 Belegschaften in digitalisierten Unternehmen

3.4.1 Strukturelle und qualitative Veränderungen in Belegschaften

Digitalisierung führt zu New Work, beides führt zu neuen qualitativen Anforderungen an Belegschaften (vgl. Hackl, Hasebrook 2017).

Augenscheinlich werden diese Veränderungen als tätigkeitsbezogenes Substituierbarkeitspotenzial digitaler Technologien betrachtet. Dengler und

Matthes (2018) arbeiten in einer als Längsschnittuntersuchung angelegten Studie heraus, wie sich der Anteil der durch Computer erledigbaren Tätigkeiten in den unterschiedlichen Berufssegmenten entwickelt. Im Vergleich der Werte von 2013 und 2016 stellen die Autorinnen fest, dass das Substituierbarkeitspotenzial in allen Berufssegmenten zugenommen hat. Es gibt kein Berufssegment mehr, bei dem Tätigkeiten nicht potenziell durch einen Computer oder eine computerisierte Maschine ersetzt werden könnten (▶ Abb. 21).

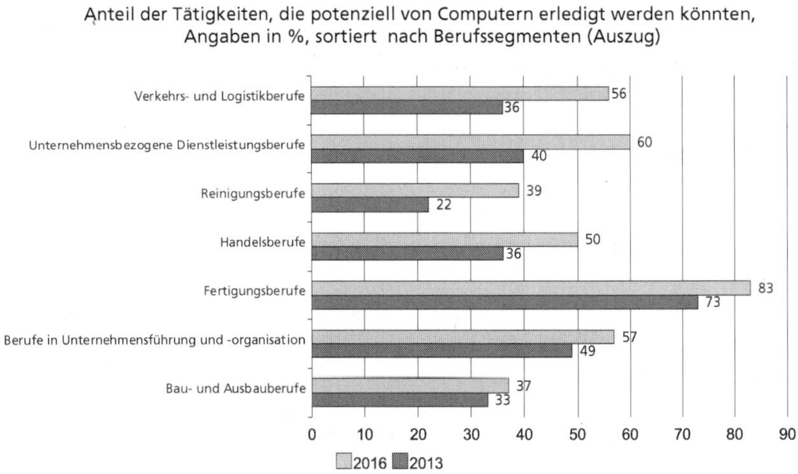

Abb. 21: Substituierbarkeitspotenzial nach Berufssegmenten in Anlehnung an Dengler, Matthes (2018)

Dengler und Matthes (2018, S. 5) stellen dazu fest: »Neue Tätigkeiten und Berufe sind entstanden, in den Tätigkeitsprofilen der Berufe haben sich Änderungen ergeben und Tätigkeiten, die als nicht ersetzbar galten, sind jetzt durch neue Technologien potenziell ersetzbar geworden. [...] Besonders bemerkenswert ist dabei vor allem, dass auch die Zunahme des Substituierbarkeitspotenzials zwischen 2013 und 2016 mit steigendem Anforderungsniveau kleiner wird.«

Diesen Zusammenhang zwischen der technischen Substituierbarkeit von Tätigkeiten und dem Anforderungsniveau arbeiteten bereits Arnold et al. (2016) heraus. In ihrer Studie konnten sie zeigen, dass der Anteil der automatisierbaren Arbeitsplätze bei Hochschulabsolvent/innen bei 0 %, bei einem mittelhohen Qualifikationsniveau (Meister, Berufsakademie) bei 4 %, bei mittlerem Qualifikationsniveau (Lehre) bei 16 % und bei niedrigem Qualifikationsniveau (kein Abschluss) bei 53 % liegt. Das spricht dafür, dass digitalisierte New Work-Kontexte zukünftig höhere Anforderungen an die

Mitarbeiter/innen stellen und Belegschaften mit höherem Qualifikationsniveau zu erwarten sind.

Auch qualitativ lassen sich Veränderungen in den Anforderungen feststellen, die Unternehmen von ihren Mitarbeiter/innen in digitalisierten New Work-Kontexten erwarten. Betriebe erwarten bei ihren Tätigkeiten eine Bedeutungszunahme insbesondere

- beim Prozess-Know-how,
- bei der interdisziplinären Arbeitsweise,
- beim Management von Kundenbeziehungen,
- beim Erlernen neuer Fähigkeiten und Kompetenzen,
- bei der Entwicklung von IT sowie
- bei Kenntnissen in der Anwendung von IT (Arnold et al. 2016).

Das ist bemerkenswert, da – entsprechend der bisherigen These, dass Digitalisierung zu New Work führt und New Work sich nicht in einer Digitalisierung von Tätigkeiten erschöpft – digitale technologiebezogene Kompetenzen nur einen Bruchteil der prognostizierten qualitativen Verschiebungen ausmachen. Es lässt sich festhalten, dass es bei den neuen qualitativen Anforderungen darum geht, dass bereits heute relevante Kompetenzen ein neues Gewicht bekommen und um neue Kompetenzen ergänzt werden, die sich aus dem agilen, digitalisierten Arbeiten ergeben.

3.4.2 Digitale Bildung als übergeordnete Anforderung an Mitarbeiter/innen in digitalisierten Unternehmen

Frei nach der Dagstuhl-Erklärung der Gesellschaft für Informatik (GFI 2016) lässt sich digitale Bildung als die Fähigkeit und Bereitschaft von Mitarbeiter/innen verstehen, Phänomene der Digitalisierung hinsichtlich der technologischen Zusammenhänge, der gesellschaftlichen Implikationen und des persönlichen Nutzens zu verstehen und diesem Verständnis gemäß zu handeln:

- Die technologische Perspektive hinterfragt und bewertet die Funktionsweise der Systeme, die die digitale vernetzte Welt ausmachen. Sie gibt Antworten auf die Frage nach den Wirkprinzipien von Systemen sowie nach deren Erweiterungs- und Gestaltungsmöglichkeiten. Sie erklärt verschiedene Phänomene mit immer wiederkehrenden Konzepten. Dabei geht es um grundlegende Problemlösestrategien und -methoden. Sie schafft damit die technologischen Grundlagen und das Hintergrundwissen für die Mitgestaltung der digitalen vernetzten Welt.

- Die gesellschaftlich-kulturelle Perspektive untersucht die Wechselwirkungen der digitalen vernetzten Welt mit Individuen und der Gesellschaft. Sie geht z. B. den Fragen nach: Wie wirken digitale Medien auf Individuen und die Gesellschaft, wie kann man Informationen beurteilen, eigene Standpunkte entwickeln und Einfluss auf gesellschaftliche und technologische Entwicklungen nehmen? Wie können Gesellschaft und Individuen digitale Kultur und Kultivierung mitgestalten?
- Die anwendungsbezogene Perspektive fokussiert auf die zielgerichtete Auswahl von Systemen und deren effektiver und effizienter Nutzung zur Umsetzung individueller und kooperativer Vorhaben. Sie geht Fragen nach, wie und warum Werkzeuge ausgewählt und genutzt werden. Dies erfordert eine Orientierung hinsichtlich der vorhandenen Möglichkeiten und Funktionsumfänge gängiger Werkzeuge in der jeweiligen Anwendungsdomäne und deren sichere Handhabung.

Mitarbeiter/innen in digitalisierten New Work-Kontexten müssen in diesem Sinne auf die Bewertung und den Einsatz von Maßnahmen und Techniken der Digitalisierung vorbereitet sein.

3.4.3 Kompetenzen für Mitarbeiter/innen in digitalisierten New Work-Kontexten

Auf welche qualitativen Kompetenzverschiebungen Unternehmen sich vorbereiten müssen, wenn sie sich auf den Weg der digitalen Transformation begeben, zeigt das nachfolgende Modell (Armutat 2019 in Anlehnung an Nippold-Rothes 2018). Führungskräfte und Mitarbeiter/innen benötigen demzufolge angepasste strategische Kompetenzen, erweiterte Führungskompetenzen, agile methodische Kompetenzen, digitale Kompetenzen im engeren Sinne sowie veränderte personale Kompetenzen, um erfolgreich in digitalisierten New Work-Kontexten arbeiten zu können. Dabei gilt, dass diese Kompetenzverschiebungen grundsätzlich für Führungskräfte und Mitarbeiter/innen gleichermaßen relevant sind, jedoch hinsichtlich des Relevanzausmaßes unterschiedlich bedeutend sein können.

Angepasste strategische Kompetenzen sind Voraussetzungen für ein vorausschauendes Management. Dazu gehören

- eine allgemeine unternehmerische Kompetenz, also die Fähigkeit und Bereitschaft, Marktchancen zu erkennen und mit Durchsetzungsstärke, visionärer Überzeugung und planvollem Vorgehen verantwortlich zu nutzen,

- eine digitale Businesskompetenz im Sinne der Fähigkeit und Bereitschaft, für das Unternehmen digitale Geschäftsmodelle zu entwickeln, unternehmerisch zu bewerten und mit bestehenden Geschäftsmodellen zu verbinden.

Erweiterte Führungskompetenzen sind die Basis dafür, in New Work-Kontexten die Rollen einer aufgabenteiligen Führung zu übernehmen. Das umfasst jeweils die Fähigkeit und Bereitschaft,

- in dezentralen, interdisziplinären und unständigen Organisationsstrukturen anlassbezogen Führungsaufgaben zu übernehmen,
- Teams in räumlicher Distanz zielorientiert zu steuern,
- Kolleg/innen und Mitarbeiter/innen durch Visionen und Sinnangebote zu begeistern und mittels individueller Ansprache für eine Transformation individueller Werte zu sorgen,
- agile Steuerungsinstrumente, wie Objectives and Key Results, für die zielorientierte Zusammenarbeit einzusetzen.

Agile methodische Kompetenzen beziehen sich auf die Anwendung agiler Arbeitstechniken in New Work-Kontexten. Dazu zählen die Fähigkeit und Bereitschaft,

- Methoden und Techniken des agilen Projektmanagements einzusetzen,
- mit Mitarbeiter/innen unterschiedlicher fachlicher Disziplinen, Wissenshintergründe und Unternehmensbereiche konstruktiv und ergebnisorientiert zusammenzuarbeiten und Personen und Inhalte mithilfe geeigneter Methoden miteinander zu vernetzen,
- sich auf die Dynamik und die unüberblickbare Vielzahl von außer- und innerbetrieblichen Einflussfaktoren einzulassen, sie durch den Einsatz von Methoden handhabbar zu machen und dadurch – trotz der bestehenden Unsicherheiten – zu Entscheidungen zu kommen,
- kontinuierlich erfasste Datenströme aus dem Unternehmen und dessen Umfeld mit Hilfe neuer Technologien im Rahmen des rechtlich Möglichen zu analysieren, zu interpretieren und bedarfsorientiert bei Entscheidungen zu nutzen.

Digitale Kompetenzen im engeren Sinne unterstützen das ergebnisorientierte Handeln in digitalisierten beruflichen Kontexten: In diesem Zusammenhang ermöglichen

- »Digitalisierungskompetenzen«, bestehende Arbeitsprozesse nach Ansatzpunkten der digitalen Unterstützung und Substitution zu analysieren, Un-

terstützungs- und Substitutionsmaßnahmen zu planen und im Unternehmen umzusetzen,
- »berufsbezogene digitale Anwendungskompetenzen«, die zur Verfügung gestellten digitalen Technologien zur Umsetzung der übertragenen Aufgaben zu nutzen,
- »digitale Reflexionskompetenz«, bei etablierten und bei neuen digitalen Technologien die arbeitsbezogenen persönlichen, die datensicherheitsrechtlichen, die unternehmensbezogenen und die gesellschaftlichen Folgen abzuschätzen, die der Einsatz der jeweiligen Technologie nach sich zieht, und die Einsatzentscheidung vor dem Hintergrund dieser Reflexion zu treffen.

Veränderte personale Kompetenzen ermöglichen reflektiertes, verantwortliches Handeln in der Dynamik von New Work-Kontexten. Dazu zählen

- die »Reflexionskompetenz«, die es ermöglicht, geplantes und realisiertes eigenes Handeln unvoreingenommen zu analysieren, sich die zugrunde liegenden Handlungsroutinen bewusst zu machen und deren Effektivität und Effizienz kontinuierlich zu hinterfragen,
- die »Networking-Kompetenz«, die den Aufbau und die Gestaltung professioneller Beziehungen zu relevanten Stakeholdern der eigenen Tätigkeit unterstützt,
- die »Verantwortungskompetenz«, die ermöglicht, zur Umsetzung von Ideen Risiken in Kauf zu nehmen und für die positiven und die negativen Folgen der eigenen Entscheidungen und des eigenen Handelns gleichermaßen einzustehen,
- die »Selbststeuerungskompetenz«, die die Fähigkeit und Bereitschaft beschreibt, eigenverantwortlich die zur Verfügung gestellten Arbeitsmittel und Ressourcen so einzusetzen, dass die beabsichtigten Ziele im Sinne des Unternehmens erreicht werden,
- die »Lernkompetenz«, verstanden als Fähigkeit und Bereitschaft, innerhalb und außerhalb des Arbeitsprozesses Lernbedarfe bei sich zu identifizieren, die erforderlichen Lernprozesse hinsichtlich von Zielen und Maßnahmen für sich zu planen und mit Blick auf den eigenen Lerntypus umzusetzen.

Die beschriebenen Kompetenzen gilt es, in Belegschaften digitalisierter Unternehmen aufzubauen und im Rahmen des Performance Managements zu nutzen. Das zu unterstützen, ist eine zentrale Aufgabe der Personalentwicklung in digitalisierten New Work-Kontexten.

3.5 Personalentwicklung in New Work-Kontexten

3.5.1 Neues Arbeiten und neues Lernen

Wenn Unternehmen durch agilere, digitalisierte Arbeitskontexte und ein verändertes Performance Management geprägt sind, dann verändert sich das Lernen substanziell. Eckelt und Sauter (2016) haben die maßgeblichen Veränderungen zusammengetragen (► Abb. 22).

Kriterium	Lernen bisher	Lernen zukünftig
Ziele	Zentral vorgegebene Wissens- und Qualifikationsziele (Curricula)	Individuelle Kompetenzziele in Absprache mit der Führungskraft (nur teilweise Curricula)
Inhalte	»Gesichertes« Expertenwissen, überwiegend statisch	»Gesichertes« Expertenwissen und (!) dynamisches Erfahrungswissen aller Mitarbeiter/innen (formell + informell)
Lernorte	Seminare, teilweise im Learning-Management-System	Am Arbeitsplatz, in Workshops, im Netz über die soziale Lernplattform
Methodik	Lehre, kooperative Übungen (Aufgaben, Fallstudien, Planspiele, Simulationen), teilweise E-Learning und Blended Learning	Kollaboratives Arbeiten und Lernen am Arbeitsplatz und im Netz (Social Workplace Learning) sowie in Praxisprojekten (Social Blended Learning) Selbstgesteuerter Wissensaufbau sowie Qualifizierung mit E-Learning und in Blended-Learning-Arrangements innerhalb des Ermöglichungsrahmens
»Roter Faden« der Lernprozesse	Überwiegend Curricula, die mithilfe von Trainern oder mittels E-Learning bearbeitet werden	Herausforderungen in Praxisprojekten oder am Arbeitsplatz, die selbstorganisiert durch die Mitarbeiter/innen bearbeitet werden
Medien	Seminarmedien, Printmedien, wissensorien-tierte Web Based Trainings, Lernvideos, Learning Community (Foren, Chat, Webinar)	Workshop-Medien, problemorientierte Web Based Trainings, Lernvideos, Social Media, Community of Practice (Blog, Wiki, Etherpad)
Lernen mit Lernpartnern	Kooperativ im Rahmen von Übungen und Lerntandems	Kooperativ und kollaborativ beim Lösen realer Praxisprobleme, Co-Coaching, kollegiale Beratung

Abb. 22: Neues Arbeiten, neues Lernen (Quelle: In Anlehnung an Eckelt und Sauter 2016)

Kriterium	Lernen bisher	Lernen zukünftig
Lernprozess-begleiter/in	Lehrer/in, Trainer/in, Moderator/in, Ausbilder/in und E-Tutor/in	Moderator/in, E-Coach und E-Mentor/in
Lernerfolg	Test, Präsentation, mündliche Prüfung	Praxiserfolg (Performanz), Projektlösungen, Kompetenzmessungen
Lernprozess	Überwiegend fremdorganisiert mit integrierten selbstgesteuerten Lernphasen	Selbstorganisiert, teilweise selbstgesteuert

Abb. 22: Neues Arbeiten, neues Lernen (Quelle: In Anlehnung an Eckelt und Sauter 2016) – Fortsetzung

Das Lernen der Zukunft richtet sich an individuellen Kompetenzzielen und Wissensbedarfen der Mitarbeiter/innen aus und bezieht viel stärker das Erfahrungswissen der Peer mit ein. Lernen findet überall statt und wird durch die technisch basierte Verfügbarkeit von relevantem Wissen unterstützt. Der Lernanlass ist in diesem Fall der aktuelle, anwendungsbezogene Wissensbedarf des jeweiligen Mitarbeiters/der jeweiligen Mitarbeiterin; es geht nicht mehr darum, »Wissensslacks« (Becker 2016) auszubilden, sondern »just in time« lösungsrelevantes Wissen abzurufen. Entsprechend wird das Lernen maßgeblich durch die Anwender/innen gesteuert.

3.5.2 Personalentwicklung als Leistungspartner in digitalisierten Unternehmen

Überträgt man diese Überlegungen zum problemorientierten, arbeitsintegrierten, selbstgesteuerten Lernen auf die Personalentwicklung, dann wird diese durch Ermöglichung einer leistungsbezogenen, reflektierten Nutzung von relevantem Wissen in einem organisationalen Kontext zum Partner des Performance Managements (▶ Abb. 23).

Der/die Mitarbeiter/in mit seinen/ihren leistungsbezogenen Wissensbedarfen am Arbeitsplatz steht im Fokus der Personalentwicklung. Deren erstes Handlungsfeld besteht darin, das Lernen zu einem Aufbauprinzip der Arbeit zu machen und eine lernförderliche Tätigkeits- und Arbeitsplatzgestaltung zu unterstützen. Die Personalentwicklung gestaltet weiterhin das Wissensmanagement am Arbeitsplatz, indem sie Wissen aufbereitet und Wissenskanäle bereitstellt, die Mitarbeiter/innen im Alltag bedarfsorientiert zur Problemlösung nutzen können. Zugleich unterstützt sie informelle Lernprozesse, indem sie Communitys von Fachexpert/innen des Unternehmens gestaltet

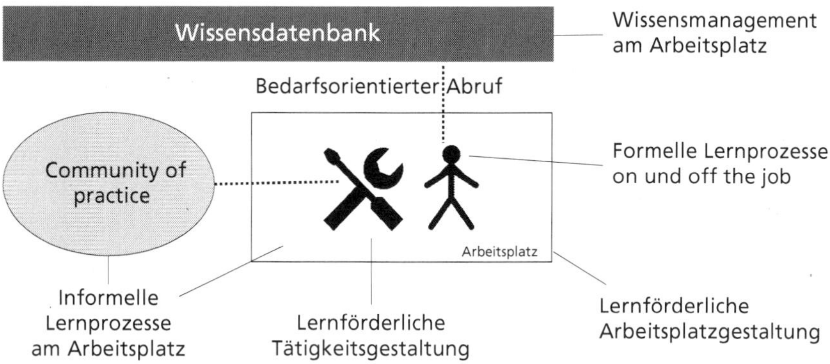

Abb. 23: Bezugsrahmen für eine Personalentwicklung in New Work-Kontexten

und den Mitarbeiter/innen einen Zugang dazu ermöglicht. Die Personalentwicklung gestaltet darüber hinaus formelle, absichtsvolle, zielorientierte Lernprozesse, die am Arbeitsplatz und außerhalb des Arbeitsplatzes stattfinden – im Rahmen von Workshops, Wissenszirkeln, Seminaren und Coachings.

Die strategischen Ziele der Personalentwicklung verschieben sich in einem derartigen Setting. Ein wichtiger Fokus ist der tätigkeitsintegrierte Performance-Support. Dabei geht es darum, die professionelle Performance durch arbeitsintegriertes Lernen zu unterstützen. Hier spielen Wissensdatenbanken mit »Learning Nuggets«, also relevanten, handlungsorientiert konzipierten, inhaltlich klar konturierten und flexibel und einfach »just in time« konsumierbaren webbasierten Wissensangeboten, eine große Rolle (Robes 2011). Wissen wird dadurch verfügbar, wann immer und wo auch immer es gebraucht wird.

Die Anforderungen an eine/n Mitarbeiter/in, der/die in einem derartigen Setting lernend arbeitet, sind jedoch groß: Er/sie muss die eigenen Wissensdefizite erkennen, die Relevanz der dargebotenen Inhalte vor dem Hintergrund der Wissensquellen bewerten, das Wissen in die Handlungsvollzüge einbauen und im Idealfall in den individuellen Wissensbestand integrieren.

Das ist ohne den zweiten Fokus der Personalentwicklung, den personenbezogenen Performance-Support, nicht zu leisten. Dabei geht es darum, durch Kompetenz- und Persönlichkeitsentwicklung Mitarbeiter/innen ein besseres Leisten zu ermöglichen. Becker (2015) bringt diesen Gedanken auf den Punkt, wenn er schreibt: »Die ambivalente Arbeits- und Lebenswelt 4.0 bedarf daher in verstärktem Maße der Stärkung der Persönlichkeit und des Aufbaus personaler Professionalität. Das hat die Personalentwicklung zu leisten.«

Es gilt in diesem Zusammenhang, die in Abschnitt 3.4.3 beschriebenen Kompetenzen zu entwickeln. Mitarbeiter/innen und Führungskräfte müssen die strategischen, führungsbezogenen, methodischen, digitalen und personalen Kompetenzen ausbilden, um erfolgreich in New Work-Kontexten handeln zu können. Das schafft eine Personalentwicklung mit klassischen Seminaren und Coachings, mit Blick auf die Reflexionskompetenzen und andere personale Kompetenzen, aber auch durch das Angebot von Reflexionsräumen, durch Arbeit an individuellen Wertgerüsten oder die bewusste Integration von »Störern« in die Abläufe des Alltags und die klassischen Lernprozesse (vgl. Armutat et al. 2015).

Für die Ausbildung der veränderten personalen Kompetenzen sind insbesondere neue Methoden der Personalentwicklung interessant, die wie das Konzept der Reflexionsräume, den/die Mitarbeiter/in zum Aufbau von Reflexionskompetenz anregen. Prominent in vielen Unternehmen ist dafür aktuell das Konzept des Working-Out-Loud. Dabei geht es darum, dass Mitarbeiter/innen über eine Sequenz von Workshops und Einzelarbeiten Beziehungsnetzwerke aufbauen und zugleich an persönlichen Entwicklungszielen arbeiten, immer im Austausch mit einer kleinen Lerngruppe (vgl. Stepper 2015).

Fünf Prinzipien sind dabei relevant (vgl. Blindert 2018):

- im Austausch mit anderen lernen,
- Wissen, Erfahrungen und Netzwerke mit anderen teilen,
- Arbeitsschritte für das eigene Netzwerk nachvollziehbar machen,
- einen persönlichen Fokus als Orientierung entwickeln,
- Komfortzonen verlassen und Offenheit für neue Impulse entwickeln.

Keimzelle dieses sozialen Lernprozesses ist der Working-Out-Loud-Circle, eine selbstorganisierte Lerngruppe von ca. fünf Personen, die sich über zwölf Wochen für jeweils eine Stunde, auch virtuell, zusammensetzt und – angeleitet durch eine/n Moderator/in aus der Gruppe – zu Beginn die individuellen Entwicklungsziele bespricht, dann die Aktivitäten und Ergebnisse der Teilnehmer/innen durchspricht, Gruppenübungen durchführt und gemäß dem Working-Out-Loud-Guide Arbeitsaufgaben für die nächste Sitzung vergibt (Stepper 2019). Nach zwölf Wochen hat jede/r Teilnehmer/in ein solides Expert/innennetzwerk aufgebaut und Unterstützung für die Erreichung des individuellen Entwicklungsziels erhalten. Die Vorteile dieses Verfahrens für die Ausbildung von personalen Kompetenzen liegen auf der Hand: Die Netzwerk- und Verknüpfungskompetenz wird trainiert, Reflexionskompetenzen werden entwickelt und en passant Erfahrungen mit unterschiedlichen Formen der Kollaboration mit und ohne technische Hilfsmittel gemacht.

3.5.3 Neue Rollen in der Personalentwicklung

Eine Personalentwicklung in digitalisierten New Work-Kontexten verändert sich. Waren bisher im klassischen Sinne alle Maßnahmen der Bildung und Qualifikationsvermittlung, der Förderung und beruflichen Weiterentwicklung aller Mitarbeiter/innen inklusive der Entwicklung der organisatorischen Rahmenbedingungen im Blick (Becker 2015), geht es jetzt darum, den Businessfokus der Funktion zu schärfen und die Unterstützung des Leistungsmanagements zum Kerninhalt zu machen. Die Personalentwicklung in diesem Sinne

- wird Performance-Facilitator und wirkt als Entwicklungshelfer für Lernprozesse im Arbeitsprozess,
- wird Arbeitssystemgestalter und bringt sich als Impulsgeber für lern- und leistungsförderliche Strukturen in die Organisationsentwicklung ein,
- wird zum Wissensmanager, identifiziert relevanten Content und bereitet diesen, medial gestützt und arbeitsintegriert abrufbar, zu Learning Nuggets auf,
- wird noch mehr gefordert als Persönlichkeitsentwickler mit der Aufgabe einer ganzheitlichen Mitarbeiter/innenbildung.

Damit wird eine systematische Personalentwicklung für die digitale Transformation von Unternehmen unverzichtbar.

Erforderlich dafür ist allerdings, dass das Personalmanagement einen strategischen Zugang zu seiner Funktion gewinnt: Es muss das Unternehmensumfeld und die Unternehmensstrategie analysieren, eine strategische Personalplanung durchführen und eine eigene, businessorientierte Personalstrategie aufstellen, in der das Performanceverständnis und die erforderlichen Entwicklungsbedarfe der Mitarbeiter/innen dokumentiert sind. Dieser strategische Referenzrahmen ist erforderlich, damit die Personalentwicklung in Zeiten der Digitalisierung Zugang zum Motorraum der Unternehmenstätigkeit findet.

Literaturverzeichnis

Accenture (2016): Digitalisierung entzaubern. Wie die TOP 500 digitale Blockaden lösen. Unter: https://www.accenture.com/_acnmedia/PDF-5/Accenture-Top500-DE-Executive-Summary-Final_web.pdf. Zugriff: 04.09.2019.

Armutat, S. (2019): New Belegschaft – Personalmanagement in agilen Kontexten. In: Supervision 37(2) 2019, S. 15–22.

Armutat, S. (2018): Leistungsmanagement: Das Ganze im Blick. In: Armutat, S. et al. (Hrsg.): Personalmanagement in Zeiten von Demografie und Digitalisierung. Herausforderungen und Bewältigungsstrategien. Wiesbaden: Springer, S. 261–276.

Armutat, S. (2018b): Leistung und Belohnung im Wandel – Neue Wege des Performance Managements. In: BMEnet GmbH (Hrsg.): BMEnet Guide Beschaffungsdienstleister 2019. Eschborn: BMEnet, S. 34–35.

Armutat, S. et al. (2015): Schlüsselkompetenz Reflexionsfähigkeit. Führungskräfteentwicklung der Zukunft. PraxisPapier 1/2015. Düsseldorf: DGFP.

Arnold, D.; Arntz, M.; Gregory, T.; Steffes, S.; Zierahn, U. (2016): Herausforderungen der Digitalisierung für die Zukunft der Arbeitswelt. ZEW policy brief 8/2016. Mannheim: ZEW.

Astheimer, S. (2017): Einzelkämpfer gehen leer aus. In: Frankfurter Allgemeine Zeitung GmbH (Hrsg.): Beruf und Chance. Unter: http://www.faz.net/aktuell/beruf-chance/recht-und-gehalt/viele-unternehmen-schaffen-jetzt-individuelle-boni-ab-14632398.html. Zugriff: 19.01.2018.

Backovic, L. (2018): OKR-Methode. Ziele und Schlüsselergebnisse – die neuen Wunderwaffen moderner Führungskräfte. In: Handelsblatt GmbH (Hrsg.): Unternehmen. Unter: https://www.handelsblatt.com/unternehmen/beruf-und-buero/the_shift/okr-methode-ziele-und-schluesselergebnisse-die-neuen-wunderwaffen-moderner-fuehrungskraefte/22965862.html. Zugriff: 30.10.2018.

Bearing Point GmbH (Hrsg.) (2017): Roboter, Rebellen, Relikte. Überkommene Strukturen behindern die Digitale Transformation. Red Paper, hrsg. von der Bearing Point GmbH, Frankfurt am Main: Bearing Point.

Beck et al. (2001): Manifest für agile Softwareentwicklung. Unter: http://agilemanifesto.org/iso/de/manifesto.html. Zugriff: 04.09.2019.

Becker, M. (2016): Digitalisierung stellt HR vor neue Herausforderungen. Haufe Akademie GmbH (Hrsg.), Digital Business. Unter: https://www.haufe-akademie.de/blog/themen/personalmanagement/digitalisierung-stellt-hr-vor-neue-herausforderungen/. Zugriff: 09.09.2017.

Becker, M. (2015): Personal- und Organisationsentwicklung in der Arbeitswelt 4.0. In: Schwuchow, K.; Gutmann, J. (Hrsg.): Personalentwicklung. Themen, Trends, Best Practices 2016. Freiburg: Haufe, S. 197–213.

Bergmann, F. (2019): New Work – New Culture. Die kürzest mögliche Zusammenfassung der Neuen Arbeit. Unter: http://newwork.global/deutsch/. Zugriff: 04.09.2019.

Blindert, U. (2018): »Working out loud« heißt die Devise. Unter: https://www.welt.de/wirtschaft/bilanz/article180496510/Neue-Arbeitswelt-Working-out-loud-heisst-die-Devise.html. Zugriff: 04.09.2019.

Bölting, T; Königsmann, T; Neitzel, M. (2016): Digitalisierung in der Immobilienwirtschaft – Chancen und Risiken. Studie im Auftrag der Bundesarbeitsgemeinschaft
Immobilienwirtschaft Deutschland (BID), Berlin (www.bid.info). Bochum: InWIS.

Brynjolfsson, E.; McAfee, A. (2014): The Second Machine Age: Wie die nächste digitale Revolution unser aller Leben verändern wird. Kulmbach: Plassen.

Bundesministerium für Wirtschaft und Energie (BMWi) (Hrsg.) (2018): Monitoring Report: Wirtschaft DIGITAL 2018. Berlin: BMWi.

Capgemini Digital Transformation Institute (2018): Digital Engineering. The new growth engine for discrete manufacturers. In: Capgemini (Hrsg.): Resources. Unter: https://www.capgemini.com/de-de/wp-content/uploads/sites/5/2018/06/Capgemini-DTI-Digital-Engineering-Report-3.pdf. Zugriff: 21.09.2018.

Deloitte (Hrsg.) (2018): Future World of Work: Arbeitswelten 4.0 im Mittelstand. Düsseldorf: Deloitte.

Dengler, K; Matthes, D. (2018): Substituierbarkeitspotenziale von Berufen. Wenige Berufsbilder halten mit der Digitalisierung Schritt. IAB Kurzbericht, hrsg. vom Institut für Arbeitsmarkt- und Berufsforschung. 4/2018. Nürnberg: IAB

Eckelt, A.; Sauter, W. (2016): Deutsche Bahn auf dem Weg zur Bildung 4.0. In: Wirtschaft + Weiterbildung, 29(1), S. 36–39.

Editorial Team Workpath (2017): MBO und OKRs. Vergleich zweier Methoden des Zielmanagements. In: Workpath GmbH (Hrsg.): Magazin. Unter: https://www.workpath.com/magazine/aus-mbo-werden-okrs/. Zugriff: 30.10.2018.

Eppler, A. (2015): Von der Leistungsmessung zur Feedback-Kultur. In: Personalwirtschaft 42 (12) 2015, S. 64–65.

Felfe, J. (2006): Transformationale und charismatische Führung – Stand der Forschung und aktuelle Entwicklungen. In: Zeitschrift für Personalpsychologie, 5(4), S. 163–176.

Friebel, G.; Heinz, M.; Zubanov, N. (2015): Teamboni: Wie man Gewinn und Gehälter mit dem gleichen Instrument erhöhen kann. In: PERSONALquarterly 67(3), S. 22–25.

Genner, S.; Probst, L.; Huber, R.; Werkmann-Karcher, B.; Gundrum, E.; Majkovic, A.-L. (2017): IAP Studie 2017: Der Mensch in der Arbeitswelt 4.0. Zürich: IAP Institut für Angewandte Psychologie der ZHAW Zürcher Hochschule für Angewandte Wissenschaften.

Gesellschaft für Informatik (GFI) (2016): Dagstuhl-Erklärung: Bildung in der Digitalen Welt. Unter: https://informatik.bildung-rp.de/fileadmin/user_upload/informatik.bildung-rp.de/Varia/dagstuhl-erklaerung-bildung-in-der-digitalen-welt-2016.pdf. Zugriff 04.09.2019.

Grebe, R.; Nippold-Rothes, E.; Armutat, S. (2018): Kompetenzen für die Digitalisierung erfordern Konsequenzen im Unternehmen. In: Die Wohnungswirtschaft 71(19), S. 84–87.

Greenleaf, R. K. (1977): Servant Leadership. A Journey into the Nature of Legitimate Power and Greatness. New York: Paulist Press.

Hackl, B.; Hasebrook, J. (2017): New Work erfordert neue Kompetenzen. In: Personalführung 50(6), S. 18–23.

Haufe online Redaktion (Haufe) (2017): Agile Methoden und Techniken im Überblick. Unter https://www.haufe.de/personal/hr-management/agile-methoden-definition-und-ueberblick_80_428832.html. Letzte Änderung 27.10.2017. Zugriff: 04.09.2019.

Häusling, A. (2017): Agile Organisationen. Freiburg: Haufe.

Hille, M.; Schwalm, A.-L. (2018): Next Level Digital Workplace. Studienreport von Crisp Research in Kooperation mit Samsung. Kassel: Crisp Research.

Hofbauer, G.; Hofbauer, K.; Sangl, A.; Papazov, E. (2017): Innovationsmanagement zwischen Exploration und Exploitation. Heft Nr. 41 aus der Reihe »Arbeitsberichte – Working Papers«. Ingolstadt: TH Ingolstadt.

Kienbaum Institut; Stepstone Gmbh (Hrsg.) (2018): Die Kunst des Führens in der Digitalen Revolution. Leadership Survey 2018. Düsseldorf, Dortmund: Kienbaum Institut.

Kotter, J. P. (2012): Die Kraft der zwei Systeme. In: Harvard Business Manager, 12/2012, S. 22–36.

Linnenkohl, K. (1995): Entscheidungsrahmen für flexible und individuelle Arbeitszeiten. In: Wagner, D. (Hrsg.): Arbeitszeitmodelle. Flexibilisierung und Individualisierung. Göttingen: Verlag für angewandte Psychologie, S. 33–48.

Lobacher, P.; Jacob, C. (2017): Der OKR-Guide. In: +pluswerk AG (Hrsg.): OKR Guide. Unter: http://okr-guide.org. Letzte Änderung: 03/2017. Zugriff: 30.10.2018.

Lobacher, P. (2017): Objectives & Key Results (OKR) – Moderne und agile Führung im Zeitalter der Digitalen Transformation als Alternative zu MbO. In: +pluswerk Consulting AG (Hrsg.): OKR-Beratung. Unter: http://www.okr-beratung.de/2017/02/27/objectives-key-results-okr-moderne-und-agile-fuehrung-im-zeitalter-der-digitalen-transformation/. Zugriff: 30.10.2018.

Mack, O.; Kahre, A. (2016): Perspective on a VUCA World. In: Mack, O. et al. (Hrsg.): Managing in a VUCA world. Wiesbaden: Springer, S. 3 ff.

Nippold-Rothes, E. (2018): Das EBZ Reifegrad- und Kompetenzmodell für die Immobilienwirtschaft. In: EBZ (Hrsg.): EBZ-Akademie Blog. Unter: https://www.e-b-z.de/fachbereiche/ebz-akademie/ebz-akademie-blog/artikel/2018/09/18/das-ebz-reifegrad-und-kompetenzmodell-fuer-die-immobilienwirtschaft.html. Zugriff: 21.09.2018.

Ramin, P. (2019): Vom Balljungen zum Spielführer. Wie sich HR als Gestalter der digitalen Transformation positionieren kann. In: PERSONALFÜHRUNG 52(5), S. 15–19.

Robes, J. (2011): Learning Nuggets – Wunsch und Wirklichkeit. In: PERSONALFÜHRUNG, 44 (2), S. 50–53.

Rotzinger, J.; Stoffels, M. (2015): Gelebte Demokratie. In: Harvard Business Manager, 7/2015, S. 43–50.

Simmet, H. (2014): Wie verändert das Internet der Dinge den Service? Integrierter Service in neuen Ökosystemen. Unter: http://hsimmet.com/2014/03/16/wie-verandert-das-internet-der-dinge-den-service-integrierter-service-in-neuen-okosystemen. Zugriff: 04.09.2019.

Stepper, J. (2019): Working out Loud Circle Leitfaden V5.0. Unter: https://workingoutloud.com/en/circle-guides. Zugriff: 04.09.2019.

Stepper, J. (2015): Working Out Loud: For a better career and life. New York: Ikigai Press.

Tretter, S. A. (2015): Geteilte Führung: Sind zwei Köche besser als einer oder verderben zu viele Köche den Brei? In: Brodbeck, F. C. (Hrsg.): Evidenzbasierte Wirtschaftspsychologie (3) Ludwig-Maximilians-Universität München. Unter: http://evidenzbasiertesmanagement.de. Zugriff: 04.09.2019.

Vahs, D. (2019): Organisation: Ein Lehr- und Managementbuch. Stuttgart: Schäffer-Pöschel.

4 Kompetenzen, Führung und Organisation im digitalen Zeitalter

Natalie Bartholomäus, Uta Kentzler, Özlem Özdemir

4.1 Einleitung

Nicht nur in der Wissenschaft, sondern auch in der betrieblichen Praxis, wirft das Schwergewicht unter den Megatrends, die digitale Transformation, immer mehr Fragen auf. Die Digitalisierung mit ihren essentiellen Implikationen für Unternehmen, Organisationen und Gesellschaft schreitet weiter voran. Um unternehmerisch langfristig wettbewerbsfähig bleiben zu können, ist eine wirksame digitale Transformation notwendig. Dabei darf diese nicht nur als Strategiekonzept auf dem Papier gut aussehen oder als Absichtserklärung auf ihren Einsatz warten, sondern muss von der obersten Unternehmensebene vorangetrieben und organisationsspezifisch mit Leben gefüllt werden. Damit entstehen Gestaltungsmöglichkeiten für die Zukunft, auf welche an späterer Stelle in diesem Beitrag eingegangen wird.

Trotz einer zunehmend differenzierten Auseinandersetzung mit den Auswirkungen der Digitalisierung, erscheint der Transfer in konkrete Management-, Führungs- und Organisationsansätze für das digitale Zeitalter noch in den Kinderschuhen zu stecken. Aus der Perspektive des HR-Managements in Unternehmen und Organisationen scheint es mehr Fragen als Antworten zu geben. So tauchen u. a. folgende Fragestellungen bislang nicht abschließend beantwortet auf:

- Welche (neuen) Soll-Kompetenzen sind für Führungskräfte in ihrer Vorbildfunktion für den digitalen Wandel einschlägig?
- Welche Personalentwicklungsmaßnahmen können den nachhaltig wirksamen Aufbau neuer Soll-Kompetenzen für Führungskräfte und Mitarbeitende fördern?
- Welche Führungsansätze sichern zukünftig Effizienz und Effektivität?
- Welche organisatorischen Rahmenbedingungen unterstützen die digitale Transformation zielführend?
- Welche Rolle nimmt HR in Relation zu anderen Unternehmensbereichen im digitalen Zeitalter ein?

Die nachstehenden Ausführungen widmen sich eben diesen zentralen Fragen und sollen anwendungsorientiert Herausforderungen und mögliche Lösungsansätze für das HR-Management im Zeitalter der Digitalisierung aufzeigen.[2]

4.1.1 Definitorische Grundlagen

Vielfach erscheinen Aussagen wie die Digitalisierung sei unaufhaltsam und die digitale Transformation alternativlos. Was aber genau ist Digitalisierung und was umfasst die digitale Transformation?

Eine einfache, wenngleich auch enge Definition des Begriffs der »Digitalisierung«, zielt auf die Überführung analoger Informationen in digitale Informationen (vgl. Jochmann et al. 2017). Weiter gefasst sind damit auch die Auswirkungen für Unternehmen, wie etwa die mögliche Entstehung neuer Produkte, neuer Geschäftsmodelle, neuer Services oder neuer Arbeitsweisen gemeint, denn: Die Digitalisierung ist »ein durch technologische Entwicklungen getriebener bzw. ermöglichter Transformationsprozess von Unternehmen bzw. ganzen Branchen, der weitreichende strategische, organisatorische sowie soziokulturelle Veränderungen mit sich bringt« (Petry 2016, S. 22).

Die besondere Tragweite der Implikationen der Digitalisierung für Unternehmen und Organisationen zeigt sich dabei auch in der Abkehr von dem Begriff »Industrie 4.0«. So trifft die Digitalisierung nicht nur den gewerblichen Sektor. Vielmehr ist sie größen-, branchen- und funktionsbereichsübergreifend zu verstehen. Letzteres soll hervorheben, dass der digitale Wandel nicht nur den Funktionsbereich der Produktion betrifft, sondern sämtliche Bereiche und Prozesse in Unternehmen und Organisationen (vgl. Rürup und Jung 2017). Der damit durch die Digitalisierung hervorgerufene Veränderungsprozess ist sodann als »digitale Transformation« zu verstehen.

Obwohl oftmals gleichnamig aus dem Englischen mit »Digitalisierung« übersetzt, macht eine Differenzierung zwischen »Digitization« und »Digitalization« die unterschiedliche Breite vorherrschender Begriffsverständnisse deutlich. So geht der Terminus »Digitization« einher mit dem oben aufgeführten, sehr eng gefassten Begriffsverständnis der Digitalisierung und umfasst im technischen Sinne – wie oben bereits aufgeführt – die Überführung analoger Informationen in digitale Informationen. Sehr vereinfacht ausgedrückt handelt es sich dabei also um Scanning. In Abgrenzung dazu zielt der

2 Aus Gründen der Lesbarkeit wird im Folgenden darauf verzichtet geschlechtsspezifische Formulierungen zu verwenden. Soweit personenbezogene Bezeichnungen in männlicher Form angeführt sind, werden alle Geschlechter (m/w/d) gleichsam umfasst.

Terminus »Digitalization« im weiteren unternehmerischen Sinne auf die Implikationen, wie etwa »improve, reshape and enable business processes and operation due to the effectively use of information and communication technologies (ICT), hard- and software and the leverage of data to get deeper insights and build valuable knowledge« (i-scoop o.J.) und umfasst damit auch sämtliche Auswirkungen auf das Gesamtsystem Unternehmen. Als zweckmäßige und für die nachstehenden Ausführungen geltende Definition erscheint jene nach Armutat und Grebe (2018), wonach Digitalisierung die Zusammenführung von Datentechnologien und unternehmerischem Gesamtsystem beschreibt.

4.1.2 Relevanz des Themas

Als Megatrend wird der Digitalisierung das Potenzial beigemessen, Wirtschaft und Gesellschaft epochal zu verändern. Spürbar wird dies bereits heute durch den zunehmenden Einfluss von Algorithmen auf das tägliche Leben, sei es die Entwicklung von Smart Home, des autonomen Fahrens oder des Matchings von Persönlichkeitsprofilen bei der Partnerwahl betreffend. Auch die Wirtschaft unterliegt einem gravierenden Wandel. Es entstehen neue Arbeitswelten, die aufgrund ihrer globalen Vernetzung und örtlichen Ungebundenheit neue unternehmerische Chancen schaffen und zugleich neue Herausforderungen an die Kompetenzen der Beschäftigten sowie die Organisation der Zusammenarbeit nach sich ziehen (vgl. Hammermann und Stettes 2016).

Trotz aller unternehmerischen Möglichkeiten muss an dieser Stelle auch auf Hürden der Digitalisierung hingewiesen werden, die vor allem KMUs treffen, welche mit einer geringeren finanziellen Ausstattung im Vergleich zu Großkonzernen der Digitalisierung begegnen. Laut BMWi (2016) liegen diese Hemmnisse vor allem in den Bereichen Datensicherheit, Fachkräftequalifizierung, fehlende Standards und hohe Investitionskosten (vgl. Franken und Cutmore-Beinlich 2018). Was aber genau sind – trotz erkennbarer Hürden – die Treiber für Unternehmen, sich immer mehr mit dem Thema der Digitalisierung zu beschäftigen und in die digitale Transformation einzusteigen?

Laut der Boston Consulting Group werden durch Industrie 4.0 nicht weniger als 390.000 neue Arbeitsplätze in den nächsten 10 Jahren entstehen (vgl. Boston Consulting Group 2015). Für die für den Wirtschaftsstandort Deutschland relevanten Branchen Maschinen- und Anlagenbau, Elektrotechnik, chemische Industrie, Landwirtschaft, Informations- und Kommunikationstechnologie sowie Automobilbau wird nach einer Studie des Hightech-

Verbandes Bitkom ein zusätzliches Wertschöpfungspotential von 78 Milliarden Euro und ein jährliches Wachstum von 1,7 % durch Industrie 4.0 erwartet (vgl. BITKOM und Fraunhofer-Institut 2014).

Ein Stück dieses Kuchens allein muss allerdings nicht alleiniger Anreiz bleiben. Aus der Perspektive der Unternehmensführung betrachtet, gibt es unterschiedliche Motive, welche die zunehmend intensive Auseinandersetzung mit der Digitalisierung bedingen.

So legt das BMWi (2016) die Gründe einer Optimierung der Produktion, die Entwicklung neuer Business Modelle, die Ausdehnung des Produkt- und Dienstleistungsportfolios sowie die Verbesserungen im Bereich Customer Care und Absatzsteigerungspotenziale dar (vgl. Franken und Cutmore-Beinlich 2018). Im Besonderen stehen dabei Smart Services und die Individualisierung von Produkten zu Preisen von Massenwaren im Vordergrund. Es ist klar erkennbar, dass die Wertschöpfung im digitalen Zeitalter auf einzelne Individuen ausgerichtet ist. Ermöglicht wird dieser Trend auf der Basis von Big Data und der Integration des Kunden in den Leistungserstellungsprozess, womit diesem die Rolle des Prosumenten zu Teil wird. Damit können Wertschöpfungsprozesse durch den Einsatz neuer Technologien sowohl effizienter als auch effektiver werden.

Die Relevanz der Digitalisierung für den nachhaltigen Unternehmenserfolg erscheint damit unstrittig. Warum aber sollte sich gerade das Human Resource Management in Unternehmen intensiv und differenziert mit der Digitalisierung auseinandersetzen? Das Zentrum für europäische Wirtschaftsforschung (ZEW) kommt zu dem Ergebnis, dass die Zahl der Arbeitsplätze mit Tätigkeitsprofilen, die eine hohe Automatisierungswahrscheinlichkeit aufweisen, in Deutschland bei 12 % liegt (vgl. Frey und Osborne 2013). Das Institut für Arbeitsmarkt und Berufsforschung zeigte diesen Trend 2016. So sei der Anteil der sozialversicherungspflichtig Beschäftigten, welche in Tätigkeiten mit hoher Substituierbarkeit arbeiten, von 15 % im Jahr 2013 auf 25 % im Jahr 2016 gestiegen. In Helferberufen liege der Anteil solcher Berufe mit hohem Jobverlustrisiko sogar bei 58 %. Bei Fachkraftberufen seien es 54 %. Der Anteil potenziell von Computern bzw. Robotern substituierbaren Tätigkeiten ist zwar unterschiedlich stark gestiegen, betrifft aber das gesamte Spektrum von Helfer- bis Expertenberufen (vgl. Dengler und Matthes 2018).

Jung (2014) unterscheidet in diesem Zusammenhang zwischen Routine- und Nichtroutinearbeiten sowie manuellen und intellektuellen Tätigkeiten. Eine unveränderte Nachfrage sei demnach für manuelle Nichtroutinearbeiten, wie etwa Friseur oder Altenpfleger zu erwarten. Die Nachfrage nach manuellen und intellektuellen Tätigkeiten, die von Arbeitskräften mit (geringer oder) mittlerer Qualifikation ausgeübt werden, würde abnehmen. Dies betrifft z. B.

Facharbeiter in der Industrie oder Sachbearbeiter in der Verwaltung. Nichtroutinetätigkeiten, die ein hohes Qualifikationsniveau fordern, würden zukünftig zunehmen. Darüber hinaus seien zusätzliche Jobs in diesem letzten Bereich zu erwarten, wie etwa für die Entwicklung und Überwachung von Maschinen und Prozessen.

Zudem ist abzusehen, dass die klassischen Arbeitsverhältnisse, d. h. sozialversicherungs-pflichtige Vollzeitbeschäftigung mit Präsenzpflicht, an Bedeutung verlieren werden. Hingegen wird die Zahl der Projektmitarbeitenden steigen, die orts- und zeitunabhängig in multikultureller virtueller Teamarbeit tätig sein werden (vgl. Rürup und Jung 2017).

Das HR-Management muss auf diese neuen Entwicklungen der Beschäftigung eingestellt sein und sowohl die Job-, als auch die Kompetenzprofile entsprechend anpassen. Es ist ferner davon auszugehen, dass insbesondere die Personalentwicklung signifikant an Bedeutung gewinnen wird (vgl. Rürup und Jung 2016).

Eine digitale Transformation kann, wie jeder andere Kulturwandel auch, nur dann erfolgreich sein, wenn die Belegschaft diesen mitträgt. Das heißt konkret, wenn mehr Menschen in eine neue Richtung denken, handeln und kommunizieren. Dafür braucht es vor allem eines: Vorbereitung. Mitarbeitende auf die digitale Transformation vorzubereiten, zählte im Jahr 2017 zu den beiden Kernthemen für das HR-Management in Unternehmen (Eilers et al. 2017). Dies erfordert wesentlich den Aufbau von Mitarbeiterkompetenzen im Bereich der Digitalisierung, was bereits zu den Maßnahmen, mit denen das Human Resource Management auf den Megatrend der Digitalisierung reagiert (Beyer 2015), gezählt werden kann.

Es ist leicht nachvollziehbar, dass nicht erst im Rahmen der Personalentwicklung auf erforderliche Digitalkompetenzen reagiert werden kann. Bereits in der Personalauswahl müssen (neue) digitale Kompetenzen Berücksichtigung finden. Dies setzt zwingend voraus, dass die Personalfachleute selbst digitalkompetent sind. Genau an dieser Stelle zeigt sich, dass HR zum Dreh- und Angelpunkt einer erfolgreichen digitalen Transformation in Unternehmen und Organisationen werden kann. Denn werden hier die »falschen« Mitarbeitenden ausgewählt und/ oder die »richtigen« Mitarbeitenden »falsch« sensibilisiert und geschult, so kann es keine Belegschaft geben, die den großen Wandel der Digitalisierung in Unternehmen mitgestalten und mittragen kann. Inwieweit es dabei im internationalen Kontext Unterschiede im Fortschritt der Digitalisierung respektive der digitalen Transformation gibt, wird im folgenden Teilabschnitt näher beleuchtet.

4.1.3 Stand Deutschlands im internationalen Vergleich

Allein unterschiedliche Begriffsverständnisse der Digitalisierung im Ländervergleich lassen auf Unterschiede im Umgang mit den Herausforderungen des digitalen Zeitalters schließen. So zeigt sich in Deutschland ein sehr breites Begriffsverständnis der Digitalisierung, worunter der gesamte durch die Digitalisierung induzierte Wandel subsumiert werden kann. Kluth (2018) nimmt diese unspezifische Fülle zum Anlass, die Gefahr des Sich-Verlierens in einem solchen definitorischen Ansatz zu unterstreichen: »the charm of using a word that is limited or unimaginative. There's a virtue in having a word that stands for everything, for a universal set of changes spawned by digitization of information.« (Kluth 2018).

In den USA hingegen existieren mehrere Begriffe, die auf die Herausforderungen des digitalen Zeitalters abstellen: »Tech«, »Innovation«, »Digitization« und »Digitalization«. Auffällig erscheint dabei, dass der Fokus vielmehr auf »Tech(nology)« und »Innovation« liegt. Digitalisierung bietet demnach neue Möglichkeiten. Die Aufgabe eines Unternehmens ist es, durch neue Technologien Innovationen zu schaffen, die in neuen Business Modellen münden und die ökonomische Lage eines Unternehmens verbessern. Die Diskussion in Deutschland dreht sich im Vergleich vielmehr um den kulturellen Change in Unternehmen und Organisationen als um Innovationsmanagement zur Gewinnmaximierung. Dies soll einen kurzen Exkurs in einen Ländervergleich zu Innovationen zwischen Deutschland und den USA erlauben.

Es ist auffällig, dass Deutschland Meister im Kontext inkrementeller Innovationen ist. Das Bestehende weiter zu optimieren, effizienter und effektiver auszugestalten, zählt zur Kernkompetenz des Landes. In den USA hingegen, wird sehr viel radikaler gedacht und gehandelt, so dass disruptive Innovationen entstehen (können) (vgl. Jackson, Richter und Schildhauer 2017; Capgemini 2017).

Anzumerken bleibt, dass sich Deutschland hingegen sehr aktiv für die Verbreitung von Corporate Social Responsibility (CSR) und Nachhaltigkeit in Unternehmen und Organisationen einsetzt, nicht zuletzt auch getrieben durch globale, EU-weite, nationale und regionale Förderprogramme. Gerade im Mittelstand und bei kleinen Unternehmen ist das Land auf diesem Feld stark aufgestellt. Demnach ist zu erwarten, dass die Auseinandersetzung mit ethischen Grenzen technologischer Machbarkeiten hierzulande intensiver ausfallen wird.

Daraus folgt die Annahme, dass beide Länder gut voneinander lernen können. Deutschland vom Tempo und der Radikalität im Umdenken der USA und umgekehrt die USA von der Humanisierung im Change und einem ausreichenden Maß an Ethik im Rahmen der Umsetzung radikaler Veränderungen (und nicht erst an späterer Stelle dadurch bedingt, dass Ethik dort justiziabel ist). Was hat dies mit der jeweiligen Kultur des Landes zu tun?

»In Deutschland wird angepackt und umgesetzt; das macht unser Land zu einem sehr attraktiven Investitionsstandort«, erklärte Peter Altmaier, Bundesminister für Wirtschaft und Energie (GTAI 2018). So punkte die deutsche Wirtschaft im internationalen Kontext durch Exportstärke, stehe für Qualität und Innovationsfähigkeit, beschäftige sehr gut qualifizierte Fachkräfte und biete ein starkes Forschungs- und Entwicklungsumfeld. Dennoch muss zugleich festgehalten werden, dass sich gegenwärtig das Wirtschaftswachstum in Deutschland verlangsamt. Die Veränderungsrate des BIP in 2019 liegt bei +0,9 % (vgl. statista 2019). Es schließt sich die Frage an, wie gut der Wirtschaftsstandort Deutschland in Sachen Digitalisierung aufgestellt ist.

Die Antwort lautet mittelmäßig. Nach dem Index für digitale Wirtschaft und Gesellschaft der Europäischen Kommission belegt Deutschland den neunten Platz von 28 EU-Mitgliedstaaten. Um in der Spitzengruppe aufzutauchen, fehlt es hierzulande vor allem im Bereich der digitalen Infrastruktur und der Digitalisierung der öffentlichen Verwaltung (vgl. Rürup und Jung 2017, S. 6 f.). Fraglich ist, ob Deutschland seine Erfolgsgeschichte so fortschreiben kann. Als industrielles Schwergewicht und drittgrößte Exportnation nach China und den USA, kann Deutschland zur Weltspitze gezählt werden. Folgerichtig musste es nun auch eine Haltung geben, die den Anspruch widerspiegelt, auch in der Digitalisierung zur weltweiten Spitze zu gehören. Was könnte Deutschland dabei im Wege stehen? Als Erklärung können zwei mögliche Gründe herangezogen werden: Zum einen zeigt sich, dass die Debatte über die durch das Land schreitende »Digitalisierungs-Welle« hierzulande teilweise noch zu stark angstgetrieben ist. So taucht trotz aller oben bereits aufgeführten Nutzenpotenziale der Digitalisierung (► Kap. 4.1.2) auch immer wieder Angst auf: Angst vor Job-Verlusten, Angst vor falschem Umgang mit Datenschutz, Angst vor Technologieinkompetenz und Angst vor Fehlinvestitionen.

Zum anderen kann eine kulturtheoretische Betrachtung möglicherweise Aufschluss geben. Zieht man die Kulturdimensionen nach Hofstede heran und vergleicht Deutschland entlang der Dimension »Unsicherheitsvermeidung« mit den USA, so zeigt sich, dass Deutschland mit einem Unsicherheitsvermeidungsindex (UAI) in Höhe von 65 höher abschneidet als die USA mit einem Score in Höhe von 46 (Hofstede Insights o.J.). Organisationsmitglieder des deutschen Kulturraums streben demzufolge danach, der Ungewissheit und Unplanbarkeit der Zukunft über den Aufbau von detaillierten Planungen und Regelungen zu begegnen. Damit soll emotionale Unruhe entschärft und

Sicherheit konstruiert werden. Da nun aber die Entwicklung und Auswirkungen der Digitalisierung nach wie vor mit zu wenig eindeutigen Szenarien belegt werden können, ist es naheliegend, dass Unsicherheit vorherrscht und die Debatte teilweise noch zu stark von Angst getrieben wird. Anders in der US-amerikanischen Kultur: Hier herrscht eine höhere Bereitschaft, neue Technologien oder Geschäftspraktiken auszuprobieren. Gleichzeitig existiert ein geringeres emotionales Bedürfnis nach Planung und Regeln (Hofstede Insights o.J.). Was bedeutet dies?

Den USA kann eine digitale Vorreiterrolle beigemessen werden, die scheinbar positiv beeinflusst wird durch eine Mentalität, die Veränderungen als Chance sieht und Wandel gestalten will. Sie ist ferner geprägt durch Offenheit, Schnelligkeit und einer starken Nutzer- und Umsetzungsorientierung (vgl. Depiereux und van Alphen 2018, S. 36). Die Werte Offenheit für Veränderungen, Geschwindigkeit und konsequente Kundenorientierung sollten also stärker in das Bewusstsein deutscher Digitalisierungsgestalter Einzug erhalten, seien sie aus Wirtschaft, Politik oder Gesellschaft.

Über die USA hinaus erscheint auch ein Blick in den südostasiatischen Raum als zweckmäßig. So wird insbesondere Singapur als Best-Practice für den Fortschritt in der Digitalisierung ausgewiesen. Auch für Singapur kann ein niedriger Wert auf der Kulturdimension der Unsicherheitsvermeidung nachgewiesen werden, der mit einem Score in Höhe von 8 (extrem gering ausgeprägte Unsicherheitsvermeidung) noch signifikant unter den USA liegt. Dies kann die Vermutung, dass eine zu hohe kulturinduzierte Unsicherheitsvermeidung dem digitalen Fortschritt im Wege steht, noch einmal untermauern.

»Im Übrigen ist auch das Silicon Valley nicht mehr das Maß aller Dinge. Heute wird bereits Singapur als neuer digitaler Hotspot gehandelt, da die örtliche Regierung sehr offen für die Entwicklung neuer Geschäftsmodelle und digitaler Produkte ist und entsprechende Gesetze erlassen hat, die eine offensive Entwicklung von digitalen Industrien ermöglichen. Es ist vielmehr der Wirtschaftsstandort Deutschland insgesamt, der mir hier Sorge bereitet. Es gibt hierzulande zu viele behördliche Restriktionen, Verordnungen und Gesetze, die die Entwicklung und das Ausprobieren von mutigen und innovativen digitalen Arbeitsweisen und Produkten im Alltag nicht erlauben. Aus meiner Sicht muss Deutschland darauf achten, in den nächsten 50 Jahren den Ruf als innovativer Wirtschaftsstandort und damit als interessantes Land für digitale Talente insgesamt nicht zu verlieren.« (Widmaier 2017, S. 6).

4.2 Kompetenzen für das digitale Zeitalter

Unzureichende Mitarbeiterkompetenzen zählen neben Anforderungen an die IT-Sicherheit und rechtlichen Unsicherheiten zu den drei zentralen Herausforderungen, mit denen sich Unternehmen bei der digitalen Transformation konfrontiert sehen (DIHK 2015). Der Einsatz digitaler Technologien in den Leistungserstellungs- und Leistungsverwertungsprozessen von Betrieben zieht vor allem auch einen Wandel der Kompetenzanforderungen an die Beschäftigten nach sich. Im Sinne eines systematischen Kompetenzmanagements müssen sodann neue Soll-Kompetenzen definiert, diagnostiziert und entwickelt werden. Gerade die Personalentwicklung zeigt sich dabei von besonderer Relevanz, denn eine angemessene Qualifizierung und Weiterbildung der Beschäftigten ist ein wesentlicher Erfolgsfaktor für die digitale Transformation in Unternehmen und Organisationen (vgl. Franken und Cutmore-Beinlich 2018, S. 60 f.). Wie weit aber sind Wissenschaft und betriebliche Praxis an dieser Stelle?

4.2.1 Übersicht digitaler Soll-Kompetenzen

Die Bedeutsamkeit der Qualifizierung ist zweifelsohne akzeptiert. Nach einer Studie des BMWi ist Weiterbildung zu Digitalkompetenz für 77 % der Führungskräfte in KMUs wichtig bzw. sehr wichtig. Und dennoch – nur 36 % der mittelständischen Betriebe bilden ihre Beschäftigten systematisch weiter (BMWi 2016). Auch die Wissenschaft scheint an derselben Stelle noch nicht ausreichend Antworten zu haben. Zwar findet eine zunehmend differenzierte Auseinandersetzung mit der Kategorisierung und Definition von digitalen Kompetenzen statt (vgl. bspw. World Economic Forum 2018; MGI 2018; Stifterverband 2018; EPSC 2016), die konkrete Ausgestaltung von Trainingsformaten für (neue) digitale Kompetenzen scheint hingegen noch nicht ausreichend behandelt zu sein. Um mögliche Ansätze für die Entwicklung von Soll-Kompetenzen in der Digitalisierung geben zu können, soll zunächst ein Begriffsverständnis für »digitale Kompetenz« geschaffen und ein Überblick zum aktuellen Kenntnisstand hinsichtlich ihres Inhalts gegeben werden.

Eine Trennung zwischen »digital« und »Kompetenz« erscheint als zweckmäßig, um eine Definition des Begriffs »digitale Kompetenz« vornehmen zu können. Der Begriff »Kompetenz« zielt auf Fähigkeiten zum selbstorganisierten Handeln in offenen, komplexen und oftmals chaotischen Systemen. Kompetenzen sind mehr als nur reines Wissen oder bescheinigte Qualifikationen, da sie zudem auch interiorisierte Werte, Normen und Regeln umfassen (Heyse und Erpenbeck 2007).

Sie sind notwendig in einer Risikogesellschaft und einer Wirtschaftswelt, die sich durch Volatilität, Unsicherheit, Komplexität und Ambiguität (V.U.C.A.-Wirtschaftswelt) kennzeichnen lässt (World Economic Forum 2015). »Digital« – zumindest im Bereich Wirtschaft und Gesellschaft – meint basierend auf

Digitaltechnik oder Digitalverfahren, das heißt also einfach ausgedrückt – unter Einsatz von Computer-Technologie. Im engeren Sinne sind dabei die sogenannten SMACT-Technologien (Social, Mobile, Analytics, Cloud und Internet-of-Things-Technologien) gemeint.

Zieht man nun beide Begriffsverständnisse zusammen, ergibt sich ein Bild, das auf Selbstorganisationsfähigkeiten im Umgang mit neuen Technologien gerichtet ist. Fasst man den Begriff eng, so kann damit nur die technisch-fachliche Seite adressiert werden. Dies kann aber mit Blick auf die umfassenden Implikationen der Digitalisierung nur bedingt sinnvoll sein. Vielmehr sollten gerade die dem Kompetenzbegriff inhärenten Fähigkeiten, sich in offenen und neuartigen Situationen wirksam verhalten zu können, auf sämtliche Implikationen der Digitalisierung bezogen sein. Das heißt konkret, es bedarf nicht nur einer digitalen Kompetenz, die sich auf Objekte richtet, sondern zudem auch einer digitalen Kompetenz, die sich auf den Umgang mit Dritten, mit sich selbst und das eigene Handeln bezieht. So kann z. B. eine digitale personale Kompetenz wichtig werden, wenn sich Fragen zu ethischen Grenzen trotz technologischer Machbarkeit stellen. Ferner kann auch eine digitale sozial-kommunikative Kompetenz an Bedeutung gewinnen, wenn der Kunde nicht nur Konsument der Leistungsverwertung, sondern Mitproduzent in der Leistungserstellung wird. Darüber hinaus kann an eine digitale Aktivitäts- und Handlungskompetenz gedacht werden, wenn Beharrlichkeit im Umgang mit internen Widerständen bei der digitalen Transformation gefragt ist.

Eine digitale Kompetenz in diesem weiteren Sinne umfasst also die *Fähigkeit, sich in einem von der Digitalisierung und deren Implikationen geprägten neuartigen Umfeld, wirksam verhalten zu können.* Dieses Begriffsverständnis zugrunde legend, soll nun eine Übersicht zu bereits vorhandenen Kategorisierungs- und Inhaltsansätzen von Digitalkompetenz(en) erfolgen. Die nachstehenden Ausführungen beziehen sich auf eine Analyse einschlägiger bisher verfügbarer Studien des World Economic Forum (2018) und McKinsey Global Institute (MGI 2018), des Stifterverbandes für die Deutsche Wissenschaft e.V. (2018), des Institute for the Future (Fidler 2016) und des European Political Stratgy Centres (EPSC 2016) (Prädikow 2018).

Obwohl sich bisherige Veröffentlichungen zu Soll-Kompetenzen, die durch die Digitalisierung und deren Auswirkungen in Unternehmen und Organisationen induziert werden, hinsichtlich Anzahl und Kategorisierung unterscheiden, ist dennoch eine Schnittmenge an relevanten Kompetenzen erkennbar. So zeigt sich zunächst – im eher technischen Sinne – die Notwendigkeit einer grundlegenden digitalen bzw. informations- und kommunikationstechnologiebasierten Kompetenz. Diese umfasst ein fundiertes Verständnis davon, wie Computersysteme funktionieren, eine erfahrene Anwendung von Informations- und Kommunikationstechnologie sowie die Fähigkeit, Daten und Informationen zu evaluieren und zu interpretieren sowie digitalen Inhalt selbst erstellen zu können.

Dem oben aufgeführten weiten Begriffsverständnis einer digitalen Kompetenz folgend, kann sich ein digitales Anforderungsprofil aber nicht in einer rein technikgetriebenen Sicht erschöpfen. Vielmehr stehen Unternehmen im Allgemeinen und HR im Besonderen vor der Herausforderung, Innovationsfähigkeiten der Mitarbeitenden zu stärken. Produkte, Services und ganze Geschäftsmodelle müssen zukünftig im Wettbewerb entlang neuer digitaler Möglichkeiten kritisch reflektiert und ggf. innoviert werden. Dies erfordert, von den davon betroffenen Beschäftigten, weitere Kompetenzen wie Kreativität, kritisches und analytisches Denken, Transdisziplinarität und computerbasiertes Denken.

Den gegenwärtigen signifikanten Veränderungen in den Formen der Zusammenarbeit entsprechend, muss eine breit verstandene digitale Kompetenz auch Führungskompetenz, interkulturelle Kompetenz und soziale Intelligenz umfassen. Zusammenarbeit wird zukünftig zunehmend projektbasiert, interdisziplinär, multikulturell und virtuell stattfinden (vgl. Albrecht 2016, S. 21 f.). Gerade der sozialen Intelligenz sollte ausreichend Beachtung geschenkt werden, wenn zwischenmenschliche Interaktion zunehmend virtuell stattfinden wird (vgl. Deloitte 2017).

Nicht zuletzt ist zu beachten, dass eine permanente Anpassungsnotwendigkeit entsteht. Lernen wird zu einer lebenslangen Aufgabe. Diesem kann vor allem durch eine entsprechende innere Haltung Rechnung getragen werden, die sich der eigenen kontinuierlichen Weiterentwicklung verschreibt. Ein solches »Mindset for growth« (Dweck et al. 2014; Accenture 2017; Kane et al. 2018) bildet insofern die Spitze einer digitalen Kompetenz.

Das Anforderungsprofil einer digitalen Kompetenz ist in Abbildung 24 zusammenfassend dargestellt.

4.2.2 Einordnung in das KODE®-Modell

Wie bereits in Teilkapitel 4.2.1 thematisiert, liegt der Fokus der folgenden Betrachtung auf der Schnittmenge an relevanten digitalen Soll-Kompetenzen, die hier in das KODE®-Modell nach Erpenbeck, Heyse und Max integriert werden sollen. Dadurch soll ein grober Einblick über die direkte Zuordenbarkeit neuer digitaler Soll-Kompetenzen in das bereits verfügbare KODE®-Modell geschaffen werden, um zu veranschaulichen, inwieweit das europaweit breit eingesetzte Kompetenzmessmodell bereits Einklang mit der Digitalisierung findet.

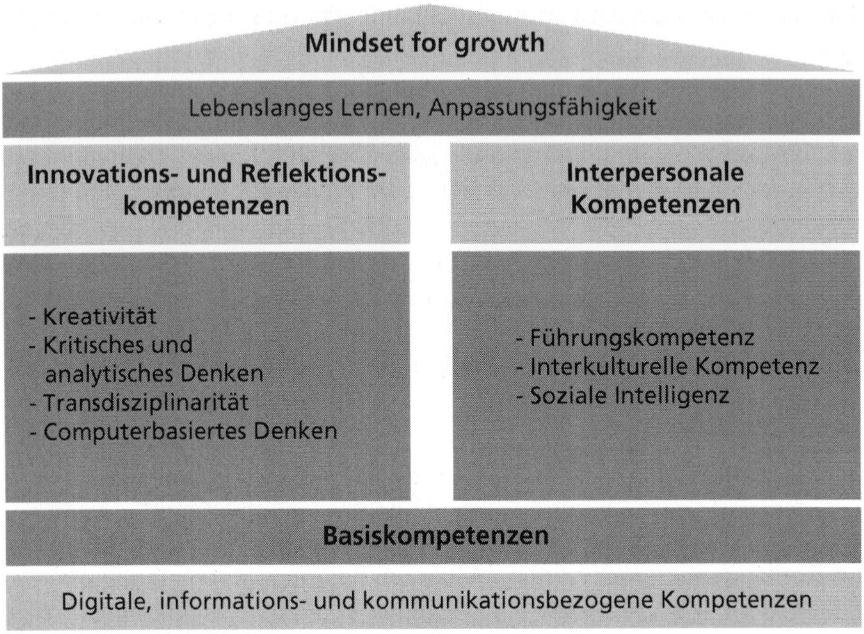

Abb. 24: Übersicht Anforderungsprofil digitale Kompetenz

Aufgrund der Komplexität des Themas der Digitalisierung und des begrenzten Umfangs dieses Buchbeitrags, soll an dieser Stelle eine Eingrenzung auf Führungskräfte in ihrer Vorbildfunktion im Rahmen der digitalen Transformation (vgl. McKinsey & Company 2018) vorgenommen werden. Dieses Teilkapitel soll überprüfen, in welcher Größenordnung eine Veränderung des KODE®-Modells – induziert durch die Digitalisierung – zu erwarten ist. Um dies beantworten zu können, sollen zunächst die Grundlagen des KODE®-Modells umrissen werden.

KODE® ist ein theoriebasiertes Instrument zur Kompetenzdiagnostik und Kompetenzentwicklung in der Organisationspraxis. Im Fokus des Modells steht die Kompetenzentwicklung, die Diagnostik fungiert dabei als Mittel zum Zweck. Dieses Kompetenzmessverfahren wurde Ende der 1990er Jahre von Erpenbeck und Heyse im Sinne eines »einfach zu handhabenden und sicheren Verfahren[s] zum Erkennen und Entwickeln von Kompetenzen« entwickelt (vgl. Heyse und Erpenbeck 2007, S. 9).

Ausgangspunkt für die Modellentwicklung waren – ähnlich wie aktuell durch die Digitalisierung hervorgerufen – zunehmend dynamisierte Veränderungsentwicklungen innerhalb des ökonomischen und sozialen Umfeldes von Unternehmen, welche neben veränderten Qualifikationsanforderungen verstärkt auch Fragestellungen hinsichtlich Lernfähigkeiten und -bereitschaft, Anpassungsfähigkeiten an sich stetig wandelnde Anforderungen, Fähigkeiten zum selbstorganisierten Lernen und Arbeiten sowie Fähigkeiten der Sozialkommunikation im Kontext von wirtschaftlichen Handlungen hervorriefen (vgl. Heyse und Erpenbeck, 2007, S. 12). Die daraus hervorgehende Komplexität von Kompetenzanforderungen berücksichtigen die Autoren mit ihrer Entwicklung eines Modells, welches im Kern auf vier voneinander abgrenzbare Kompetenzgruppen abstellt. Dabei sei betont, dass Kompetenzen grundlegend auf die Selbstorganisationsdispositionen einer Person zielen, welche sich sodann entlang ihrer jeweiligen Bezugsgröße wie folgt differenzieren lassen:

- **Personale Kompetenz (P)**: Disposition zur Selbstorganisation des Handelns in Bezug auf sich selbst als Person.
- **Aktivitäts- und Handlungskompetenz (A)**: Disposition zur Selbstorganisation des Handelns in Bezug auf die eigene Handlungsausführung.
- **Fachlich-methodische Kompetenz (F)**: Disposition zur Selbstorganisation des Handelns in Bezug auf den Umgang mit Objekten.
- **Sozial-kommunikative Kompetenz (S)**: Disposition zur Selbstorganisation des Handelns in Bezug auf den Umgang mit anderen Personen (ebd., S. 15).

Da die oben aufgeführten vier Grundkompetenzen in der Praxis nur selten in Reinform auftreten, weisen die Autoren in ihrem Modell eine Summe von insgesamt 16 Kompetenzkombinationen entlang von vier Kompetenzkategorien auf (erstens: P, PA, PF, PS; zweitens: A, AP, AF, AS; drittens: F, FP, FA, FS; viertens: S, SP, SA, SF). Erhoben durch ein umfassendes Befragungsverfahren, wurden alle vier Kompetenzkategorien P, A, F, S mit jeweils 16 Teilkompetenzen unterfüttert, so dass insgesamt 64 Teilkompetenzen existieren. Im Ergebnis führen die Autoren die Vielfalt der Teilkompetenzen im sogenannten Kompetenzatlas zusammen. Alle Teilkompetenzen wurden dabei begrifflich bestimmt und mit Merkmalen zur Beurteilung unterlegt (ebd., S. 25).

Das Modell zielt sodann auf eine quantitative Ermittlung des Ausprägungsverhältnisses der Grundkompetenzen und kann dabei für einzelne Personen, Gruppen oder ganze Organisationen Anwendung finden. Die Ermittlung der Kompetenzentwicklung folgt dabei einer weiterführenden Differenzierung zwischen zwei unterschiedlichen Kontextsituationen: Zum einen unter »normalen«, d. h. unproblematischen Arbeits- und/ oder Lebenssituationen und zum anderen unter besonders fordernden und belastenden Bedingungen wie z. B. Stress, Zeit- und Problemdruck sowie Konflikten.

Grundlegend ermöglicht das KODE®-Modell im Rahmen der Beurteilung sowohl Selbst- als auch Fremdeinschätzungen (ebd., S. 164). Im Ergebnis endet das Modell nicht mit der Diagnostik, sondern bietet zudem auch konkrete Handlungsempfehlungen für die systematische und wirksame Entwicklung einzelner Teilkompetenzen. Abschließend soll klar hervorgehoben werden, dass das KODE®-Modell kein Persönlichkeitstest und auch kein Intelligenztest ist. Das Modell zielt ausschließlich auf das Verhalten von Individuen, Gruppen und Organisationen in unterschiedlichen Situationen und unter spezifischen Bedingungen.

Inwieweit das KODE®-Modell einem digitalisierungsbezogenen Anforderungskontext genügt und an welcher Stelle Entwicklungsbedarf in Richtung Digitalisierung auftritt, ist Gegenstand der Untersuchung im Folgenden. Im Rahmen des Bearbeitungsprozesses werden alle 64 Teilkompetenzen aus den vier Kompetenzkategorien Personale Kompetenz (P), Aktivitäts- und Handlungskompetenz (A), Fach- und Methodenkompetenz (F) sowie Sozial-kommunikative Kompetenz (S) in Betracht gezogen. In einem ersten Schritt gilt es zu überprüfen, ob die (neuen) Soll-Kompetenzen den Kompetenzgruppen (P, A, F, S) direkt zuordenbar sind (▶ Abb. 25).

(Neue) Soll-Kompetenzen	Direkte Zuordnung in das KODE®-Modell
1. Kreativität	Ja, Schöpferische Fähigkeit P/A
2. Kritisches und analytisches Denken	Ja, Analytische Fähigkeiten F/P
3. Transdisziplinarität	Nein
4. Computerbasiertes Denken	Nein
5. Führungskompetenz	Nein (Metakompetenz)
6. Interkulturelle Kompetenz	Nein (Metakompetenz)
7. Soziale Intelligenz	Nein
8. Lebenslanges Lernen	Ja, Lernbereitschaft P/F
9. Kontinuierliche Anpassungsfähigkeit	Ja, Anpassungsfähigkeit S
10. Digitale, Informations- und kommunikationsbezogene Kompetenzen	Nein

Abb. 25: Direkte Zuordnung der neuen Soll-Kompetenzen in das KODE®-Modell

Nachdem die Möglichkeit über eine direkte Zuordnung der (neuen) Soll-Kompetenzen auf Grundlage des KODE®-Modells zu den einzelnen Teilkompetenzen aus den vier Kompetenzkategorien (P, A, F, S) geprüft wurde, gilt es, die Gewichtung der direkt zuordenbaren und nicht direkt zuordenbaren Kompetenzen aufzuschlüsseln.

Der prozentuale Anteil einer direkten Zuordenbarkeit liegt bei 40 % (vier von zehn Kompetenzen: Kreativität, Kritisches und analytisches Denken, Lebenslanges Lernen und Kontinuierliche Anpassungsfähigkeit). Wohingegen die nicht direkt zuordenbaren Kompetenzen einen prozentualen Anteil von 60 % ausmachen (sechs von zehn Kompetenzen: Transdisziplinarität, Computerbasierter Denken, Führungskompetenz, Interkulturelle Kompetenz, Soziale Intelligenz sowie Digitale, Informations- und kommunikationsbezogene Kompetenzen). Wie bereits aus der Abbildung 25 ersichtlich ist, können die Führungskompetenz und die Interkulturelle Kompetenz als Metakompetenz im Sinne des KODE®-Modells klassifiziert werden. Metakompetenzen werden als übergreifende Fähigkeiten definiert, um generell selbstorganisiert und eigenständig handeln zu können. (vgl. Erpenbeck 2009, S. 18). Damit bleiben, jenseits der über das KODE®-Modell bereits verfügbaren Kompetenzdefinitionen, vier Kompetenzen übrig (Transzisziplinarität, Computerbasiertes Denken, Soziale Intelligenz und Digitale, Informations- und kommunikationsbezogene Kompetenzen), die nun näher bestimmt werden sollen:

Transdisziplinarität

Die Kompetenzanforderungen verschieben sich von einem spezifischen Know-how (Fachwissen in einer singulären Disziplin) hin zu einer eher generalistischen Kompetenz. Benötigt werden zukünftig interdisziplinäre Fachgeneralisten mit außerfachlicher Umsetzungskompetenz (Fischer und Häusling 2018, S. 88).

Computerbasiertes Denken

Digitale Fitness umfasst eine Vielzahl von Unterkompetenzen und Vertrautheit mit technologischen Möglichkeiten und ihrem Einsatz (DGFP 2016b, S. 16). Mittelpunkt des Konzeptes, auf deren Grundlage jeder Einzelne eine kundige Entschlussfähigkeit entwickelt, sind Wissbegierde und Aufgeschlossenheit bezüglich technischer Entwicklungen (vgl. ebd., S. 15) sowie ein tiefes Verständnis darüber, wie IT- bzw. KI-basierte Entscheidungsgrundlagen entstehen.

Soziale Intelligenz

Analog-Bewohner und Digital-Begeisterte mit ihren unterschiedlichsten Fähigkeiten und Einstellungen zum Thema Digitalisierung gemeinsam optimale Ergebnisse herbeiführen zu lassen und sich gegenseitig zu unterstützen, sind die zentralen Aufgabenstellungen der Führung von digitaler Diversität. Sie fokussiert, »wie Unternehmensführung und Führungskräfte mit den heterogenen Fähigkeiten ihrer Mitarbeitenden umgehen und wie Anforderungen bewältigt werden können.« (ebd., S. 25). Die Führungskraft benötigt zur Potentialausnutzung beider Gruppen eine hohe Reflexionskompetenz. Dabei geht es auch darum »*durch die gezielte und altersgerechte Vermittlung neuer Kompetenzen ältere Mitarbeitende fit für die Anforderungen veränderter Tätigkeiten zu machen. Angesichts der Veränderungen in der Arbeitswelt, der Digitalisierung vieler Prozesse und der Neuausrichtung der Strukturen müssen Kompetenzdefizite kompensiert und die Bereitschaft unterstützt werden, mit veränderten Arbeitsinhalten und -abläufen umzugehen.*« (Armutat 2018, S. 33).

Gleichzeitig können jüngere Mitarbeitende vom Erfahrungsschatz älterer Mitarbeitenden profitieren, um Lösungswege einfacher auszuloten. Deloitte (2017) untermauert die Bedeutung einer Sozialen Intelligenz dahingehend, dass Arbeitsmarktchancen und Schutz vor Automatisierung deutlich erhöht werden können, wenn mathematische und technische Kompetenzen mit Kreativität und/ oder Sozialer Intelligenz – welche Maschinen nicht immanent sind - kombiniert werden können.

Digitale -, Informations- und kommunikationsbezogene Kompetenz

Führungskräfte müssen, ebenso wie Mitarbeitende, durch so genannte digitale Fachkompetenzen befähigt sein, große Datenmengen auszuwerten und anforderungsgerecht bereitzustellen (DGFP 2016a, S. 10). Zudem wird dabei auch die Vorbildfunktion als Change Agent im Rahmen der digitalen Transformation wie folgt umfasst: »*Digitale Kompetenzen sind (neue) Fähigkeiten, die Mitarbeiterinnen und Mitarbeiter in die Lage versetzen, digitale Technologien anzuwenden, im Rahmen ihres Aufgabenprofils zu nutzen und darüber hinaus die digitale Transformation von Geschäftsprozessen mit voranzutreiben.*« (DGFP 2016a, S. 10).

Diese notwendige Ergänzung von sechs respektive vier (abzüglich der beiden Metakompetenzen Führungskompetenz und Interkulturelle Kompetenz) Kompetenzen, kann als erster Hinweis dazu dienen, dass das KODE®-Modell, in seiner ursprünglichen Konzeption, nicht ausreicht, um die (neuen) Soll-Kompetenzen für Führungskräfte im digitalen Zeitalter vollständig abzudecken. Daran schließt sich folgerichtig die Frage an, wie eine Modifizierung bzw. Erweiterung des Modells, aussehen kann bzw. inwieweit möglicherweise auch eine neue Kompetenzkategorie zusätzlich zu den bereits bestehenden vier Kompetenzkategorien erforderlich ist, um die Anforderungen der Digitalisierung hinreichend abdecken zu können.

Fraglich ist dabei vor allem auch, ob die dem KODE®-Modell immanenten Bezugsgrößen der vier Kompetenzkategorien (P, A, F, S) für das digitale Zeitalter weiterhin ausreichend sind. So bezieht sich die personale Kompetenz auf den Umgang mit sich selbst, die Aktivitätskompetenz auf die eigenen Handlungen, die Fach- und Methodenkompetenz auf Objekte und die Sozialkommunikative Kompetenz auf die Interaktion mit Dritten. Es ist auffällig, dass die Interaktion zwischen Maschine, und künftig vermehrt Künstlicher Intelligenz (KI), und Mensch damit als Bezugsgröße nicht abgebildet wird. Kompetenzen, die dem KODE®-Modell bereits immanent sind, lediglich in einen digitalen Kontext zu setzten (z. B. aus Kommunikationskompetenz wird digitale kommunikationsbezogene Kompetenz), erscheint als nicht zweckmäßig, da sich hier die Bezugsgrößen vermengen. Wird mit einer realen Person kommuniziert, dürften sich andere – eher aus dem sozialen Kontext stammende Anforderungen – ergeben, als wenn mit einer Maschine respektive einer Künstlichen Intelligenz (KI) kommuniziert wird und dies eher fachlich-objektbezogene Kompetenzen verlangt.

Ein möglicher Lösungsansatz könnte also darin liegen, die Bezugsgröße Maschine bzw. KI und Mensch (Schnittstelle) in einer fünften Kompetenzkategorie, der »Digitalen Kompetenz (D)«, abzubilden. Allerdings lassen sich dann, auch wiederum aufgrund der Bezugsgröße, nicht alle in Abbildung 28 genannten neuen Soll-Kompetenzen dort abbilden. Ein anderer Ansatz wäre, eine digitale Kompetenz als Metakompetenz zu definieren, die sich aus den verschiedenen vier Kompetenzkategorien speist. Dieser Ansatz käme allerdings dann an seine Grenzen, wenn die Bezugsgröße Maschine/KI und Mensch nicht spezifisch erfasst werden kann. Insofern kann – weiterführend gedacht – auch die Frage aufgeworfen werden, ob eine grundlegende Erneuerung bestehender Verfahren, wie hier exemplarisch am KODE®-Modell aufgezeigt, einen zukunftsweisenden Gedankengang in das digitale Zeitalter wert ist. In jedem Fall scheint aufgrund der zunehmenden Veränderungsdynamik damit zu rechnen zu sein, dass Anpassungsnotwendigkeiten in der Kompetenzdiagnostik und -entwicklung in kürzeren Frequenzen im Sinne einer agilen Führung und Organisation zu erwarten sind.

4.2.3 Trainingsformate für digitale Kompetenz

»Was bleibt, ist die Veränderung« (Richter o.J.). Angesichts der digital-technologisch angetriebenen Transformationen mit Auswirkungen auf alle Lebensbereiche beschreibt diese Philosophie den aktuellen Zeitgeist besser denn je.

Für den Bildungsbereich der Unternehmen zeigt sich dies in einer kontinuierlichen Abnahme der Halbwertszeit von Erfahrungswissen und sich stetig ändernden Anforderungen hinsichtlich Qualifikationen, Arbeitsinhalten und Arbeitsgestaltung.

Um dem gewachsen zu sein, gewinnt die Weiterbildung und Bindung der eigenen Mitarbeitenden, speziell vor dem Hintergrund des Fachkräftemangels, an Bedeutung. Lernen hat dabei für die Beteiligten auf den verschiedenen organisationalen Ebenen eine unterschiedliche Bedeutung. Das Ergebnis zeichnet dann aber ein einheitliches Bild: »Lebenslanges Lernen wird endlich Realität« (Deloitte 2019, S. 5). Für die *Mitarbeitenden* gehört die Möglichkeit zu lernen zu den wertvollsten Eigenschaften bei der Auswahl ihrer Arbeitgeber. Die *Führungskräfte* verstehen lebenslanges Lernen als Voraussetzung, um mit den Veränderungen der Technologien, Geschäftsmodelle und der Lebenserwartungen insgesamt umgehen zu können. Die *Organisationen*, die lebenslanges Lernen bereits implementieren, nutzen aus dem Alltag bekannte Konzepte und gestalten Lernen auf personalisierte, in die Arbeit integrierte Art und Weise (vgl. Deloitte 2019, S. 5).

Demgemäß definiert sich die neue Rolle der Personalentwicklung als Wissensmanagement und -provider, Systemgestaltung und Prozessbegleitung für lern- und performance-förderliche Kontexte sowie darüber hinaus, im Sinne einer ganzheitlichen Mitarbeiterbildung, als Persönlichkeitsentwicklung (Becker 2016).

Diverse Studien, sowohl aus der Bildungsforschung als auch aus der Unternehmenspraxis, benennen Lernen als den wichtigsten Trend des Jahres 2019 und Aus- und Weiterbildungsoffensive als *die* Initiative, um fit für die digitale Transformation zu sein (Kirchgeorg et al. 2018; SGD 2018; Deloitte 2019; Franken et al. 2019).

Dabei steht, auch im Hinblick auf die innerbetrieblich einzurichtenden Budget- und Zeitkontingente, nicht mehr ausschließlich das Training von Fachkompetenzen im Mittelpunkt, sondern die kontinuierliche Optimierung der Performanz am Arbeitsplatz durch lebenslanges Lernen. Was zählt, ist die Fähigkeit, mit sich wieder und wieder wandelnden Arbeitskontexten konstruktiv umzugehen und die daraus entstehenden Herausforderungen sinnvoll zu lösen. Dies erfordert ein anderes Lernarrangement als bei der Vermittlung dauerhafter Wissensinhalte und fachlicher Kompetenzen: Anstelle des klassischen Seminarraums tritt der mit Hilfe digitaler Technologien entgrenzte Lernraum, der vernetztes Lernen im Kontext individuell ausgerichteter, selbstständig organisierter und somit eigenverantwortlicher Weiterbildung ermöglicht (Erpenbeck et al. 2015; Jacobs et al. 2018; Kirchgeorg et al. 2018; Maurer 2018). Durch die Integration und Vernetzung von Lernen und Arbeit gewinnt der Lernort Arbeitsplatz an Relevanz gegenüber externen Fort- und Weiterbildungseinrichtungen. Konkrete, arbeitsplatzverhaltensnahe Lerninhalte können somit passgenau auf Unternehmensspezifika abgestimmt werden und ermöglichen ein Lernen in Echtzeit (vgl. Bornewasser et al. 2018, S. 21 f.).

Im Kontext der Digitalisierung erfahren die Handlungsempfehlungen für Personalentwicklung demzufolge einen Trend in Richtung agile Lernangebote und praxisorientierte Kompetenzentwicklung, wie es das 70-20-10-Modell impliziert (vgl. Thieme-Wagner 2019): 70 % des Kompetenzerwerbs basieren demnach auf Lernen aus Erfahrung, wie es bei On-the-Job-Trainings, Projekten und Job-Rotation stattfindet. 20 % sind auf das Lernen in der Gemeinschaft, beispielsweise in Form von Coaching und virtueller Teamarbeit, zurückzuführen. 10 % des relevanten Wissens im Arbeitsalltag werden durch formelles Lernen vermittelt, im Rahmen von klassischen Präsenzveranstaltungen ebenso wie durch E-Learning-Angebote.

Letztere bieten sich insofern an, als dass, ergänzend zu der inhaltlichen Wissensvermittlung bei der Einarbeitung in neue Lernthemen, die praktische Nutzung der E-Learning-Instrumente die Entwicklung digitaler Basiskompetenzen unterstützt. Dies gilt insbesondere für Mitarbeitende, die bislang wenig Erfahrung mit digitalen Anwendungsmöglichkeiten gesammelt haben. Die aus der Nutzung abgeleiteten Metadaten ermöglichen, in Abstimmung mit Datenschutzvorgaben und dem Betriebsrat, eine kontinuierliche Optimierung der E-Learning-Inhalte (vgl. DGFP 2016a, S. 31). Ein zentraler Vorteil des E-Learnings beruht darauf, dass die Lernenden selbstgesteuert und somit ihren persönlichen Bedürfnissen entsprechend lernen können. Dies lässt sich durch die individuelle Gestaltung der Lernprozesse hinsichtlich Stil, Inhalt, Ort, Zeitraum und Tempo zielgerecht anpassen. Das Wissensmanagement kann dadurch in bedarfsgerechten, kleinen Lerneinheiten erfolgen. Zur Bearbeitung und Lösung unternehmenspraktischer Themen und Problemstellungen benötigtes Wissen kann dabei, je nach Notwendigkeit, sowohl »On-demand« auf Anforderung als auch in Form von »Vorratslernen« (Erpenbeck et al. 2015, S. 1) vermittelt werden.

Dass E-Learning, aufgrund seiner zunehmenden Unterstützung durch künstliche Intelligenz, auch in den kommenden Jahren die betriebliche Weiterbildung prägen wird, zeigt sich an den aktuellen Trends der E-Learning-Industrie: digitale Lernassistenten, adaptives Lernen, Augmented Reality/Virtual Reality, Chatbots, Content Curation, Gamification/Game-Based Learning, Lernvideos und Microlearning werden hier als bevorzugte, zukünftige Lernmethoden eingestuft (vgl. Kumar 2018; vgl. Robes 2018; vgl. mmb Institut 2019, S. 6 f.).

Informelle Lernerfahrungen, die die Mitarbeitenden durch Job-Rotation sammeln, fördern die Entwicklung eines umfassenden Unternehmensverständnisses und eine abteilungsübergreifende Vernetzung der Beschäftigten (vgl. DGFP 2016a, S. 32).

Die Verknüpfung von Arbeit und Lernen in virtuellen Teams basiert auf dem Prinzip des Lernens durch soziale Interaktionen in der Gemeinschaft, mittels technisch gestützter Kommunikation. Wie beim E-Learning unterstützt die regelmäßige Nutzung der Kommunikationstechnik, z. B. Videokonferenzen, die Entwicklung grundlegender, digitaler Anwendungskompetenz. Die zeitliche und räumliche Flexibilität der virtuellen Zusammenarbeit, fördert und fordert die Selbstständigkeit und Eigenverantwortlichkeit der Teammitglieder (vgl. ebd.).

Das Arbeiten in Projekten bietet den Teilnehmenden, neben dem informellen Lernraum, zusätzlich einen Erprobungsrahmen für Erfahrungen mit neuen (Kommunikations-)Technologien (vgl. ebd.).

Individualisierte On-the-Job-Trainingsformate wie Coaching und Mentoring kombinieren den Nutzen informellen Lernens mit den Vorteilen des Lernens durch Interaktion. Die gemeinsame Problemlösung ermöglicht einen effektiven Lerntransfer in die konkrete Arbeitspraxis. Die Lernenden entwickeln ihre Kompetenzen just in time, über den Informations- und Erfahrungsaustausch mit ihren Coaches und Mentoren. Auf die im Mittelpunkt stehenden persönlichen Kompetenzentwicklungsziele der Mitarbeitenden wird in diesem Rahmen individuell eingegangen (DGFP 2016a; Erpenbeck et al. 2016). Es wird erwartet, dass individuelles Lernen On-the-Job die Weiterbildungsformate, auch in den kommenden fünf Jahren, am stärksten prägen wird (vgl. Franken et al. 2019, S. 64).

Eine Besonderheit der neuen Gestaltung von lebenslangem Lernen ist die digitale Vernetzung: Durch sie haben Mitarbeitende die Möglichkeit, sich arbeitsplatznah auszutauschen, indem sie ihre Ansichten und Erfahrungen zur Lösung aktueller Probleme teilen und somit zu Lerneffekten aller Netzwerkteilnehmenden beitragen. Allerdings ist dies kein Selbstläufer. Neben den technologischen Voraussetzungen, beispielsweise in Form von entsprechenden Endgeräten für die Vernetzung der Arbeitsplätze, bilden die Führungskräfte als lernunterstützende Begleiter die zweite tragende Säule für integriertes, personalisiertes, kontinuierliches Lernen am Arbeitsplatz (vgl. Bornewasser und Kloyer 2018, S. 97 f.). Die in Zeiten digitaler Transformation unerlässliche Innovationsarbeit sich öffnender Unternehmen, bedarf eines konstruktiven Umgangs der Belegschaft mit den Flexibilitätsanforderungen, die der stetige Kontextwandel mit sich bringt. Durch im Arbeitsprozess generiertes implizites Erfahrungswissen entwickelt sich reflektiertes Handeln in einer Art und Weise, die empathisches Interagieren in den vernetzten Strukturen ermöglicht (vgl. Porschen-Hueck et al. 2018, S. 110). Das Lernen On-the-Job impliziert einen kontinuierlichen Trial-and-Error-Prozess, in dessen Verlauf der erfahrungsbasierte Kompetenzerwerb in arbeitsplatzspezifischer Performanz sichtbar wird und der notwendige Weiterentwicklungsbedarfe aufdeckt (vgl. Bornewasser und Kloyer 2018, S. 102 f.).

Die auf dem 70-20-10-Modell basierende Kombination der verschiedenen, in den Arbeitsalltag integrierten Entwicklungsmaßnahmen erfährt durch die Bedeutung, die deutsche Bildungsexperten insbesondere sozialen, informellen Lernformen in der beruflichen Weiterbildung beimessen (vgl. mmb Institut 2019 S. 3), zusätzliche wissenschaftliche Fundierung.

Auf den Prinzipien des arbeitsplatznahen, vernetzten Lernens beruht auch das Konzept des Social Workplace Learning, wie es sich in dem Ansatz von Erpenbeck et al. (2016) wiederfindet. Der durch HR und das Management offerierte »Ermöglichungsrahmen« (Erpenbeck et al. 2016, S. 2) bietet den Lernenden die Chance zum selbstorganisierten Lernen im Rahmen ihrer individuell formulierten Kompetenzziele:

On-demand genutzte, formal-kooperative Lernangebote, wie sie beispielsweise in Blended Learning-Arrangements durch die Kombination von E-Learning, Lernvideos, Podcasts und Workshops integriert werden, können ebenso wie kollaboratives Lernen am Arbeitsplatz dazu verhelfen, den Herausforderungen in Arbeitsprozessen konstruktiv zu begegnen. Letzteres verbindet den realen Arbeitskontext mit informellem, sozialem Lernen, beispielsweise durch (E-)Coaching, (E-)Mentoring und Lern-Netzwerke sowie Co-Coaching und kollegiale Beratung, zur gemeinsamen Lösung von Praxisproblemen. Der Austausch von selbst generierten Lerninhalten über soziale Lernplattformen sowie die Zusammenarbeit durch Informations- und Erfahrungsaustausch über vernetzte Wissensplattformen und Weblogs bzw. Lerntagebücher bietet den selbstorganisiert Lernenden eine Vergleichsmöglichkeit, unterstützt sie bei der Strukturierung ihres Lernprozesses und gibt ihnen Feedback für Optimierungen (vgl. Erpenbeck et al. 2016, S. 19-31). Die bereichsübergreifend und somit hierarchiefrei genutzten Austauschplattformen bilden hier den Dreh- und Angelpunkt des informellen Lernens (vgl. Maurer 2018, S. 180 f.). Workplace Learning verbindet Lernen am Arbeitsplatz und Lernen mit dem Netz und ermöglicht den handlungsnahen, auf die Arbeitsplatz-Performanz ausgerichteten Lern- und Kompetenztransfer.

Wie zu Beginn dieses Teilkapitels beschrieben, veraltet Wissen heute schneller und ist daher zielgerichtet arbeitsplatzspezifisch und individuell angepasst zu vermitteln. Um sich auftuende Trainingsbedarfe zu identifizieren, ist regelmäßiges Feedback und Assessment im Rahmen der Personalentwicklung von grundlegender Bedeutung. Beim E-Learning finden Lernen und Assessment gleichzeitig statt. Inwiefern letztlich die Transferprozesse aller Trainingsmaßnahmen erfolgreich waren, lässt sich u. a. durch Learning-Management-Systeme im Rahmen von Erfolgskontrollen im Weiterbildungscontrolling identifizieren (vgl. Kirchgeorg et al. 2018). Hier zeigt der Trend bei Überprüfungen des Lernerfolgs in Richtung automatischer Selbst-Assessments, bei denen die Lernenden direkt Feedback über ihre Ergebnisse erhalten, und KI-basierter Diagnose-Tools, wie z. B. beim adaptiven Lernen (vgl. mmb Institut 2019, S. 13).

Zu den Weiterbildungstrends sei kritisch anzumerken, dass international etablierte KI-basierte Lernformate, wie adaptives Lernen oder intelligente digitale Lernassistenten hierzulande bislang zu wenig in die aktuellen Trainingsformate integriert werden (Taylor 2019; mmb Institut 2019). Dennoch finden sich die Kernaspekte Selbstorganisation, Partizipation, Vernetzung, Agilität, Priorisierung, Transparenz und Feedback aus den modernen Organisations- und Führungsmodellen Holacracy[3] und OKR[4] in aktuellen Konzepten wie dem Social Workplace Learning wieder.

Auf Basis der strukturierten Analyse der digitalen Soll-Kompetenzen (► Kap. 4.2.1) werden im Folgenden die jeweils auf die Kategorien ausgerichteten Trainingskonzepte beleuchtet: Für die Basiskompetenzen (digitale sowie informations- und kommunikationsbezogene Kompetenzen) bieten sich formell-kooperative Lernkonzepte an. Zur Entwicklung innovativer und reflexiver Kompetenzen gilt es im Kontext des Ermöglichungsrahmens, mentale und physische Freiräume für die Lernenden zu organisieren (Kreativität sowie kritisches und analytisches Denken) sowie interdisziplinär angesiedeltes informelles Lernen (Transdisziplinarität) und KI-basiertes digitales Lernen (computerbasiertes Denken) zu ermöglichen. Interpersonalen Kompetenzen (Führungskompetenz, interkulturelle Kompetenz und soziale Intelligenz) liegen ebenso wie dem Mindset for growth (lebenslanges Lernen und kontinuierliche Anpassungsfähigkeit) sozial-kollaborative Lernprozesse zugrunde.

Letzteres setzt darüber hinaus eine persönliche Bereitschaft der Lernenden voraus, offen für externe und interne Veränderungen, neue Erfahrungen und persönliche Weiterentwicklung zu sein. Diese »Offenheit für den Wandel« (Franken et al. 2019, S. 52) bildet, verbunden mit lebenslangem Lernen, die wichtigste Voraussetzung für das Gelingen der digitalen Transformation (vgl. Franken et al. 2019, S. 69). Offenheit für Erfahrungen ist in unterschiedlicher Ausprägung in der Persönlichkeitsstruktur jedes Individuums verankert. Je nachdem, welche Lernerfahrungen im Kontext sozialer Interaktionen, beginnend bereits im frühkindlichen Alter, gemacht werden, kann diese Offenheit beeinflusst werden. Daran anknüpfend beeinflussen unsere erlernten Denkmuster wie wir auf Veränderungen reagieren (Rauthmann 2017): Wir können sie offen annehmen und konstruktiv nutzen oder sie, aufgrund unserer evolutionär geprägten mentalen Programmierung für Sicherheit durch Beständigkeit und Kontrolle, als negativen Stress empfinden.

---

3 Die Holokratie als Organisationsform impliziert Strukturen für Entscheidungsfindungen durch Transparenz und partizipative Beteiligungsmöglichkeiten auf allen Ebenen (Schermuly 2019).

4 Objectives and Key Results (OKR) ist ein zielgerichtetes Führungsmodell, in dem die Aufgaben von Teams und Mitarbeitenden mit den Unternehmensstrategien verknüpft werden (Backovic 2018).

Zusammenfassend lässt sich festhalten, dass das Mindset for growth und alle zugrundeliegenden Trainingskonzepte erst dann nachhaltig erfolgreich implementiert werden können, wenn die Kultur des Unternehmens einen neuen Arbeitskontext ermöglicht, der sich grundlegend von den bisher klassisch vorherrschenden Unternehmenskulturen unterscheidet: Freiräume zur Selbstorganisation, interdisziplinäre Kollaborationen auf Augenhöhe, Offenheit und Flexibilität, auch im Umgang mit Fehlern der Vergangenheit und potenziellen Risiken der Zukunft. Aktuell als »New Work« (Rump und Eilers 2017, S. 187) bezeichnet, verkörpert dieser Kulturansatz das lebenslange Lernen in sich.

Grundsätzlich gilt es, um den Erfolg der Trainingskonzepte für das Unternehmen sicherzustellen, die Entwicklungsmaßnahmen unternehmensstrategisch angepasst und mit den Geschäftsbereichen abgestimmt auszurichten (Deloitte 2019). Ferner sollte darauf Rücksicht genommen werden, die Mitarbeitenden durch die »Digitalisierungswelle« in der Personalentwicklung nicht zu überrollen. Eine ermöglichende Begleitung zur Unterstützung der individuellen Entwicklungsprozesse im Arbeitskontext ist daher essentiell. Effektive Anreize zur Förderung der kontinuierlichen Lernkultur motivieren die Mitarbeitenden, sich auf den Wandel einzulassen, um so die digitalen Soll-Kompetenzen zu entwickeln und lebenslanges Lernen über die Arbeit hinausgehend als sinnstiftend zu integrieren (vgl. Deloitte 2019, S. 28).

Barrieren, die im Verlauf der Implementierung der Trainingskonzepte sichtbar werden, sollten parallel gelöst werden. Beispielsweise durch neue Verankerung der Verantwortlichkeiten. Um das Risiko ungeklärter Ergebnisverantwortung, im Kontext der selbstorganisierten Kompetenzentwicklung, zu eliminieren (Deloitte 2019; Kirchgeorg et al. 2018). Dies ist insofern notwendig, um sicherzustellen, dass die digitalen Weiterbildungsstrategien zielgemäß umgesetzt werden.

Die digitale Transformation als Sinnbild der immerwährenden Veränderung impliziert neben den positiven Möglichkeiten auch Problemfelder, beispielsweise im Hinblick auf Datenbesitz und Privatsphäre, die die Unternehmen vor die Herausforderung stellen, darauf mit einem verantwortungsbewussten Digitalisierungskonzept zu reagieren.

4.3 Wirksame Führung im digitalen Zeitalter

4.3.1 Stand der empirischen Führungsforschung

Das Phänomen »Führung« hat im Laufe der letzten Jahrzehnte zunehmend an Bedeutung gewonnen. Die besondere Relevanz der »Führung« zeigt sich vor allem dahingehend, dass sie unmittelbaren Einfluss auf die Stabilität und Überlebensfähigkeit eines jeden sozialen Systems und damit auch jeden Unternehmens hat. In Abgrenzung zu der strukturschaffenden und steuernden Komponente der Organisation und des Controllings, vermittelt die Personalführung ein Verständnis für die Notwendigkeit und Bedeutung des Humanaspektes der Führung.

Die Führungskultur entscheidet, wie schnell und wirksam sich ein Unternehmen auf veränderte Rahmenbedingungen einstellen kann und auch unter erschwerten Bedingungen in der Lage ist, eine hohe Produktivität und neue Innovationen hervorzubringen, die aus den Goodwill-Leistungen der Mitarbeitenden resultieren.

Während in definitorischer Hinsicht der deutschsprachige Raum vor allem auf die *zielgerichtete Beeinflussung anderer durch Kommunikation* (vgl. Wild 1974; Wagner 1991; Scholz 2000) fokussiert, erscheint für die hiesige Problemstellung eines durch die Digitalisierung induzierten Wandels in eine von Unsicherheit gekennzeichnete Zukunft, ein Blick in den anglo-amerikanischen Raum und hier im Besonderen auf Kotter, als zweckmäßig. Kotter definiert Personalführung wie folgt: »Leadership defines what the future should look like, aligns people with that vision, and inspires them to make it happen despite the obstacles.« (Kotter 2012, S. 25).

Wird die Entwicklung des Führungsparadigmas betrachtet, so ist festzustellen, dass ein Wandel vorliegt. Nach altem Paradigma der Führung, welchem traditionelle Methoden der Personalführung folgen, können nur physische Anwesenheit und Dienst nach Vorschrift bewirkt werden. Dies bedeutet, dass nur Muss-Leistungen der Mitarbeitenden abrufbar sind, Goodwill-Leistungen hingegen nicht. Tradierte Methoden eignen sich für körperliche und mechanisierte Arbeit, damit also insbesondere für solche Tätigkeiten, die im Zuge der fortschreitenden Digitalisierung technisch substituierbar werden. Gerade für die in Kapitel 1.2 dargelegten neuen Jobs, sind immer mehr Wissen und Kreativität gefragt. Wissen und gerade Kreativität der Mitarbeitenden können aber nicht angeordnet werden, sondern werden freiwillig eingesetzt. Um sie für Unternehmen zu erschließen, braucht es andere Ansätze als die tradierten wie etwa Freiräume schaffen, Eigeninitiative fördern, Selbstverwirklichung ermöglichen, Eigenverantwortung stärken und Identifikation mit der Aufgabe und dem Unternehmen erhöhen. Dabei darf nicht außer Acht gelassen werden, dass es am Ende des Tages weiterhin um »Business« geht. Ziel dieser Ansätze ist es nicht, ausschließlich das Wohlbefinden der Mitarbeitenden zu verbessern, sondern Wohlfühlen *und* Wertschöpfung über eine »gute« Personalführung zu verbinden. Der hier mitschwingende qualitative Aspekt einer guten Personalführung bedarf für das Zeitalter der Digitalisierung an späterer

Stelle noch einer Präzisierung und wirft ferner die Frage nach dem aktuellen Stand der Führungsqualität in Deutschland auf.

Das Verhalten der direkten Führungskraft beeinflusst wesentlich die Mitarbeiterbindung. Der Gallup Engagement Index 2018 belegt, dass über fünf Millionen Arbeitnehmer (14 %) bereits innerlich gekündigt haben und keine Bindung zum Unternehmen besitzen. Zählt man dazu noch den Teil der nur gering gebundenen Mitarbeitenden hinzu, so sind es insgesamt 85 % mit keiner oder nur geringer Bindung (Gallup 2018). Für diese 85 % können performancebezogen auch nur Muss- und nicht Goodwill-Leistungen erwartet werden. Das heißt, die für den Unternehmenserfolg relevanten Beiträge, die die Mitarbeitenden freiwillig zusätzlich erbringen (oder auch ohne Gefahr der Sanktionierung zurückhalten können), entfallen.

Auch der Führungskräfte-Report 2018 fällt – flächendeckend betrachtet – nicht positiv aus. So sind zahlreiche Mitarbeitende nicht zufrieden mit ihren Vorgesetzten, wobei eine branchenspezifische Betrachtung ein differenzierteres Bild zulässt (faz 2018). Insgesamt zeigt sich im Vorjahresvergleich eine leichte Verbesserung des Vorgesetztenverhaltens von 3,15 auf 3,39. Und dennoch: Mit einem Durchschnittswert von 3,39 ist das Vorgesetztenverhalten ein Aspekt, der besonders schlecht bewertet wird. Die Internet-/ Multimedia-Branche und auch das Personalwesen schneiden in dieser Hinsicht deutlich besser ab als der Automobilsektor, die Industrie und die Textilbranche. Angesichts dieser nicht zufriedenstellenden Ergebnisse zur Qualität der Personalführung in Deutschland schließt sich die Frage an, welche Empfehlungen die empirische Führungsforschung in den vergangenen Jahren vorangestellt hat.

Die empirische Führungsforschung hat über nahezu drei Jahrzehnte die Überlegenheit des transformationalen Führungsmodells betont. Trotz unzureichender theoretischer Begründung der dem Modell immanenten vier Kompetenzen von Führungskräften, fehlender empirischer Belege und der Problematik der Operationalisierung wurden ein geringeres Stressempfinden, besseres Engagement, höhere Arbeitszufriedenheit, verbesserte Leistung und mehr Kreativität als Gründe herangezogen, um das transformationale Modell im Vergleich zu anderen als führend darzustellen.

Im Gegensatz zur transaktionalen Führung, welche im Kern den Austauschgedanken einer zwischen Mitarbeitenden und Führungskraft vereinbarten Leistung gegen Geld trägt und damit extrinsische Motivation adressiert, soll die transformationale Führung nach Bass und Avolio (1994) keine fest definierte (Durchschnitts-)Leistung abrufen, sondern überdurchschnittliche Leistungen ermöglichen. Die erforderlichen Kompetenzen der Führungskraft, die notwendig sind, um überlegene Ergebnisse zu erzielen, umfassen einen idealisierten Einfluss (englisch: idealized influence), inspirierende Motivation (englisch: inspirational motivation), intellektuelle Stimulation (englisch: intellectual stimulation) und individualisierte Behandlung (englisch: individualized consideration).

Mitarbeitenden wird also Aufmerksamkeit und Wertschätzung von charismatisch wirkenden Führungskräften entgegengebracht. So sind diese, durch ein transformiertes Bewusstsein und Verhalten dazu angespornt, überdurchschnittliche Leistungen zu erbringen. Als Machtgrundlage innerhalb der sozialen Beziehung zwischen Führungskraft und Mitarbeitenden wirkt dabei das Vorbild des Vorgesetzten. Eine gemeinsame Vision verdeutlicht Sinn und Bedeutung gemeinsamer Ziele. Sofern die Mitarbeitenden ihre Führungskraft im Sinne der transformationalen Führung als vorbildlich, glaubwürdig und überzeugend einstufen, können sich die oben aufgeführten positiven Ergebnisse eines solchen Führungsverhaltens zeigen. Dennoch muss dabei angemerkt werden, dass das transformationale Führungsmodell in folgender Hinsicht kritisch zu reflektieren ist: Es fokussiert sehr stark auf eine dyadische Beziehung zwischen Führungskraft und Geführtem und bietet wenig Raum für die Erklärung der Funktionsweise und des Einflusses von Teams. Zudem werden aufgabenorientierte Fähigkeiten von Führungskräften ebenso vernachlässigt wie deren externe Rollen. Die Tragfähigkeit des Ansatzes für das digitale Zeitalter wird bereits angezweifelt (Wagner 2017) und muss demzufolge durch weitere empirische Führungsforschung entschlüsselt werden.

Denkbar wären nun zwei Wege: Zum einen könnten die aufgeführten Nachteile des transformationalen Führungsmodells durch weiterführende Forschung behoben werden oder die Überlegenheit des Modells wird im Zeitalter der Digitalisierung zunehmend kritisch reflektiert und ggf. durch ein alternatives, im Anforderungskontext der Digitalisierung effektiveres Modell, substituiert. Gerade vor dem Hintergrund des durch die Digitalisierung induzierten tiefgreifenden Cultural Changes in Unternehmen und Organisationen, erscheinen die Grenzen der transformationalen Führung erreicht zu sein: »*Transformationale Führung reicht nicht mehr aus, um Prozesse des Wandels erfolgreich erklären zu können*« (Wagner 2017, S. 3).

Was, unabhängig davon, bereits erkennbar wird, ist: In der betrieblichen Praxis scheint der Fokus tendenziell auf unternehmensspezifische Führungskompetenzen gelegt zu sein. »*Wir haben keine Führungsleitlinien mehr. Dies ist ein Relikt der 80er-Jahre. Heute haben wir Kompetenzmodelle entwickelt, die die Kompetenzen beschreiben, die wir von jeder Führungskraft erwarten. Eine dieser elementaren Kompetenzen ist beispielweise die Fähigkeit zur digitalen Transformation, die Offenheit und Schnelligkeit erfordert. Unser Kompetenzmodell, abgestimmt auf den jeweiligen Hierarchielevel, wird dann im Rahmen von 360-Grad-Feedbacks und Management Audits abgefragt. Aus dem Ergebnis wird ein individueller Entwicklungsplan abgleitet, der jeder Führungskraft helfen soll, sich entsprechend zu qualifizieren und weiterzuentwickeln*« (Widmaier 2017, S. 7).

4.3.2 Neue Führungsansätze

Aufgrund der digitalen Transformation in Unternehmen und Organisationen verändert sich das Zusammenspiel von Führungskräften, Mitarbeitenden, Kunden und anderen Stakeholdern. Unternehmen und ihre Beschäftigten existieren in einem *Changeprozess* inmitten einer V.U.C.A.-Wirtschaftswelt. Mögliche Ansätze zur Führung im digitalen Zeitalter, die diskutiert werden, sind vor allem: Agile Leadership und Empowerment sowie eine Kombination aus visionärer und ermächtigender Führung. Diese sollen nun anhand der Aspekte Rolle der Führungskraft und der Mitarbeitenden, Führungsverhalten und dessen Effekte näher beleuchtet werden: Im Rahmen der visionären und ermächtigenden Führung (vgl. Kearney 2017, S. 10) wird die Führungskraft zum aktiven Anbieter von Unterstützung, wobei den Mitarbeitenden weitreichende Freiräume gewährt werden. Macht und Verantwortung werden geteilt. Die Mitarbeitenden werden damit zu Selbstführenden, wobei die organisatorischen Rahmenbedingungen wenig Machtabstand in der Hierarchie und damit egalitäre Strukturen fordern. Durch den geforderten hohen Partizipationsgrad der Mitarbeitenden ist ferner eine Konsensorientierung in der Entscheidungsfindung anzunehmen. Bettet man nun diese beiden Aspekte in den oben bereits diskutierten kulturellen Kontext ein, so zeigt sich nach Meyer (2017), dass im Ländervergleich die Niederlande, Norwegen, Schweden und Dänemark besonders nahe an dieser Ausrichtung orientiert sind (vgl. Meyer 2017, S. 45).

Um diesen Ansatz kompetenzorientiert abzubilden, zeigen sich für die Führungskraft eine visionäre Kommunikationsfähigkeit sowie eine klare Werte- und Zielorientierung als essentiell. Auf der Seite der Mitarbeitenden entstehen Eigeninitiative, Eigenverantwortung, Kreativität und selbstorganisiertes Handeln als wesentliche Soll-Kompetenzen. Werden eben diese Kompetenzen wirksam und beidseitig entwickelt, so sind positive Effekte wie Steigerung von Leistung und Zufriedenheit sowie ein hohes Maß an intrinsischer Motivation zu erwarten. Gerade die Förderung des proaktiven Mitarbeitendenverhaltens erscheint im Kontext der Digitalisierung als sinnvoll, wenn es um die Bewältigung von kognitiven und kreativen Aufgaben geht. Aus diesem Idealszenario resultieren eine fast barrierefreie Kreativität, eine ausschöpfende Leistung sowie eine erfüllende Zufriedenheit. Soweit die eine Seite der Medaille.

Das Risiko dieses Führungsansatzes besteht darin, dass die gewährten Freiräume seitens der Mitarbeitenden nicht im Sinne der Führungskraft bzw. des Unternehmens genutzt werden und dass die seitens der Führungskraft vertretene Vision inkongruent zu den Werten, Zielen und Bedürfnissen der Geführten steht. Umso wichtiger werden die gemeinsame Ziel- und Werteorientierung zwischen Führungskraft und Vorgesetzten (vgl. Kearney 2017, S. 14). Ferner muss vor allem auch kritisch reflektiert werden, wer letzten Endes die Verantwortung für die Prozess- und Ergebnisqualität zu tragen hat – das neu entstehende Kollektiv aus Mitarbeitenden und Führungskräften oder doch nur die Führungskraft, aus dessen Sicht die Steuerungsanforderungen hochgradig komplex ausfallen dürften.

Agile Leadership konzentriert sich wesentlich auf das tatsächliche Führen und weniger auf das Agieren als Vorgesetzter. Die Mitarbeitenden werden dabei zu Co-Unternehmern, die sich im Bedarfsfall von der Führungskraft beraten und unterstützen lassen. Den Führungskräften sowie den Mitarbeitenden verlangt dieser Ansatz im Wesentlichen eine innere Haltung der Offenheit und Veränderungsbereitschaft ab. Für die Führungskraft, im Besonderen, sind ferner Schnelligkeit, Entscheidungs- sowie Anpassungsfähigkeit an dynamische Wettbewerbssituationen und Fehlertoleranz voranzustellen. Die Mitarbeitenden benötigen zudem ein hohes fachliches Kompetenzniveau sowie einen hohen Reifegrad in der selbstorganisierten Arbeitsweise. Unter diesen Voraussetzungen seien sodann Höchstleistungen zu erwarten (vgl. Widmaier 2017, S. 8).

In der Schnittmenge dieser Führungsansätze zeigt sich, dass sich das zukunftsfähige Führungsverhalten von Führungskräften im digitalen Zeitalter auf fünf wesentliche Aspekte verdichtet und vereinfacht dargestellt, wie folgt abbilden lässt:

- Die Führungskraft fungiert als Coach, der (im Bedarfsfall) aktiv unterstützt.
- Die Mitarbeitenden werden im Sinne eines Co-Entrepreneurships ermächtigt und arbeiten zunehmend eigenverantwortlich und selbstorganisiert.
- Kommunikation ist ausgerichtet an gemeinsamen Zielen, Werten und Visionen.
- Führung ist weniger intensiv (im Sinne eines klassischen Vorgesetztenverhaltens), bietet aber eine klare Orientierung in einer V.U.C.A.-Wirtschaftswelt.
- Führung vollzieht sich zunehmend in egalitären Strukturen und konsensorientierter Entscheidungsfindung auf Augenhöhe.
- Kompetenzentwicklung im Sinne der Effektivitätssicherung der Führung ist zunehmend individuell auszugestalten.

Im Ergebnis können sodann positive Auswirkungen auf Arbeitszufriedenheit, Leistungsfähigkeit und Leistungsbereitschaft erwartet werden. Die zentralen Stellschrauben für nachhaltigen Unternehmenserfolg – Wohlfühlen plus Wertschöpfung – können somit durch effektives Führungsverhalten im Zeitalter der Digitalisierung gefördert werden.

Noch einmal zurückblickend auf die in der Einleitung betonte Stärke Deutschlands im Feld von unternehmerischer Verantwortung, kann ferner darauf hingewiesen werden, dass die aufgeführten Führungsansätze allemal in einer heutigen Wirtschaftswelt ein deutlich höheres Potenzial bergen als die Überwachung jedes Tastenschlags zur Steigerung rein ökonomischer Kennzahlen.

In seiner im April dieses Jahres erschienenen Studie »Unsere gemeinsame digitale Zukunft« koppelt der Wissenschaftliche Beirat der Bundesregierung Globale Umweltveränderungen (WBGU) die nachhaltige Transformation des heutigen Wirtschaftssystems und gesellschaftlicher Konsummuster mit der digitalen Transformation. Ziel ist vordergründig, die Digitalisierung in den »Dienst nachhaltiger Entwicklung« (WBGU 2019, S. 1) zu stellen: »Nur wenn der digitale Wandel und die Transformation zur Nachhaltigkeit synchronisiert werden, kann es gelingen, Klima- und Erdsystemschutz sowie soziale Fortschritte menschlicher Entwicklung voranzubringen.« (ebd.). Der WBGU ist bei der Ausbalancierung von Mensch und Natur nicht stehen geblieben, sondern hat sich zwei weitere Betrachtungsebenen vorgenommen.

So wurde zum einen die Frage vertieft, welche Umbrüche die Digitalisierung in der Gesellschaft nach sich zieht – vom radikalen Strukturwandel in der Wirtschaft mit Folgen für die Arbeitsplätze über den »Ersatz realweltlicher Erfahrungen in virtuellen Räumen [...] [und] [...] die vielfältigen Wirkungen von künstlicher Intelligenz auf Bildung, Wissenschaft, Demokratie« (ebd.) bis hin zu Überwachungstechnologien und Social Scoring. Zum anderen wurden auch solche Umbrüche in den Blick genommen, die sich langfristig abzeichnen, am gravierendsten u. a. die aus der Mensch-Maschine-Interaktion hervorgehenden »Risiken für die menschliche Integrität« (WBGU 2019, S. 2). Im Einsatz von Neurodaten und Neuroprothesen, durch die der Mensch mit Rechner und Roboter verschmelzen kann, sieht der Beirat Digitalanwendungen, »bei denen ethische Aspekte bislang unzureichend berücksichtigt werden.« (ebd.). Daher fordert der WBGU: »Im Zeitalter der Digitalisierung gilt es, unser Verständnis von ›menschlicher Entwicklung‹ neu zu bestimmen.« (ebd.). Die Rückwirkungen von Digitalisierung auf die Menschen werden massiv sein. »Kompass für die Veränderungen ist dabei die Bewahrung menschlicher Würde«, sagt Mitautor Uwe Schneidewind, Präsident des Wuppertal Instituts für Klima, Umwelt, Energie. »Sie ist im Gutachten der Fluchtpunkt einer ökologischen und sozial gerechten Welt, die ausreichend Räume für individuelle Entfaltung lässt.« (Ronzheimer 2019).

Die Herausforderung besteht dabei nicht nur im Umgang mit neuen Technologien selbst, sondern vor allem in der demokratischen Teilhabe an ihrer Konfiguration, Entwicklung sowie der mit ihrer Einführung verbundenen Neuausrichtung sozialen Handelns.

4.4 Neue Rolle von HR in der Organisation im digitalen Zeitalter

Die umfangreichen Implikationen der Digitalisierung für Unternehmen betreffen im Besonderen auch die organisatorische Positionierung der Personalabteilung/ HR. Zieht man die bislang vorherrschenden Erkenntnisse zur neuen Rolle von HR im Zeitalter der Digitalisierung zusammen, so ergeben sich in Anlehnung an die Haufe Akademie (2017) folgende wesentliche Anforderungen, denen HR zukünftig gerecht werden muss:

- HR sollte die bisherige begleitende Rolle verlassen und eine neue gestaltende Rolle einnehmen.
- HR wird zum strategischen Treiber im Rahmen der digitalen Transformation und muss demzufolge organisatorisch entsprechend positioniert werden.
- Personal- und Organisationsentwicklung fungieren als Dreh- und Angelpunkt in der Führung von Unternehmen in der Zukunft.
- Als zentraler Erfolgsfaktor der digitalen Transformation kann der Cultural Change innerhalb des Unternehmens vorangestellt werden.

Es schließt sich die Frage an, wie eine wirksame organisatorische Implementierung des HR-Bereichs aussehen kann, welche diesen Anforderungen gerecht wird. Ein Blick in die betriebliche Praxis zeigt bereits, dass eine Aufwertung des HR-Bereichs über die Integration des Chief Human Resource Officers (CHRO) in die Vorstandsebene erfolgt, um der steigenden Bedeutung von HR für die Zukunftsfähigkeit des Unternehmens auch organisatorisch entsprechendes Gewicht zu verleihen. HR erhält damit eine stärkere Stimme neben den oftmals bereits in den Vorstand eingebundenen Funktionsbereichen »Finanzen und Controlling« sowie »Marketing und Sales«. Diesem Vorgehen ist insofern zuzustimmen, als dass HR nur dann ein strategischer Treiber des digitalinduzierten Transformationsprozesses sein kann, wenn es auch dort entsprechend organisatorisch verankert ist, wo die strategischen Entscheidungen getroffen werden, sprich auf Vorstands- bzw. Geschäftsführungsebene. Eine differenzierte Auseinandersetzung mit dem gegenwärtig immer stärker fragmentierten HR-Bereich zeigt allerdings, dass keine zwingende Notwendigkeit besteht, den gesamten HR-Bereich auf die Top-Management-Ebene hochzuziehen.

Vielmehr erscheint in der Betrachtung eine Trennung zwischen strategischem und operativem HR-Bereich als lohnenswert, um eine zielführende Neuausrichtung von HR innerhalb der Organisation zu erlangen. Unter der Annahme, dass sich das operative HR um administrative Aufgaben (wie die

Lohn- und Gehaltsabrechnung), planerische und steuerungsbezogene Aufgaben (wie die Personaleinsatzplanung und die Performance-Messung) sowie um arbeitsrechtliche Aufgaben (wie die Vertragsgestaltung) kümmert, scheint eine Abgrenzung zum strategischen Bereich, welcher zunehmend für den Menschen und die Kultur im digitalen Wandel (überwiegend durch Kompetenz- und Innovationsorientierung in der Führung sowie der Personal- und Organisationsentwicklung) verantwortlich sein wird, auf den im Folgenden dargelegten Gründen zweckmäßig.

4.4.1 Unterschiedliche Soll-Kompetenzprofile der HR-Leitung strategisch und operativ

Für das Leading der beiden HR-Bereiche (strategisch versus operativ) bedarf es eines gänzlich unterschiedlichen Soll-Kompetenzprofils der HR-Leitungen:

- Der Leader des operativen HR-Bereichs muss eine hohe Kompetenzausprägung der Fach- und Methodenkompetenz mitbringen (z. B. Analytische Fähigkeiten, Fachwissen, Sachlichkeit, Planungsverhalten und systematisch-methodisches Vorgehen). All diese Kompetenzen beziehen sich in Anlehnung an Heyse, Erpenbeck und Ortmann (2010) auf den Umgang mit Objekten. Beispielhaft können dazu Prozesse und Gesetze genannt werden.
- Der Leader des strategischen HR Bereichs muss eine hohe Kompetenzausprägung der personalen sowie der sozial-kommunikativen Kompetenz mitbringen (z. B. Offenheit für Veränderungen, ganzheitliches Denken, Mitarbeiterförderung, Integrationsfähigkeit und Kommunikationsfähigkeit). All diese Kompetenzen beziehen sich auf den Umgang mit sich selbst und Dritten. Beispielhaft können dazu Menschen sowie deren Ziele und Potenziale genannt werden.

Beide Leader benötigen zudem eine hohe Kompetenzausprägung der Aktivitäts- und Handlungskompetenz (z. B. Tatkraft, ergebnisorientiertes Handeln, Entscheidungsfähigkeit, Ausführungsbereitschaft und zielorientiertes Führen). All diese Kompetenzen beziehen sich auf die Handlungsfähigkeit. Beispielhaft können dazu Dynamik und Geschwindigkeit genannt werden.

Auf methodischer Basis des KODE®-Modells erscheint die Vereinbarkeit beider Profile in einer Person als schwierig. Es ist zu vermuten, dass es entweder zu einer Überbetonung der Objektorientierung zu Lasten von Mensch und Kultur kommt oder zu einer Überbetonung der Humanorientierung zu Lasten von Struktur und Aufgaben.

4.4.2 Neurobiologische Unterschiede HR-Leitung strategisch und operativ

Für das Leading der beiden HR-Bereiche (strategisch versus operativ) wird unterschiedlich intensiv über Ratio und Emotio agiert. Auf der Basis von Eichener (1989) können dabei folgende Annahmen getroffen werden:

- Der Leader des operativen HR-Bereichs aktiviert in seinen Denk- und Lernprozessen überwiegend die linke Gehirnhälfte. Er arbeitet eher strukturiert, logisch-analytisch denkend und beansprucht seine Ratio.
- Der Leader des strategischen HR-Bereichs aktiviert in seinen Denk- und Lernprozessen überwiegend die rechte Gehirnhälfte. Er arbeitet eher kreativ, intuitiv sowie emotional und beansprucht seine Emotio. Aber *Achtung:* Dies bedeutet keineswegs, dass die strategischen Ziele des Unternehmens über den Einfluss von HR emotionsgetrieben aufgestellt werden sollten, sondern vielmehr, dass auch unkonventionelles Denken in der Entwicklung von Strategien und deren emotionale Kommunikation an die Belegschaft zwecks Alignment gefordert sind.

Ferner ist zu beachten: Beide Leader führen ihre Tätigkeiten abgestimmt auf die strategischen Unternehmensziele aus und gehen so in Aktion (Actio). Damit kann in Summe ein »full-brain-approach« entstehen, welcher in der gedanklichen Zusammenführung beider HR-Bereiche gesehen werden kann.

4.4.3 Unterschiedliche Zielgrößen für die HR-Leitung strategisch und operativ

Für das Leading der beiden HR-Bereiche (strategisch versus operativ) können unterschiedliche Zielgrößen festgehalten werden, die in ihrer Dimensionalität voneinander abweichen.

- Der Leader des operativen HR-Bereichs wird mit eindimensional ökonomisch ausgerichteten Zielstellungen agieren. Dabei sind wesentlich die Senkung der operativen Betriebskosten im HR-Kontext, die Rationalisierung innerhalb von HR-Prozessen sowie die Effizienzsteigerungen zu nennen. Qualitativ steht eine kontinuierliche Verbesserung in den Prozessen im Vordergrund, welche in den Kontext inkrementeller Innovationen einzubetten ist.
- Der Leader des strategischen HR-Bereichs wird mehrdimensional entlang sozial und ökonomisch ausgerichteten Zielstellungen agieren. Entscheidend

wird hier die Effektivität zu treffender HR-Entscheidungen sein. Das strategische HR wird vermutlich auch radikale Innovationen in einem ethisch- und sozialverträglichen Kontext durchsetzen müssen. Im Zentrum der kulturellen Transformation müssen Kompetenzen wie Offenheit für Veränderungen und Innovations-bereitschaft bewusstgemacht und vorgelebt werden.

Beide Leader müssen in ihrer Verbindung sodann zu übergeordneten Zielen wie Umsatz-wachstum und Exzellenz durch ihr Agieren beitragen.

4.4.4 Unterschiedliche Bezugsgrößen für die HR-Leitung strategisch und operativ

Für das Leading der beiden HR-Bereiche (strategisch versus operativ) können zudem auch unterschiedliche Bezugsgrößen festgehalten werden.

- Der Leader des operativen HR-Bereichs wird überwiegend mit Gesetzen, KPIs und standardisierten Prozessen arbeiten. Der Mensch ist hier Produktionsfaktor. Die Ausführung der Tätigkeit verläuft innerhalb von Grenzen und Barrieren, seien sie gesetzlicher oder innerorganisationaler Natur.
- Der Leader des strategischen HR-Bereichs wird überwiegend mit der Unternehmenskultur, den Kompetenzen der Mitarbeitenden, der Teams und der Organisation sowie dem Mindset der Belegschaft arbeiten. Der Mensch ist hier Wissensträger. Die Ausführung der Tätigkeit verläuft (idealtypisch betrachtet) visions- und innovationsgetrieben.

4.4.5 Unterschiedlicher Impact der Digitalisierung für die HR-Leitung strategisch und operativ

Auf Basis der Ausarbeitungen in Kapitel 4.1.2 kann vermutet werden, dass die beiden Bereiche HR strategisch und HR operativ unterschiedlich stark von der Digitalisierung betroffen sein werden.

- Operative HR-Prozesse werden zukünftig nahezu vollständig automatisiert bzw. durch Bots übernommen, um sich von nicht wertschöpfenden Tätigkeiten (nach dem Lean Production-Ansatz von Taichi Ohno (1988) als »Muda« bezeichnet) zu befreien. Das heißt im operativen HR-Bereich ist zukünftig eine zunehmende Entkernung durch den Einsatz von Künstlicher Intelligenz (KI) zu erwarten.

- Der strategische HR-Bereich gewinnt hingegen an Relevanz und Bedarf. Die Digitalisierung befreit HR-Prozesse von operativem Ballast. Dadurch werden Routinetätigkeiten automatisiert und Ressourcen frei. Der Fokus kann sodann vermehrt auf wertschöpfende Aktivitäten gelegt werden, zumal HR in Zukunft zunehmend ein gutes Verständnis aller wertschöpfenden Prozesse im Unternehmen brauchen wird (Olesch 2016).

Die Integration von HR (oder zumindest Teilen von HR, hier: der Bereich, der sich mit Mensch und Kultur beschäftigt) in den Vorstand, ist aktuell Gegenstand des wissenschaftlichen Diskurses und organisations-bezogener Diskussionen in der betrieblichen Praxis (Olesch 2016). Die Relevanz dieser Diskussion spiegelt sich in folgender Kernaussage wider: *»Human Resources ist die größte Herausforderung für den CEO und die Unternehmen in der Zukunft.«* (4C Group AG o.J.).

HR muss also den gleichen Sprung bewältigen, den der Finanzbereich in den letzten Jahrzehnten vollzogen hat. Für HR gilt es, ein strategischer Partner für den CEO und das Business zu werden. Demzufolge muss auch das Human Capital Management die gleiche Priorität haben wie das Financial Capital Management. Wesentliche Gründe für diese Aussage liegen darin, dass der Unternehmenserfolg immer stärker von erstklassigen Humanressourcen, einer leistungsstarken Unternehmenskultur (Corporate Culture) sowie einer effizienten Aufbau- und Ablauf-organisation abhängig sein wird. Demnach werden zukünftig strategische Unternehmensentscheidungen nicht mehr ohne den Chief Human Resources Officer (CHRO) getroffen werden können. Dafür muss HR sich aber strategisch und organisatorisch neu positionieren, um auch tatsächlich ein wirksamer Begleiter für den CEO und das Business zu werden (vgl. 4C Group AG o.J.).

Die reine Unterstützung der Geschäftsfähigkeit durch HR reicht also in Zukunft nicht mehr aus. Vielmehr gilt es, den durch die digitale Transformation hervorgerufenen Wandel zielführend unternehmensspezifisch auszugestalten: In aller Kürze bedeutet dies für den Kern von HR: Die Entwicklung *weg von »running the business« hin zu »changing the business«* (Reif 2018).

Best-Practice-Beispiel für die Integration eines zukunftsweisenden HRs in die Geschäftsführung resp. den Vorstand: PHOENIX CONTACT-Gruppe, Blomberg

Das Unternehmen PHOENIX CONTACT ist weltweit Marktführer und Innovationsträger in der Elektrotechnik. Aufgestellt als Familienunternehmen, gestaltet es die Zukunft verantwortungsvoll.

Die oben geforderte Aufwertung des HR-Bereichs spiegelt sich hier bereits in der Zusammensetzung der Geschäftsführung wider. Diese wird gebildet durch den Chief Executive Officer (CEO), den Chief Technology Officer (CTO), den Chief Human Resource Officer (CHRO) und den Chief Financial Officer (CFO). Die Erfolge des Unternehmens sprechen für sich: Das Unternehmen ist »Innovator des Jahres 2019«, ausgezeichnet mit dem Award »Excellence in eSolutions 2019« (Phoenix Contact 2019), sowie als bester Arbeitgeber (Deutschland und Europa) – »Great Place to Work« (Phoenix Contact 2016). Der CHRO des Unternehmens, Prof. Dr. Gunter Olesch, bestätigt zudem die ökonomische Zielverbesserung durch die in Teilkapitel 3.2 bereits postulierte stärkere Fokussierung des Humanaspekts in der Personalführung wie folgt: »Wir haben 84 Jahre gebraucht, um einen Jahresumsatz von 1 Milliarde Euro zu erreichen. Jetzt haben wir innerhalb von vier Jahren unseren Umsatz bereits auf 1,5 Milliarden erhöht« (Olesch o.J.).

Dennoch bleibt bei diesem Best-Practice Beispiel zu beachten, dass die oben vorgeschlagene Trennung zwischen operativem und strategischem HR (bislang) nicht erfolgt ist. Es ist zu vermuten, dass das Potenzial einer solchen Trennung für eine zukunftsweisende Positionierung von HR in der digitalen Transformation nicht voll ausgeschöpft werden kann. Um die Relevanz der strategischen und organisatorischen Neuausrichtung von HR abschließend noch einmal zu untermauern, sei betont: *Organisationsprozesse werden zukünftig nur noch so gut sein, wie die dahinterstehende Personal- und Organisationsentwicklungsstrategie* (vgl. Haufe Akademie 2017, S. 9).

4.5 Fazit

Zum jetzigen Zeitpunkt sind für HR viele Fragen zur Auswirkung der Digitalisierung noch offen. Niemand kann abschließend beurteilen, welcher Job, wann exakt von Maschinen und deren Algorithmen übernommen wird. Genauso wenig ist irgendjemand jetzt schon in der Lage, definitive Aussagen darüber zu treffen, wie lange das heute Gelernte noch Anwendung finden wird.

Vielmehr kursieren unterschiedliche Szenarien, die teilweise apokalyptisch bis euphorisch prognostizieren. Das verunsichert, vielleicht macht es sogar Angst. Doch gerade diese Unsicherheit, welche der deutschen Kultur ohnehin schon ausreichend immanent ist, ist ein schlechter Treiber für eine nachhaltig wirksame Gestaltung der digitalen Transformation in Unternehmen. Mit Blick auf die Risiken für das Arbeiten in der Zukunft, was auch immer Digitalisierung für den einzelnen Betrachter bedeuten mag, lässt diese Veränderungsdynamik alte Sicherheiten verfliegen.

HR ist dabei vor allem gefordert, den Bereich Mensch und Kultur durch eine zunehmend selbstorganisierte und vernetzte Personalentwicklung, agile und visionär-ermächtigende Führung sowie professionelles Alignment der Belegschaft auf eine unternehmensspezifische Vision für den digitalen Wandel zu stärken. Dies kann sich letzten Endes auch in einer Neupositionierung von HR innerhalb der Organisation auszeichnen. Der strategische HR-Bereich kann, losgelöst von zunehmend automatisierbaren Teilbereichen aus dem operativen HR-Bereich, aufgewertet werden und als Teil des Vorstands neu in der Organisation positioniert werden. Somit wäre dem Gewicht von HR als strategischer Treiber der digitalen Transformation in Unternehmen auch organisatorisch Rechnung getragen.

Welchen Pfad die betriebliche Praxis schlussendlich hierbei verfolgen wird, muss durch weiterführende empirische Organisationsforschung im Auge behalten werden. Ferner zeigt sich offener Forschungsbedarf dahingehend, welche genauen Nutzenpotenziale sich durch die organisatorische Trennung des strategischen und operativen HR-Bereichs erschließen lassen. Dabei sollte wissenschaftlich in der betrieblichen Praxis evaluiert werden, welche Auswirkungen durch eine solche Trennung auf soziale und ökonomische Kennzahlen nimmt. Dabei sollten soziale Kennzahlen wie z. B. Mitarbeiterzufriedenheit, Mitarbeiterbindung und Betriebsklima ebenso Gegenstand der Untersuchung sein wie ökonomische Kennzahlen, bspw. Umsatz-, Gewinn- oder Marktanteilsentwicklung.

Die bevorstehenden, in vielen Unternehmen sicherlich bereits laufenden Neujustierungen im HR-Bereich brauchen, abschließend betrachtet, insbesondere fünf Dinge:

1. Ein gesundes Verständnis für die gesamte Wertschöpfungskette des Unternehmens,
2. eine starke Vision für die Zukunft des Unternehmens mit belastbarem Alignment der gesamten Belegschaft,
3. eine Kompetenzorientierung, die alt bewährte Kompetenzen für den Unternehmenserfolg beibehält und neue digitale Kompetenzen in ein systematisches Kompetenzmanagementmodell integriert,

4. eine agilere, visionäre und ermächtigende Führung sowie
5. eine Repräsentanz des HR-Bereich in der Organisation auf Top-Level-Management-Ebene.

Für eine nachhaltige Positionierung des Wirtschaftsstandortes Deutschland im internationalen Vergleich kann ferner eine Sensitivität für ethische Grenzen technologischer Machbarkeit zweckmäßig ergänzt werden. Damit kann der Weg in eine langfristige Wettbewerbsfähigkeit im digitalen Zeitalter verantwortungsvoll durch HR in Unternehmen und Organisationen gestaltet werden.

Literaturverzeichnis

Accenture: New Skills Now: Inclusion in the digital economy, online im Internet, 2017, URL: https://www.accenture.com/_acnmedia/PDF-63/Accenture-New-Skills-Now-Inclusion-in-the-digital.pdf, Abruf am 24.07.2019

Albrecht, A.: Virtuelles Führen als kritischer Erfolgsfaktor in der neuen Arbeitswelt, in: PersonalQuarterly 1/2016, S. 17-22

Armutat, S.: Demographische Entwicklung, Wertewandel und Fachkräftesicherung, in: Armutat, S., Bartholomäus, N., Franken, S., Herzig, V., Helbig, B. (Hrsg.), Personalmanagement in Zeiten von Demografie und Digitalisierung. Herausforderungen und Bewältigungsstrategien für den Mittelstand, Springer Fachmedien, Wiesbaden 2018, S. 23 56.

Armutat, S., Grebe, R.: Das EBZ Reifegrad- und Kompetenzmodell »Digitalisierung in der Wohnwirtschaft«, unveröffentlichtes Manuskript, 2018

Backovic, L.: OKR-Methode. Ziele und Schlüsselergebnisse – die neuen Wunderwaffen moderner Führungskräfte, online im Internet, 30.08.2018, URL: https://www.handelsblatt.com/unternehmen/beruf-und-buero/the_shift/okr-methode-ziele-und-schluesselergebnisse-die-neuen-wunderwaffen-moderner-fuehrungskraefte/22965862.html?ticket=ST-9729466 AabAVgdQxMI20pN6kmes-ap3, Abruf am 02.08.2019

Bass, B. M., Avolio, B. J. (Hrsg.): Improving Organizational Effectiveness Through Transformational Leadership, Sage, Thousand Oaks Kalifornien USA 1994

Becker, M.: Digitalisierung stellt HR vor neue Herausforderungen, online im Internet, 17.03.2016, URL: https://www.haufe-akademie.de/blog/themen/personalmanagement/digitalisierung-stellt-hr-vor-neue-herausforderungen/, Abruf am 25.07.2019

Beyer, K.: DGFP-Studie Megatrends 2015, DGFP-PraxisPapier 4/2015, DGFP, Düsseldorf 2015

Bornewasser, M., Evers, J., Warner, N.: Kompetenzerwerb in vernetzten Strukturen, in: Bornewasser, M. (Hrsg.), Vernetztes Kompetenzmanagement. Gestaltung von Lernprozessen in organisationsübergreifenden Strukturen, Serie: Kauffeld, S., Truschkat, I., Knackstedt, R. (Hrsg.), Kompetenzmanagement in Organisationen, Springer, Berlin 2018, S. 11-23

Bornewasser, M., Kloyer, M.: Prozessintegriertes und austauschbasiertes Kompetenzmanagement, in: Bornewasser, M. (Hrsg.), Vernetztes Kompetenzmanagement. Gestaltung von Lernprozessen in organisationsübergreifenden Strukturen, Serie: Kauffeld, S., Truschkat, I., Knackstedt, R. (Hrsg.), Kompetenzmanagement in Organisationen, Springer, Berlin 2018, S. 93-105

Boston Comsulting Group: Industry 4.0: The Future of Productivity and Growth in Manufacturing Industries, online im Internet, 09.04.2015, URL: Industrieshttps://www.bcg.com/publications/2015/engineered_products_project_business_industry_4_future_productivity_growth_manufacturing_industries.aspx, Abruf am 07.08.2019

Bundesministerium für Wirtschaft und Energie (BMWi): Monitoring-Report Wirtschaft DIGITAL 2016, BMWi, Berlin 2016

Bundesverband Informationswirtschaft, Telekommunikation und neue Medien e.V. (BITKOM), Fraunhofer-Institut für Arbeitswirtschaft und Organisation IAO (Hrsg.): Industrie 4.0 – Volkswirtschaftliches Potenzial für Deutschland, BITKOM, Berlin 2014

Capgemini: Digitalization Requires a Radical Change in Organizational Culture, online im Internet, 19.06.2017, URL: https://www.capgemini.com/2017/06/digitalisation-requires-a-radical-change-in-organisational-culture/, Abruf am 23.07.2019

Deloitte: Welche Schlüsselkompetenzen braucht es im digitalen Zeitalter? Auswirkungen der Automatisierung auf die Mitarbeiter, die Unternehmen und das Bildungssystem, online im Internet, 2017, URL: https://www2.deloitte.com/ch/de/pages/innovation/articles/competencies-in-the-digital-age.html, Abruf am 20.07.2019

Deloitte: Führung der »sozialen Organisation«: Der Mensch im Fokus der Erneuerung. Globale Human Capital Trendstudie 2019. Deutschland-Report, online im Internet, 2019, URL: https://www2.deloitte.com/de/de/pages/human-capital/articles/human-capital-trends-deutschland-2019.html, Abruf am 25.07.2019

Dengler, K., Matthes, B.: Substituierbarkeitspotenziale von Berufen: Wenige Berufsbilder halten mit der Digitalisierung Schritt, IAB-Kurzbericht, online im Internet, 4/2018, URL: http://www.iab.de/194/section.aspx/Publikation/k180213301, Abruf am 05.08.2019

Depiereux, P., Alphen, C. van: Führung im Zeitalter der Digitalisierung – eine Standortbestimmung, in: Werther, S., Bruckner, L. (Hrsg.), Arbeit 4.0 aktiv gestalten. Die Zukunft der Arbeit zwischen Agilität, People Analytics und Digitalisierung, Springer Gabler, Berlin 2018, S. 29-36

Deutsche Gesellschaft für Personalführung e.V. (DGFP) (Hrsg.): Leitfaden: Kompetenzen im digitalisierten Unternehmen. Ergebnisse aus Expertenkreisen im Rahmen eines BMWi-geförderten Forschungsprojekts, DGFP-PraxisPapiere Leitfaden 2/2016, DGFP, Frankfurt a. M. 2016a

Deutsche Gesellschaft für Personalführung e.V. (DGFP) (Hrsg.): Leitfaden: Führen im digitalisierten Unternehmen. Ergebnisse aus Expertenkreisen im Rahmen eines BMWi-geförderten Forschungsprojekts, DGFP-PraxisPapiere Leitfaden 3/2016, DGFP, Frankfurt a. M. 2016b

Deutscher Industrie- und Handelskammertrag (DIHK): Wirtschaft 4.0: Große Chancen, viel zu tun. Das IHK-Unternehmensbarometer zur Digitalisierung, DIHK, Berlin Brüssel 2015

Dweck, C. S., Walton, G. M., Cohen, G. L.: Academic Tenacity. Mindsets and Skills that Promote Long-Term Learning, Bill & Melinda Gates Foundation, online im Internet, 2014, URL: https://ed.stanford.edu/sites/default/files/manual/dweck-walton-cohen-2014.pdf, Abruf am 24.07.2019

Eichener, V.: Ratio, Kognition und Emotion, in: Zeitschrift für Soziologie 18 (5), 1989, S. 346-361

Eilers, S., Möckel, K., Rump, J., Schabel, F.: HR-Report 2017. Schwerpunkt Kompetenzen für eine digitale Welt, online im Internet, 1/2017, URL: https://www.hays.de/documents/10192/118775/Hays-Studie-HR-Report-2017.pdf/, Abruf am 22.07. 2019

Erpenbeck, J.: Kompetente Kompetenzerfassung in Beruf und Betrieb, in: Münk, D., Severing, E. (Hrsg.), Theorie und Praxis der Kompetenzfeststellung im Betrieb – Status quo und Entwicklungsbedarf. Schriften zur Berufsbildungsforschung der Arbeitsgemeinschaft Berufsbildungsforschungsnetz (AG BFN), Bertelsmann, Bielefeld 2009, S. 17-44

Erpenbeck, J., Sauter, S., Sauter, W.: E-Learning und Blended Learning. Selbstgesteuerte Lernprozesse zum Wissensaufbau und zur Qualifizierung, Springer Fachmedien, Wiesbaden 2015

Erpenbeck, J., Sauter, S., Sauter, W.: Social Workplace Learning. Kompetenzentwicklung im Arbeitsprozess und im Netz in der Enterprise 2.0, Springer Fachmedien, Wiesbaden 2016

European Political Strategy Centre (EPSC): EPSC Strategic Notes - The Future of Work. Skills and Resilience for a World of Change, online im Internet, 10.06.2016, URL: https://ec.europa.eu/epsc/sites/epsc/files/strategic_note_issue_13.pdf, Abruf am 22.07.2019

Frankfurter Allgemeine Zeitung (faz): Wo die Unzufriedenheit mit Chefs am größten ist, online im Internet, 14.12.2018, URL: https://www.faz.net/aktuell/beruf-chance/beruf/fuehrungskraefte-report-2018-vorgesetztenverhalten-bessert-sich-15938100.html, Abruf am 05.08.2019

Fidler, D.: Future Skills Update and Literature Review. Prepared for ACT Foundation and the Joyce Foundation by: Institute for the Future, online im Internet; 7/2016, URL: http://www.iftf.org/fileadmin/user_upload/downloads/wfi/ACTF_IFTF_FutureSkills-report.pdf, Abruf am 24.07 .2019

Fischer, S., Häusler, A.: Agilität und Arbeit 4.0, in: Werther, S., Bruckner, L. (Hrsg.), Arbeit 4.0 aktiv gestalten. Die Zukunft der Arbeit zwischen Agilität, People Analytics und Digitalisierung, Springer Gabler, Berlin 2018, S. 88-107

Franken, S., Cutmore-Beinlich, S. A.: Digitalisierung und Industrie 4.0 – neues Arbeiten, veränderte Belegschaften, in: Armutat, S., Bartholomäus, N., Franken, S., Herzig, V., Helbich, B. (Hrsg.), Personalmanagement in Zeiten von Demografie und Digitalisierung. Herausforderungen und Bewältigungsstrategien für den Mittelstand, Springer Fachmedien, Wiesbaden 2018, S. 57-76

Franken, S., Prädikow, L., Vandieken, M.: Fit für Industrie 4.0? Ergebnisse einer empirischen Untersuchung im Rahmen des Forschungsprojektes »Fit für Industrie 4.0«, in: Hirsch-Kreinsen, H., Karačić, A. (Hrsg.), FGW-Studie Digitalisierung von Arbeit 18, FGW, Düsseldorf 2019

Frey, C. B., Osborne, M. A.: The Future Of Employment: How Susceptible Are Jobs To Computerisation?, online im Internet, 17.09.2013, URL: https://www.oxfordmartin.ox.ac.uk/downloads/academic/The_Future_of_Employment.pdf, Abruf am 05.08.2019

Gallup: Engagement Index Deutschland 2018, online im Internet, 29.08.2018, URL: https://www.gallup.de/183104/engagement-index-deutschland.aspx, Abruf am 05.08.2019

Germany Trade and Invest (GTAI): Pressemitteilung »Germany Works.« Germany Trade and Invest stellt die neue Kampagnen-Plattform für den Wirtschaftsstandort Deutschland vor, online im Internet, 04.09.2018, URL: https://www.gtai.de/GTAI/Navigation/DE/Meta/Presse/pressemitteilungen,t=germany-works-,did=1978718.html, Abruf am 23.07.2019

Hammermann, A., Stettes, O.: Qualifikationsbedarf und Qualifizierung. Anforderungen im Zeichen der Digitalisierung, IW policy paper 3/2016, Institut der deutschen Wirtschaft, Köln

Haufe Akademie: Strategien für die Personalentwicklung in der digitalen Revolution. Neues Lernen für neue Arbeitswelten, Haufe Akademie E-Books, online im Internet, 09.06.2017, URL: https://www.haufe-akademie.de/blog/themen/e-learning/digitaler-wandel-die-antwort-der-personalentwicklung/, Abruf am 07.08.2019

Heyse, V., Erpenbeck, J. (Hrsg.): Kompetenzmanagement. Methoden, Vorgehen, KODE® und KODE®X im Praxistest, Waxmann, Münster 2007

Heyse, V., Erpenbeck, J., Ortmann, S. (Hrsg.): Grundstrukturen menschlicher Kompetenzen: Praxiserprobte Konzepte und Instrumente, Waxmann, Münster 2010

Hofstede Insights: Compare Countries, online im Internet, o.J., URL: https://www.hofstede-insights.com/product/compare-countries/, Abruf am 22.07.2019

i-Scoop: Digitization, digitalization and digital transformation: the differences, online im Internet, o.J., URL: https://www.i-scoop.eu/digitization-digitalization-digital-transformation-disruption/, Abruf am 05.08.2019

Jackson, P., Richter, N., Schildhauer, T.: Entrepreneurial Behaviour and Startups: The case of Germany and the USA, in: Jackson, P., Richter, N., Schildhauer, T. (Hrsg.), Entrepreneurial Innovation and Leadership. Preparing for a Digital Future, Palgrave Macmillan, Cham Schweiz 2017, S. 1-14

Jacobs, J. H., Kagermann, H., Sattelberger, T., Lange, T., Depiereux, P., Alphen, van C., Greve, A., Lohmann, T., Bruckner, L., Werther, S.: Zukunft der Arbeit: Die digitale Transformation gestalten, in: Werther, S., Bruckner, L. (Hrsg.), Arbeit 4.0 aktiv gestalten. Die Zukunft der Arbeit zwischen Agilität, People Analytics und Digitalisierung, Springer Gabler, Berlin 2018, S. 24-28

Jochmann, W., Böckenholt, I., Diestel, S. (Hrsg.): HR-Exzellenz. Innovative Ansätze in Leadership und Transformation, Springer Fachmedien, Wiesbaden 2017

Jung, S.: Betriebliche Beschäftigungsanpassung im Konjunkturzyklus, Verlag Dr. Kovač, Hamburg 2014

Kane, G. C., Palmer, D., Phillips, A. N., Kiron, D., Buckley, N.: Coming of Age Digitally, MIT Sloan Management Review und Deloitte Insights, online im Internet, 6/2018, URL: https://www2.deloitte.com/content/dam/Deloitte/nl/Documents/technology/deloitte-nl-consulting-coming-of-age-digitally.pdf, Abruf am 24.07.2019

Kearny, E.: Visionäre und ermächtigende Führung: Führungsstile der Zukunft?, in: PersonalQuarterly 1/2017, S. 10-14

Kirchgeorg, M., Pfeil, S., Georgi, T., Horndasch, S., Wisbauer, S.: Trendmonitor Weiterbildung, Ausgabe 2018, Stifterverband, Essen 2018

Kluth, A.: German ›Digitalisierung‹ versus American innovation, in: Handelsblatt today, online im Internet, 23.02.2018, URL: https://www.handelsblatt.com/today/opinion/10-kinds-of-people-german-digitalisierung-versus-american-innovation/23581228.html?ticket=ST-8590973-TOkyJmwCMJj1T5elS6zw-ap5, Abruf am 22.07.2019

Kotter, J. P.: Leading Change, Harvard Business Review Press, Boston 2012

Kumar, S.: 8 Top eLearning Trends For 2019, online im Internet, 16.10.2018, URL: https://elearningindustry.com/elearning-trends-for-2019-8-top, Abruf am 25.07.2019

Maurer, D.: Zukunft der Personalentwicklung in Zeiten von Arbeit 4.0, in: Werther, S., Bruckner, L. (Hrsg.), Arbeit 4.0 aktiv gestalten. Die Zukunft der Arbeit zwischen Agilität, People Analytics und Digitalisierung, Springer Gabler, Berlin 2018, S. 177-187

McKinsey & Company: Leading agile transformation: The new capabilities leaders need to build 21st-century organizations, online im Internet, 10/2018, URL: https://www.mckinsey.com/~/media/mckinsey/business%20functions/organization/our%20insights/leading%20agile%20transformation%20the%20new%20capabilities%20leaders%20need%20to%20build/leading-agile-transformation-the-new-capabilities-leaders-need-to-build-21st-century-organizations.ashx, Abruf am 05.08.2019

McKinsey Global Institute (MGI): Skill shift: Automation and the future of workforce, online im Internet, 5/2018, URL: https://www.mckinsey.com/~/media/McKinsey/Featured%20Insights/Future%20of%20Organizations/Skill%20shift%20Automation%20and%20the%20future%20of%20the%20workforce/MGI-Skill-Shift-Automation-and-future-of-the-workforce-May-2018.ashx, Abruf am 22.07.2019

Meyer, E.: Souverän führen in Stuttgart, Seattle und Shanghai, in: Harvard Business Manager, 10/2017, S. 38-49

mmb Institut – Gesellschaft für Medien- und Kompetenzforschung mbH: Auf dem Weg zum Assisted Learning? Digitale Lernanwendungen werden informeller und intelligenter. mmb-Trendmonitor 2018/2019, online im Internet, 1/2019, URL: https://www.mmb-institut.de/wp-content/uploads/mmb-Trendmonitor_2018-2019.pdf, Abruf am 25.07.2019

Ohno, T.: Toyota Production System. Beyond Large-Scale Production, Productivity Press, New York NY 1988

Olesch, G.: #NextHR: Prof. Olesch, Phoenix Contact, über zukunftsfähiges HR, online im Internet, 05.05.2016, URL: https://www.youtube.com/watch?v=djkXlnn39HA, Abruf am 05.08.2019

Olesch, G.: Phoenix Contact, online im Internet, o.J., URL: https://kulturwandel.org/project/phoenix-contact/, Abruf am 05.08.2019

Petry, T. (Hrsg.): Digital Leadership. Erfolgreiches Führen in Zeiten der Digital Economy, Haufe Lexware, Freiburg/München/Stuttgart 2016

Phoenix Contact: Phoenix Contact zählt zu »Europas Beste Arbeitgeber 2016«, online im Internet, 04.07.2016, URL: https://www.phoenixcontact.com/online/portal/de?1dmy&urile=wcm%3apath%3a/dede/web/corporate/press/press_information/1a75acf3-c551-47a2-b3e6-23cec44dd585, Abruf am 24.07.2019

Phoenix Contact: Phoenix Contact E-Mobility ist Innovator des Jahres 2019, online im Internet, 13.05.2019, URL: https://www.phoenixcontact.com/online/portal/de?1dmy&urile=wcm%3apath%3a/dede/web/corporate/press/press_information/7d38db12-7d1b-492d-84c3-486e972e6033, Abruf am 24.07.2019

Porschen-Hueck, S., Huchler, N., Sauer, S., Krakowski, C., Streit, T., Müller-Kreiner, C.: Kompetenzen für Innovationsarbeit in der offenen Organisation: Management und Aneignung, in: Bornewasser, M. (Hrsg.), Vernetztes Kompetenzmanagement. Gestaltung von Lernprozessen in organisationsübergreifenden Strukturen, Serie: Kauffeld, S.,

Truschkat, I., Knackstedt, R. (Hrsg.), Kompetenzmanagement in Organisationen, Springer, Berlin 2018, S. 109-120

Prädikow, L.: Digitalization of business and work: skills requirements, unveröffentlichte Seminararbeit in dem Mastermodul Corporate Learning and Innovation, Prof. Dr. Bartholomäus, WiSe 18/19, FH Bielefeld 2018

Rauthmann, J. F.: Persönlichkeitspsychologie: Paradigmen – Strömungen – Theorien, Springer, Berlin 2017

Reif, M. K.: Agiles Personalmanagement? Stellen Sie einen Chief People Officer ein, online im Internet, 06.12.2018, URL: https://www.reif.org/blog/agiles-personalmanagement-hire-chief-people-officer/, Abruf am 24.07.2019

Richter, M.: 262 Zitate von Michael Richter, online im Internet, o.J., URL: https://www.nur-zitate.com/autor/Michael_Richter, Abruf am 30.07.2019

Robes, J.: Corporate Learning Trends 2019, online im Internet, 19.09.2018, URL: https://weiterbildungsblog.de/blog/2018/09/19/corporate-learning-trends-2019-2/, Abruf am 25.07.2019

Ronzheimer, M.: Studie zur digitalen Technik. Nachhaltige Perspektiven, in: taz, online im Internet, 13.04.2019, URL: https://taz.de/Studie-zur-digitalen-Technik/!5584865/, Abruf am 05.08.2019

Rump, J., Eilers, S.: Trends und Entwicklungen im Kontext von New Work. Zur Sinnfrage in der modernen Arbeitswelt, in: Jochmann, W., Böckenholt, I., Diestel, S. (Hrsg.): HR-Exzellenz. Innovative Ansätze in Leadership und Transformation, Springer Fachmedien, Wiesbaden 2017, S. 187-201

Rürup, B., Jung, S.: Die Lage der Weltwirtschaft und die neuen Herausforderungen für Unternehmen, Audit Committee Quarterly I/2016, S. 60-65

Rürup, B., Jung, S.: Digitalisierung: Chancen auf neues Wachstum, in: Hildebrandt, A., Landhäußer, W. (Hrsg.), CSR und Digitalisierung. Der digitale Wandel als Chance und Herausforderung für Wirtschaft und Gesellschaft, in: Schmidpeter, R. (Hrsg.), Management-Reihe Corporate Social Responsibility, Springer Gabler, Berlin 2017, S. 3-21

Scholz, C.: Personalmanagement, 5. Aufl., Vahlen, München 2000

Schermuly, C. C.: Holacracy: Die holokratische Organisation, online im Internet, 28.05.2019, URL: https://www.haufe.de/personal/hr-management/new-work-moderne-formen-der-arbeitsgestaltung/holacracy-die-holokratische-organisation_80_406704.html, Abruf am 02.08.2019

statista: Entwicklung des realen Bruttoinlandsprodukts (BIP) in Deutschland von 2008 bis 2018 und Prognose des DIW bis 2020 (gegenüber dem Vorjahr), online im Internet, 14.06.2019,URL: https://de.statista.com/statistik/daten/studie/74644/umfrage/prognose-zur-entwicklung-des-bip-in-deutschland/, Abruf am 22.07.2019

Stifterverband für die Deutsche Wissenschaft e.V. (Hrsg.): Future Skills: Welche Kompetenzen in Deutschland fehlen, online im Internet, 2018, URL: https://www.stifterverband.org/medien/future-skills-welche-kompetenzen-in-deutschland-fehlen, Abruf am 23.07.2019

Studiengemeinschaft Darmstadt (SGD): Weiterbildung ist der Schlüssel für das Arbeiten im digitalen Umfeld, online im Internet, 18.04.2018, URL: https://www.sgd.de/die-sgd/ueber-uns/presse/detail/weiterbildung-ist-der-schluessel-fuer-das-arbeiten-im-digitalen-umfeld.html, Abruf am 25.07.2019

Taylor, D. H.: L&D Global Sentiment Survey 2019, online im Internet, 2019, URL: http://donaldhtaylor.co.uk/report19/, Abruf am 25.07.2019

Thieme-Wagner, K.: Die PE auf den Kopf stellen – wie 70-20-10 wirklich zündet, online im Internet, 25.06.2019, URL: https://www.haufe-akademie.de/blog/themen/die-pe-auf-den-kopf-stellen-wie-70-20-10-wirklich-zuendet/, Abruf am 02.08.2019

Wagner, D.: Organisation, Führung und Personalmanagement. Neue Perspektiven durch Flexibilisierung und Individualisierung, 2. Aufl., Haufe, Freiburg i. Br. 1991

Wagner, D.: Editorial zu PersonalQuarterly 1/2017, S. 3

Widmaier, S.: Digitale Transformation fordert Offenheit und Veränderungsbereitschaft von Führungskräften, Interview in: PersonalQuarterly 1/2017, S. 6-9

Wild, J.: Führung als Prozess der Informationsverarbeitung, in: Macharzina, K., Rosenstiel, L. von (Hrsg.), Führungswandel in Unternehmung und Verwaltung, Wiesbaden 1974, S. 153-174

Wissenschaftlicher Beirat der Bundesregierung Globale Umweltveränderungen (WBGU): Gutachten »Unsere gemeinsame digitale Zukunft«. Digitalisierung in den Dienst nachhaltiger Entwicklung stellen, WBGU, Berlin, online im Internet, 11.04.2019, URL: https://www.wbgu.de/fileadmin/user_upload/wbgu/presseerklaerungen/wbgu_presse_HGD_190402.pdf, Abruf am 02.08.2019

World Economic Forum: Annual Report 2014-2015, World Economic Forum, Cologny/Genf Schweiz 2015

World Economic Forum: Insight Report. The Future of Jobs Report 2018, World Economic Forum, Cologny/Genf Schweiz 2018

4C Group AG: Human Resources Management (CHRO). Es ist Zeit für HR!, online im Internet, o.J., URL: https://www.4cgroup.com/de/chro-humanresourcesmanagement, Abruf am 05.08.2019

5 Transformationskompetenz – Welche Fähigkeiten brauchen Menschen und Organisationen zur erfolgreichen Gestaltung der digitalen Transformation und wie können diese gefördert werden?

Fritz Gairing

Ich denke, es gibt gute Gründe für die Annahme,
dass das moderne Zeitalter zu Ende geht.
Es gibt heutzutage viele Hinweise darauf,
dass wir uns in einem Übergangsstadium befinden,
es sieht so aus, als ob etwas auf dem Weg hinaus ist
und als ob etwas Anderes unter Schmerzen geboren wird.
Es ist so, als ob etwas taumelt, schwankt, schwindet und sich selbst erschöpft
– während sich etwas Anderes, noch Unbestimmtes,
langsam beginnt aus den Trümmern zu erheben.
Vaclav Havel

Die Schwierigkeit
liegt nicht so sehr in den neuen Gedanken
als in der Befreiung von den alten.
John Maynard Keynes

5.1 Die Welt im Umbruch

Der amerikanische Schriftsteller Daniel Quinn erzählt in seinem Roman *The Story of B* (Quinn 1997) die Parabel vom »Boiling frog«. Sie geht folgendermaßen: Taucht man einen Frosch in einen Topf mit heißem Wasser, wird er sofort aus dem Gefäß springen. Setzt man ihn jedoch in kaltes Wasser, das langsam erhitzt wird, passiert etwas Überraschendes. Während die Temperatur steigt, bewegt sich der Frosch kaum, er zeigt vielmehr sogar Anzeichen von Wohlbehagen. Nimmt die Hitze nach und nach zu, wird der Frosch immer schlapper und schlapper, bis er unfähig ist, aus dem Topf herauszuklettern. Obwohl der Frosch den Topf rechtzeitig hätte verlassen können, bleibt er sitzen, bis er kocht. Die Moral? Der Frosch fühlt sich wohl in einer Umgebung, die warm und wohlig ist. Die schleichende Veränderung spürt er nicht. Ebenso wenig die existenzielle Gefahr. Am Schluss ist er tot.

Parallelen zur aktuellen Situation der digitalen Transformation? Durchaus!

Die Industriegesellschaft steht an einem Scheideweg. Daran besteht kein Zweifel. Ob die Parabel vom gekochten Frosch eine passende Metapher für die aktuelle Situation ist, werden wohl die Wirtschaftshistoriker in den kommenden Jahrzehnten im Rückblick entscheiden müssen. Trotz schleichender Entwicklung und schillernder Warnzeichen scheinen die aktuellen Entwicklungen im Bereich der Digitalisierung, Globalisierung, Industrie 4.0 und Künstlicher Intelligenz zwar nicht unerwartet, in ihrer Wucht und faktischen Konsequenz jedoch überraschend konkret aufgeschlagen zu haben. Etliche Unternehmen verhalten sich wie der wechselwarme Frosch: Die schleichende habituelle Anpassung im Zusammenspiel zwischen strukturellen Veränderungen, technischen Entwicklungen und disruptiven Innovationen hat sie blind gemacht für Warnsignale und für unbequeme Wahrheiten. Die spannende Frage ist, ob die Protagonisten die Zeichen der Zeit erkennen und verstehen und ob sie aus den köchelnden Töpfen rechtzeitig herausspringen und neue lebens- und zukunftstauglichere Behausungen suchen.

Das Thema »Zukunft des HR angesichts der digitalen Revolution« hat (mindestens) zwei Dimensionen. Zum einen geht es um die digitale Strategie und operative Gestaltung der HR-Funktionen und Aufgaben. Es geht u. a. um E-Recruiting, E-People, E-Akte, E-Learning und insbesondere um die personalwirtschaftliche Nutzung elektronischer Daten.

Dieser Beitrag beleuchtet die zweite Dimension: Dabei geht es um die unterstützende Gestaltung der digitalen Transformation in der gesamten Organisation. Es geht um die Frage, welchen Beitrag HR leisten muss, damit Wirtschaftsunternehmen, aber auch Non-Profit-Organisationen den digitalen Wandel erfolgreich gestalten können. Dazu muss die Transformationskompetenz der Menschen und der Organisation gestärkt, gefördert und entwickelt werden. Letztlich geht es darum, das Überleben und die Überlebensfähigkeit der Organisation im Zuge der digitalen Revolution durch adäquate Instrumente und Prozesse zu stützen und zu sichern. Das ist die große Herausforderung für HR im digitalen Transformationsprozess: Instrumente und Prozesse zu entwickeln und umzusetzen und als geschätzter Wandel-Experte im Auftrag der Geschäftsführung den digitalen Transformationsprozess mit zu gestalten und die für ein mündiges Handeln in einer digitalen Arbeitswelt notwendigen individuellen, managerialen und auch organisationalen Kompetenzen zu entwickeln.

5.1.1 Same procedure …?

Wandel begleitet Unternehmen seit Beginn der Industrialisierung. Und seit dem Change-Boom Mitte der 1980er Jahre gibt es kaum ein deutsches Unternehmen, das nicht mindestens einen tiefgreifenden Veränderungs-, Entwicklungs- oder Reorganisationsprozess absolviert hätte. Reorganisation, Kostensenkung, Personalreduzierung, Prozessoptimierung, TQM, ISO 9000 ff., Lean-Production usw. Die Anzahl und die Namen der Veränderungsprozesse sind Legion. Zumeist war es nicht nur ein einzelner Change-Prozess, sondern eine ganze Reihe sich teilweise gegenseitig überholender Change- und Optimierungskampagnen. Vielen Mitarbeiten und auch Führungskräften ist diese Change-Inflation gehörig auf die Nerven gegangen. So überrascht es auch nicht, dass in vielen Unternehmen eine ernstzunehmende Change-Müdigkeit wahrzunehmen ist (Bruch & Vogel 2005). Gustav Greve (2015) beschreibt in seinem gleichlautenden Buch sogar das Phänomen des »Organizational Burnout«[5]. Vor diesem Hintergrund klingt die aktuelle Diagnose, dass erneut ein vermutlich noch viel tiefer greifender Wandel notwendig ist – aus Sicht der Betroffenen – fast schon zynisch. Und doch ist wohl trotz all der mehr oder weniger heftigen Veränderungs- und Optimierungsprozesse der letzten Jahre ein aktueller radikaler Wandel in vielen Wirtschaftsbereichen unumgänglich. Die Alternative wäre ökonomischer Suizid sehenden Auges. Was diesen nun anstehenden Wandel von bisherigen Veränderungsprozessen unterscheidet, ist insbesondere die dramatische Steigerung von Dynamik und Komplexität der Änderungsparameter sowie die Herausforderungen disruptiver Innovationen und Entwicklungen.

In der etablierten Change Management-Literatur wurde bislang zwischen inkrementellem und radikalem Wandel unterschieden (Beugelsdijk, Slangen & van Herpen 2002). Für die unterschiedlichen Dimensionen der Veränderung kommen auch unterschiedliche methodische Arbeitsformate in Betracht. Für inkrementelle Veränderungen (oder auch niedrigere Veränderungsnotwendigkeit) sind Kaizen/KVP-Prozesse, aber auch klassische OE–Maßnahmen oder Formen der Lernenden Organisation angemessen. Für grundlegendere und radikalere Veränderungen mit hoher Veränderungsnotwendigkeit bedarf es eher Change-Prozesse, die tiefergehende Veränderungen in Organisation und Kultur anpacken. Dazu gehören Formen des Reengineerings, des strategischen

5 Ein Organizational Burnout liegt vor, »wenn sich ein aktives Organisationssystem in einem erschöpften und paralysierten Zustand befindet und mit eigenen Ressourcen diesen, als unerwünscht erkannten, Zustand nicht mehr positiv verändern kann.« (Gabler Wirtschaftslexikon 2017).

Redesigns oder auch eine Repositionierung auf dem Markt. Hier sind vor allem methodische Ansätze angezeigt, die einen grundlegenden Transformationsprozess der Organisation umfassen.

Die digitale Transformation ist zudem eng mit dem Phänomen disruptiver Innovationen verzahnt und bekommt dadurch eine zusätzliche Brisanz und Bedeutung. Disruption bedeutet, dass bestehende, traditionelle und durchaus erfolgreiche Geschäftsmodelle, Produkte, Technologien oder Dienstleistungen von völlig neuen Ansätzen und innovativen Erneuerungen abgelöst und häufig komplett verdrängt werden. Der Unterschied zwischen einer Innovation, wie sie in allen Branchen und Produktpaletten ständig vorkommt, und einer disruptiven Innovation liegt in der Art und Weise der Veränderung. Während es sich bei einer Innovation um eine Erneuerung handelt, die den Markt nicht grundlegend verändert, sondern lediglich weiterentwickelt, bezeichnet die disruptive Innovation eine komplette Umstrukturierung beziehungsweise Zerschlagung des bestehenden Modells.

Auch wenn die digitale Transformation durch disruptive Entwicklungen eine nochmals deutliche Steigerung der Herausforderungen beinhaltet und die Radikalität der Wandel- und Innovationsdimensionen damit eine neue Qualität erreicht hat, soll im Folgenden weiterhin auch die Digitale Transformation als ein – wenngleich besonders forderndes – Format des radikalen Wandels verstanden werden, und auch wenn andere Autoren hier gar eine neue eigene Veränderungsdimension postulieren (Keese 2017; Meyer 2017).

Es geht um radikalen Wandel bei gleichzeitig komplexen sowie erschütternden Veränderungsparametern. Deshalb wird mehr und komplett anderes notwendig sein, als schnell die drängendsten Probleme zu lösen, um möglichst rasch wieder den alten Zustand herzustellen. Es wird nicht reichen, ein operatives Entwicklungs-, Produktions- oder Vertriebs-»Problem« tatkräftig zu lösen (»E-Antrieb statt Diesel«), also »die Kuh vom Eis zu holen«, um disruptiven Innovationen und den digitalen Entwicklungen auf dem Weltmarkt wettbewerbstauglich begegnen zu können. Es braucht ein fundamentales Umdenken und völlig neue Geschäfts- und Innovationsmodelle, die zudem auch in völlig verschiedenen sozio-kulturellen und wirtschaftspolitischen Szenarien stattfindet: die Trial-and-Error-Garagenmentalität US-amerikanischer Start-ups mit einer formidablen Venture-Kapital-Kultur, das planwirtschaftliche Innovationsdiktat Chinas mit Heerscharen hungriger IT- und Business-Pioniere und die technologieverliebte Expertise und Gründlichkeit deutscher Ingenieure mit einer formalistischen Regelungskultur deutscher Wirtschaftsbeamter. Die digitale Transformation bedeutet nicht nur den Wettbewerb neuer Technologien, Produkte und Geschäftsmodelle, sondern zeigt auch fokussiert auf den dahinterliegenden gesellschaftlichen Layer komplett verschiedener nationaler wirtschaftspolitischer Kulturprägungen.

Die Gründe liegen in den wirtschaftlichen, gesellschaftlichen und auch politischen Entwicklungen der letzten Jahre, die sich durch die nachfolgend dargestellten aktuellen Trends charakterisieren lassen.

5.1.2 VUCA

Radikale Transformation statt inkrementelle Optimierung ist die Anforderung, die sich aus der Diagnose einer sich radikal ändernden Welt ergibt – heute oft auch »VUCA-World« genannt. Das Akronym VUCA (kurz für Volatility, Uncertainty, Complexity, Ambiguity) beschreibt dabei die grundsätzlich geänderten Rahmenbedingungen von Gesellschaft und Wirtschaft in unserer Zeit. Dabei haben sich nicht nur die Einflussgrößen des gesamten sozio-ökonomischen Systems verändert, sondern vor allem die Beziehungen zwischen diesen Elementen. Während bei der bewährten PEST-Analyse[6] die vier Dimensionen Politik, Wirtschaft, Gesellschaft und Technik als Basis für strategische Entwicklungen und Entscheidungen herangezogen wurden, muss man heute neben der Entwicklung dieser wesentlichen Rahmenfaktoren aber insbesondere auch die Dynamik und die Komplexität, die sich aus der Interdependenz dieser entscheidungsrelevanten Variablen ergibt, als Grundlage der aktuellen radikalen Veränderungen realisieren (► Abb. 26).

Volatilität Unbeständigkeit, hohe Schwankungsbreite, Veränderungsgeschwindigkeit hat sich noch weiter erhöht. Preis-Schwankungen an der Börse, schnelle Markteintritte und -verluste.	**Unsicherheit** Unkenntnis über die Variablen und die kausalen Beziehungen zwischen ihnen. Disruptionen. Veränderungen scheinbar aus dem Nichts. Ganze Märkte entstehen neu.
Ambiguität Viel-, Mehrdeutigkeit, Informationen sind nicht eindeutig interpretierbar. Missverständnisse aus der Vielzahl der Rollen, Aufträge und Schnittstellen hat sich erhöht. Interessenkoalitionen werden vielschichtiger.	**Komplexität** Viele, teilweise unbekannte Variablen mit vielfältigen Wirkungen aufeinander. Eine Aktion hat Auswirkung auf sehr viele Variablen. Projekte lassen sich nicht berechnen und vorplanen.

Abb. 26: Die vier Dimensionen der VUCA-World (Quelle: Grannemann 2015)

6 Die PEST-Analyse ist eine Managementmethode, die eine Analyse der vier Einflussfaktoren – politische, wirtschaftliche, sozio-kulturelle und technologische Einflussfaktoren –in Bezug auf die Leistung eines Unternehmens ermöglicht.

5.1.3 Industrie 4.0

Auch die Diskussion um die vierte Industrielle Revolution beherrscht den akademischen, betrieblichen und politischen Diskurs (▸ Abb. 27). »Der Begriff Industrie 4.0 steht für die vierte industrielle Revolution, eine neue Stufe der Organisation und Steuerung der gesamten Wertschöpfungskette über den Lebenszyklus von Produkten. Dieser Zyklus orientiert sich an den zunehmend individualisierten Kundenwünschen und erstreckt sich von der Idee, dem Auftrag über die Entwicklung und Fertigung, die Auslieferung eines Produkts an den Endkunden bis hin zum Recycling, einschließlich der damit verbundenen Dienstleistungen. Basis ist die Verfügbarkeit aller relevanten Informationen in Echtzeit durch Vernetzung aller an der Wertschöpfung beteiligten Instanzen sowie die Fähigkeit, aus den Daten den zu jedem Zeitpunkt optimalen Wertschöpfungsfluss abzuleiten. Durch die Verbindung von Menschen, Objekten, Informationen und Systemen entstehen dynamische, echtzeitoptimierte und selbst organisierende, unternehmensübergreifende Wertschöpfungsnetzwerke, die sich nach unterschiedlichen Kriterien wie bspw. Kosten, Verfügbarkeit und Ressourcenverbrauch optimieren lassen« (Memorandum der Plattform Industrie 4.0, S. 2).

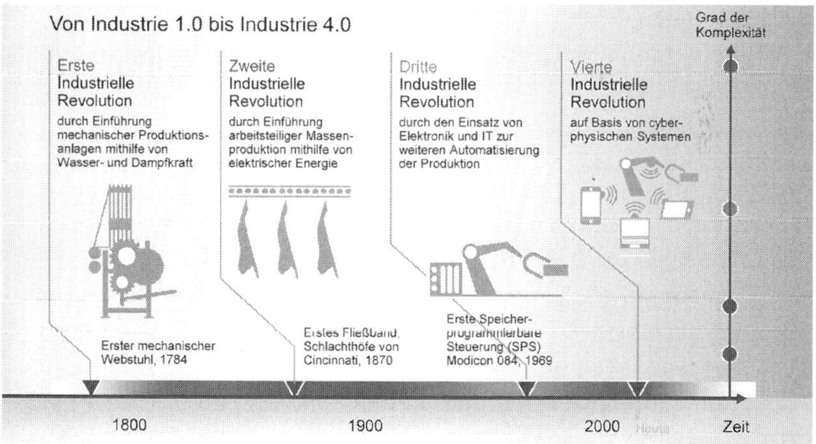

Abb. 27: Von Industrie 1.0 bis Industrie 4.0 (Quelle: Obermaier 2016)

Insgesamt sehen Industrie-4.0-Forscher acht strategische Handlungsfelder, die in diesem Zusammenhang wesentlich sind:

- Standardisierung und Referenzarchitektur,
- Beherrschung komplexer Systeme,

- flächendeckende Breitbandinfrastruktur für die Industrie,
- Sicherheit,
- Arbeitsorganisation und -gestaltung,
- Aus- und Weiterbildung,
- rechtliche Rahmenbedingungen,
- Ressourceneffizienz (Forschungsunion 2013, S. 6).

Die unter dem Begriff »Industrie 4.0« firmierende vierte Industrielle Revolution hat demnach zum Ziel, über Cyber-Physische Systeme (CPS) eine weitreichende Vernetzung sich situativ selbststeuernder Produktionsressourcen zu erreichen. Sie wird jedoch nicht vorrangig oder gar ausschließlich eine technologische Bewegung sein, sondern im Sinne sozio-technischer Arbeitssysteme müssen die Mensch-Maschine-Systeme sensibel und produktiv organisiert und koordiniert werden (vgl. Kagermann et al. 2013; Wahlster 2011). Wie sich diese Entwicklung der Interaktion von Menschen und Maschinen auswirkt, wird heute schon in vielen Arbeitsbereichen sichtbar, die vielschichtigen Konsequenzen für Kollaboration, Kommunikation und auch Konflikte in der Zukunft sind jedoch vor dem Hintergrund der komplexen und dynamischen Entwicklungen nur vage absehbar. Es besteht aber die einzigartige Chance, diese Entwicklungen heute aktiv zu gestalten – oder aber von den Entwicklungen überrannt zu werden.

5.1.4 Disruptive Innovationen

Clayton Christensen hat mit seiner Theorie der disruptiven Innovationen (Christensen & Matzler 2013) das Dilemma bislang erfolgsverwöhnter Industrien beschrieben. Für Christensen und Johnson bedeuten disruptive Innovationen ein großes Risiko für etablierte Unternehmen, denn mangelnde Innovationsfähigkeit im bestehenden Geschäftsmodell sind nach ihrer Meinung der Hauptgrund, warum die führenden etablierten Unternehmen in den meisten Branchen in der Regel scheitern, wenn sie mit »disruptiven Wettbewerbern« konfrontiert werden (Christensen & Johnson 2009). Wie eingangs bereits beschrieben ist heute eine enge Interdependenz zwischen dem Vormarsch digitaler Technologien und disruptiven Innovationen zu verzeichnen. Digitalisierung und Disruption bedingen, befruchten und beflügeln sich gegenseitig. Hintergrund dieses Phänomens ist, dass aktuell an vielen Orten der Welt innovative Geschäftsmodelle entwickelt und ausprobiert werden, die sowohl auf digital vernetzten Geschäftsprozessen als auch auf digital vernetzten Produkten basieren. Solche Modelle besitzen disruptives Potential, wenn sie in der Lage sind, etablierte Produkte und Dienste zu verdrängen, zu zerschlagen oder gar zu vernichten. Der Mechanismus einer solchen disruptiven Innovation besteht dann häufig darin, dass etablierte Unternehmen diese Innovationen zunächst unterschätzen. Oft entfernen sich jedoch etablierte Produkte mit der Zeit von den Kundenerwartungen oder die Kundenerwartungen entfernen sich von etablierten Produkten und plötzlich sind die vermeintlich exotischen Lösungen im Zentrum der Kundenerwartungen (Christensen 2013) (▶ Abb. 28). Evolutionäre Innovationen verbessern ein Produkt stetig, gehen jedoch irgendwann über das obere Ende der Kundenerwartung hinaus; das Produkt bietet damit mehr als der Markt braucht. Eine disruptive Innovation verlässt den Optimierungstrend und setzt unterhalb der gängigen Anforderungen an, ist also erst einmal schlechter, bietet aber deutlich mehr Potential, zukünftige Anforderungen zu erfüllen.

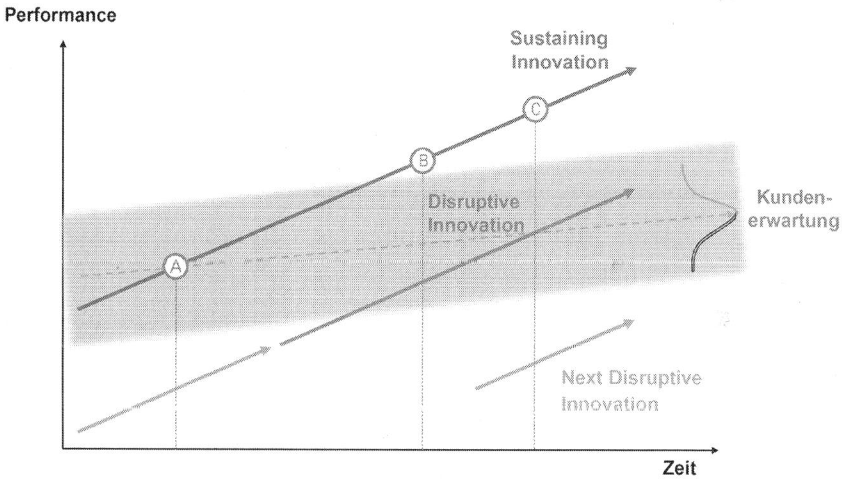

Abb. 28: Disruptive Innovationen (Quelle: Obermaier 2016)

Ein besonders augenscheinliches Beispiel hierfür ist das Thema Mobilität. Neben der Entwicklung von elektrischen Antriebssystemen, autonom fahrenden Autos und digitalisierten globalen Produktionsprozessen wird heute zunehmend von »neuen Mobilitätskonzepten« gesprochen (Hinderer et al. 2016). Das bedeutet, dass nicht der Besitz eines Autos wichtig ist, sondern dass allein der Zugang zu Mobilität im Vordergrund steht. Im Zentrum der Dienstleistung »Mobilität« steht dann nicht mehr wie bisher das »Ökosystem Automobil« (Hinderer et al. 2016); das heißt: Nicht mehr das Produkt Auto steht im Mittelpunkt, um den sich viele weitere Nutzerinteressen, Rahmenbedingungen und Gestaltungsdetails gruppieren (Zubehör, Energie, Parkmöglichkeiten, Versicherungen, Image, Design etc.), sondern im Fokus steht der Nutzer, der über völlig unterschiedliche Formate, Produkte und Dienstleistungen seinen Mobilitätswunsch befriedigt (Hinderer et al. 2016).

Diese Modelle einer Plattformökonomie fokussieren auf den Kern der digitalen Revolution. Plattformökonomie gestaltet B2C-Märkte neu. So verkauft Uber keine Autos, sondern Mobilität von A nach B. Und auch Airbnb besitzt kein einziges Hotel, nicht einmal ein Bett und verkauft doch mehr Übernachtungen als die großen internationalen Hotelketten. Was macht Plattformen wie Google, Apple, Facebook und Amazon so erfolgreich? Auf digitalen Plattformen bietet eine große Anzahl Lieferanten ihre Produkte und Dienstleistungen an. Kunden und Anbieter finden zusammen, das ist vor allem für Endkunden praktisch. Sie finden alle Angebote an einer Stelle, können Preise oder Funktionen vergleichen und sofort ordern. Und dieses Format einer übersichtlichen Konsum-Plattform drängt die Kunden mit gigantischer Auswahl, transparentem Preisvergleich und komfortablem Bezahlsystem in ein einzigartiges (und nicht selten monopolistisch-alternativloses) »Digital Warehouse«. Die Plattformökonomie wirbelt jedoch nicht nur etablierte Handelsstrukturen durcheinander, sondern hat auch Konsequenzen für die Industrie, denn neben der Digitalisierung in der Fertigung, also dem Wandel hin zu »intelligenten« Produktionsanlagen und Produkten, wird auch der Wandel der Marktstrukturen das Geschäft deutscher Mittelständler radikal verändern (Hannover Messe 2019). Solcherart radikale Brüche zwischen »neuen« Kundenerwartungen und etablierten Produkten bringen neue Player in das Geschäft und verdrängen im Zweifel langjährig erfolgsverwöhnte Unternehmen aus dem Markt. Nokia, Polaroid, Kodak, Grundig und viele andere Unternehmen sind beredte Zeugen dieses Mechanismus, Apple, Google und Amazone die Champions der neuen digitalen Konsumwelt. Von dieser Dynamik disruptiver Entwicklungen sind dabei insbesondere auch die bisherigen »Hidden Champions« in Maschinenbau und Zulieferindustrie betroffen.

5.2 New Work oder No Work? Arbeit im Kontext von Digitalisierung und Industrie 4.0

Auf den einschlägigen medialen Plattformen wird heftig darüber spekuliert, welche Auswirkungen diese vierte Industrielle Revolution auf den Arbeitsmarkt haben wird. Carl Frey und Michael Osborne prognostizieren in ihrer Studie (Frey & Osborne 2013), dass 47 % aller Jobs in den USA in den kommenden 10 bis 20 Jahren von intelligenten Robotern oder Software ersetzt werden könnten. Das Mannheimer Forschungsinstitut ZEW kommt zum Ergebnis, dass in Deutschland 42 % der Erwerbstätigen in Berufen arbeiten, die automatisierbar und damit ersetzbar sind. Das würde 18 Millionen gefährdeten Jobs entsprechen. Aktuell sehen die ZEW-Forscher etwa 5 Millionen Jobs ernsthaft in Gefahr (ZEW 2015). Der Einsatz von digitalen Systemen führt jedoch nicht nur zu Arbeitsplatzverlusten, sondern auch zu neuen Jobs. Neben dem Abbau und Verlusten von Arbeitsplätzen würden laut einer aktuellen Studie des ZEW auch neue Arbeitsplätze entstehen, die die Verluste mehr als kompensierten, wobei es jedoch in den verschiedenen Branchen Gewinner und Verlierer gebe (Arntz, Gregory & Zierahn 2018).

Dies macht deutlich, welche grundsätzliche strukturelle Entwicklungen durch die veränderten Rahmenbedingungen der Industrie 4.0 auf uns zukommen werden. Und dass diese Veränderungen weit mehr umfassen als nur technologisch-strukturelle Dimensionen.

Müller-Jentsch weist zu Recht darauf hin (Müller-Jentsch 2007, S. 81 f.), dass sich industrielle Revolutionen nicht auf technische Umwälzungen oder Revolutionen der Energiebasis (Dampf, Elektrizität, Atomkraft etc.) reduzieren lassen. Vielmehr bedeuten sie immer Umbrüche des gesamten Produktionssystems, zu denen neben der Technik auch die Arbeitskräfte und ihre Qualifikationen sowie die Organisationsformen der Arbeit zählen: »Sie wälzen [...] nicht nur technische Verfahren und den Charakter der produktiven, sondern auch soziale Verhältnisse um« (Müller-Jentsch 2007, S. 82). Die sogenannte soziale Frage der ersten industriellen Revolution oder auch die aktuellen Diskussionen um Leistungsverdichtung, mentale Belastungen und Entgrenzungsprozesse im Zuge der digitalen Revolution belegen dies eindrücklich. Die Brisanz der ungeklärten Dichotomie von technologischen und sozialen Dimensionen prägt auch die Industrie 4.0 wesentlich und belegt nachdrücklich die Bedeutung einer sozio-technischen Systembetrachtung. Die soziale und humane Dimension bleibt in den gegenwärtigen Debatten zur Industrie 4.0 jedoch bislang eher diffus. Weit mehr finden technische, strukturelle und IT-Themen Beachtung (Ittermann & Niehaus 2015). Thomas Sattelberger bringt diesen Mangel auf den Punkt und legt damit auch den Finger in die Wunde bezüglich der zu erledigenden Hausaufgaben des HR-Bereichs: »Wir haben vor dem Hintergrund des Themas der Digitalisierung – Smart Services wie Industrie 4.0 – eine Fülle an disruptiven Entwicklungen, die auf uns zukommen. Die dazu passende Arbeitswelt wird heute ausschließlich von Ingenieuren, von Informatikern und Ökonomen entwickelt. Doch Technologie 4.0 ohne Arbeitswelt 4.0 wird ein Desaster« (Sattelberger et al. 2015).

Viele Studien prognostizieren vielfältige Auswirkungen für die Arbeitswelt, die sich aus den Herausforderungen der Digitalisierung im Rahmen von

Industrie 4.0 ergeben (Fischer & Häusling 2017; Peissner et al. 2013; Obermaier 2016). Konsequenzen für die Arbeit 4.0 werden sich demnach vor allem in den Dimensionen Flexibilität, Vernetzung, Mobilität, aber auch Standardisierung zeigen. Die notwendigen Entwicklungsszenarien müssen vor allem die Wechselwirkungen zwischen Technik, Mensch und Organisation berücksichtigen. Dies hat dann Entscheidungen auf unternehmensstrategischer sowie arbeits- und personalpolitischer Ebene zur Folge. Dabei wird auch die Personalentwicklung einen zentralen Stellenwert einnehmen, da neue Kompetenzen erforderlich sind: zur Gestaltung und Anpassung von Produkten und Prozessen, aber auch zur Entwicklung neuer Geschäftsmodelle und für eine veränderte Arbeits- und Prozessorganisation (Acatech). Jenseits der Frage, welche Kompetenzen für die veränderte Arbeitswelt essentiell sind, muss geklärt werden, ob und in welcher Form diese Kompetenzen gefördert werden können. Kann man digitale und disruptive Kompetenzen erlernen, erwerben, lehren oder zumindest fördern?

5.2.1 Künstliche Intelligenz und Maschinelles Lernen

Eine besondere Bedeutung hat in diesem Zusammenhang auch das Thema Künstliche Intelligenz (KI) als Schlüsseltechnologie für zahlreiche Wirtschafts- und Lebensbereiche. Künstliche Intelligenz ist ein Teilgebiet der Informatik, das sich mit der Erforschung und Entwicklung sogenannter intelligenter Agenten befasst. Diese sind in der Lage, selbstständig Probleme zu lösen. Man kann zwischen einer starken und schwachen Künstlichen Intelligenz unterscheiden. Starke Künstliche Intelligenz (engl. »Strong AI«) umfasst Konzepte, die versuchen, Vorgänge des menschlichen Gehirns zu imitieren. So weit ist die Forschung heute jedoch noch nicht. Demgegenüber sind KI-Ansätze technisch machbar, die in heutigen Softwarelösungen implementiert werden und der schwachen Künstlichen Intelligenz (engl. »Weak AI«) zugeordnet werden können. Dabei geht es nicht um die Simulation menschlicher Denkprozesse, sondern gezielt um die Entwicklung von Algorithmen für bestimmte, abgegrenzte Problemstellungen (Buxmann & Schmidt 2019).

Heute zeigt sich die Künstliche Intelligenz vor allem in Form des Maschinellen Lernens (ML). Dabei handelt es sich vermutlich um die wichtigste Basistechnologie unseres Zeitalters (Brynjolfsson et al. 2018). Maschinelles Lernen bezeichnet den Prozess, bei dem Computer Mustererkennungen oder die Fähigkeit entwickeln, kontinuierlich von Daten zu lernen und basierend auf diesen Prognosen zu treffen, um anschließend Anpassungen vorzunehmen, ohne vorher explizit dazu programmiert worden zu sein. ML ist damit die konkreteste Anwendungsform von Künstlicher Intelligenz, die die Entwicklung von analytischen Modellen automatisiert und ermöglicht, dass sich Maschinen eigenständig an neue Szenarien anpassen (Hewlett Packard 2019)

Anwendungsgebiete von Maschinellem Lernen sind beispielsweise der intelligente Umgang mit Big Data. Die Masse und Vielfalt an Daten, die generiert werden, wenn Menschen mit Technologie interagieren, werden durch ein schnelles und ausgeklügeltes Konzept des Maschinellen Lernens verarbeitet und je nach spezifischen Erkenntnisinteressen sortiert. Auch intelligente selbstfahrende Autos oder gar »intelligente Städte« mit smarten Infrastrukturen, die automatisch dafür sorgen, dass weniger Zeit und Energie verschwendet werden, sowie die Anwendungsmöglichkeiten des Internets der Dinge (IoT) werden erst durch Maschinelles Lernen möglich (Hewlett Packard 2019).

Künstliche Intelligenz wird unseren Alltag, unser Leben, unsere Arbeit und die Gesellschaft verändern. Große Hoffnungen werden mit Künstlicher Intelligenz verbunden, z. B. ein Straßenverkehr ohne Unfälle und Staus, die Entlastung des Menschen von gefährlichen und monotonen Arbeiten oder eine verbesserte medizinische Diagnostik beispielsweise in der Krebstherapie. Auf der anderen Seite warnen Skeptiker und Gegner mit düsteren Zukunftsprognosen vor einer Herrschaft superintelligenter Roboter und Maschinen über den Menschen. Was wir in dieser Situation brauchen, ist eine Verständigung darüber, wie wir in Deutschland zukünftig Künstliche Intelligenz nutzen wollen, damit sie den Menschen nutzt. Die Entwicklung und Beherrschung von Anwendungsformen Künstlicher Intelligenz ist eine Schlüsselfrage, und jetzt ist der richtige Zeitpunkt, dass Deutschland eine umfassende nationale Strategie für Künstliche Intelligenz vorlegt und konsequent verfolgt (Nationale Strategie für Künstliche Intelligenz 2019).

Inzwischen werden auch die Risiken und Nebenwirkungen von KI, Maschinenlernen und Big Data insbesondere hinsichtlich medialer Verantwortung und des Umgangs mit User- und Kundendaten heftig diskutiert (McNamee 2019). Der britische Soziologe Anthony Giddens fordert in diesem Zusammenhang gar eine Magna Charta für KI, damit die Gesellschaft wie auch bei früheren technologischen Revolutionen einen Weg finde, die Vorteile der Innovation zu nutzen und gleichzeitig die Probleme und Gefahren einzudämmen (Giddens 2018).

5.2.2 Herausforderungen für Menschen und Organisationen

Ganz sicher ist: Die Weltwirtschaft und insbesondere auch die »Deutschland AG« sind im Umbruch. »Die technologische Entwicklung wird den bisherigen

›Geschäftsmodell-Mix‹ der deutschen Volkswirtschaft verändern« (Sattelberger 2019). Die deutsche Wirtschaft wird durch die eingangs beschriebenen Herausforderungen der Digitalisierung existenziell bedroht und muss auf diese radikalen Veränderungen reagieren. Dazu bedarf es neben den technologischen Entwicklungen, Infrastrukturen, Produktions- und Handelsformaten zusätzlich individuelle, manageriale und organisationale Kompetenzen, um die beschriebene Transformation angemessen und zielführend zu meistern.

Transformationskompetenz ist damit das entscheidende Erfolgsinstrument unserer Zeit. Sich verändernde Umweltbedingungen verlangen von Menschen und Organisationen, sich ständig neu auszurichten und strategisch zu positionieren. Wenn Organisationen überleben wollen, müssen sie Denk- und Handlungsformate entwickeln, um angemessen auf die permanenten Veränderungen der Umwelt re- oder besser noch pro-agieren zu können (► Abb. 29).

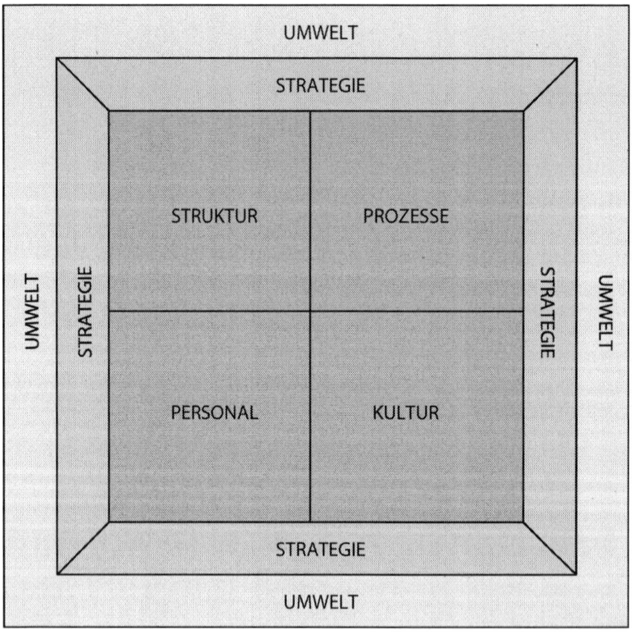

Abb. 29: Umweltbedingungen für Entwicklung

Organisationen agieren in einer Umwelt. Sie haben Kunden, Mitarbeiter, Märkte, Wettbewerber. Es gibt Rahmenbedingungen, die sie entscheidend determinieren: Technologien, politische und rechtliche Kontexte etc. So hat der Dieselskandal die Unternehmenssituation beim Autobauer VW dramatisch geprägt. Und so werden digitale Geschäftsmodelle im Banking (E-Banking zum einen, aber insbesondere Blockchain-Technologie, Bitcoin usw.) oder bei smarter Mobilität die Produkte und Prozesse bei Banken und Automobilfirmen in den nächsten Jahren ebenfalls dramatisch verändern.

Die mit der digitalen Transformation verbundenen Aufgaben beschäftigen fast jede Organisation: Wie passen wir unsere Strukturen und Prozesse an? Wie schaffen wir neue, tragfähige Geschäftsmodelle und Kundenbeziehungen? Wie befähigen wir unsere Mitarbeiter für die Zukunft? Wie finden wir insgesamt zu einem neuen, zur digitalen Arbeits- und Lebenswelt passenden Denken und Handeln? Diese Fragen stellen sich vielen Unternehmen heute massiv. Meist laufen die dazu notwendigen Veränderungsprozesse jedoch weit weniger schnell und zielgerichtet ab, als gewünscht und notwendig. Das Erfordernis zum Wandel ist erkannt, aber das »Wie« bleibt die große Hürde. Transformationskompetenz wird so zum Meta-Erfolgsfaktor für die Wettbewerbs- und Zukunftsfähigkeit von Führung, Mitarbeitern und Unternehmen.

Betrachtet man die makropolitische Dimension der digitalen Transformation werden von Ökonomen und Sozialwissenschaftlern vielfältige Szenarien diskutiert. Dabei sind die Determinanten der Entwicklung abhängig vom »Zusammentreffen des aktuellen rapiden technologischen Wandels mit einer Vielzahl globaler, komplex miteinander verbundener Herausforderungen (von Klimawandel bis Cybersicherheit)« (Daheim & Wintermann 2019). Vor dem Hintergrund dieser global-komplexen Entwicklungen muss auch das Szenario für die Zukunft der Arbeit gesehen werden. Eine aktuelle Studie von Future Impacts und der Bertelsmann Stiftung kommt dazu in einer kompakt visualisierten Form auf drei grundsätzlich mögliche Entwicklungsstränge (▶ Abb. 30).

Wie auch immer ein makropolitisches Szenario der digitalen Arbeitswelt tatsächlich aussehen wird, sicher ist, dass sich zusätzlich und abhängig von den gesellschaftlichen, ökonomischen und arbeitsmarktpolitischen Veränderungen auch die Arbeitsformate, die Arbeitsstrukturen und insbesondere die Kultur von Führung und Zusammenarbeit essentiell verändern (werden).

Da professionelle Kompetenzen kontextspezifisch sind, braucht es für sich ständig wandelnde Arbeitsszenarien Mitarbeiter, die in verschiedenen Kontexten agieren können. Deshalb müssen eher Schlüsselfähigkeiten als die Spezialisierung auf ein spezifisches Berufsbild gefördert werden, dazu müssen statt Wissen zu vermitteln die Fähigkeiten zur Kooperation, Kreativität und Problemlösung gefördert werden, um auf deutlich heterogene und vieldimensionale Arbeitsbiografien vorzubereiten.

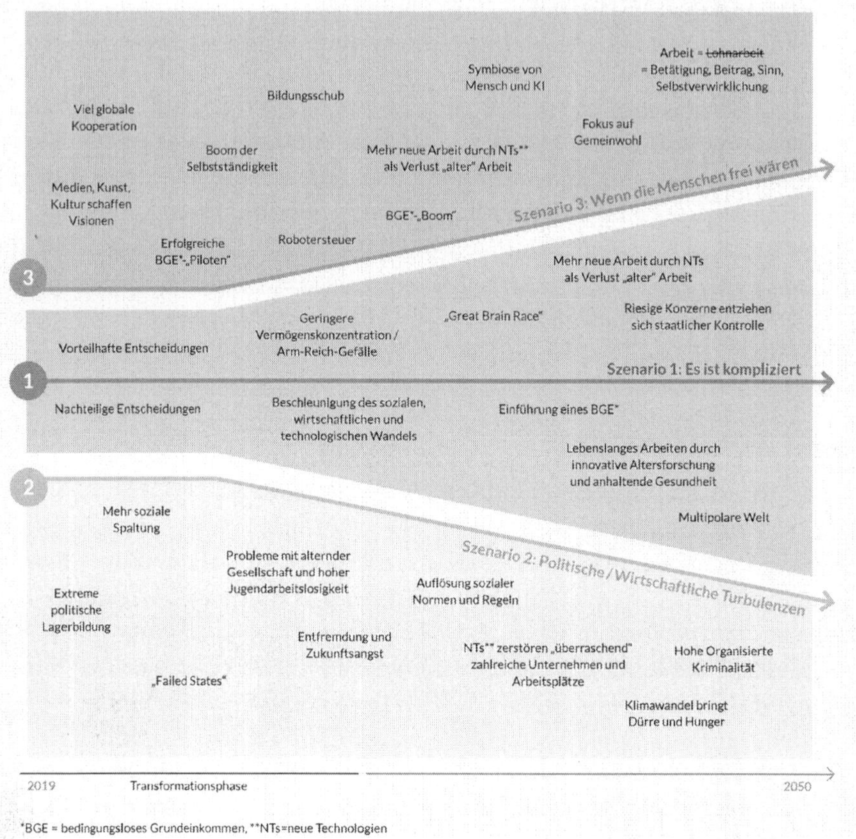

Abb. 30: Szenarien der digitalen Transformation (Quelle: Daheim & Wintermann 2019)

Die digitale Arbeitswelt braucht deshalb Mitarbeiter, die die Fähigkeit haben, sich in neue bislang unbekannte Themen aktiv, neugierig und couragiert einzubringen. Schlüssel- und Querschnittskompetenzen, die erfolgreiches Handeln im Kontext von Digitalisierung und in disruptiven Entwicklungen ermöglichen, werden dabei von zentraler Bedeutung sein (Heyse et al. 2018). Im Detail wird dabei sicher zu klären sein, welche spezifischen Kompetenzen Mitarbeiter in den unterschiedlichen Branchen und Aufgabenfeldern brauchen, um im Zuge von Industrie 4.0, IoT, Digitalisierung und agilen Organisationsstrukturen kompetent handlungsfähig zu bleiben. Grundsätzlich werden in der einschlägigen Literatur dazu drei elementare Kompetenzfelder genannt: »interdisziplinäres Denken und Handeln«, »bereichsübergreifendes Prozess-Know-how« und »IT-Kompetenz als Spezial- und Anwendungswissen« (Erpenbeck & Sauter 2018).

5.3 Transformationskompetenz

Welche besonderen Kompetenzen braucht dieser Transformationsprozess? Neben individueller Transformationskompetenz, die sich im Portfolio der bekannten Kompetenzmanagement-Architektur verorten lässt (Erpenbeck 2012), braucht es vor allem und essentiell auch manageriale und organisationale Transformationskompetenz. Nur im klugen Zusammenspiel von individuellen, managerialen und organisationalen Transferkompetenzen wird der digitale Transformationsprozess erfolgreich sein.

Kompetenzen sind Handlungsfähigkeiten, die in der Lage sind, offene Problemsituationen selbstorganisiert und kreativ zu bewältigen. Es handelt sich bei Kompetenzen also nicht um Fähigkeiten an sich, »sondern um bestimmte Befähigungen, die ein kreatives Handeln unter Unsicherheit, bei offenem Handlungsausgang, bei großer Komplexität der Handlungsbedingungen ermöglichen« (Erpenbeck 2012, S. 12).

5.3.1 Individuelle Transformationskompetenz

Erpenbeck unterscheidet vier verschiedene Kompetenzdimensionen (▸ Abb. 31).

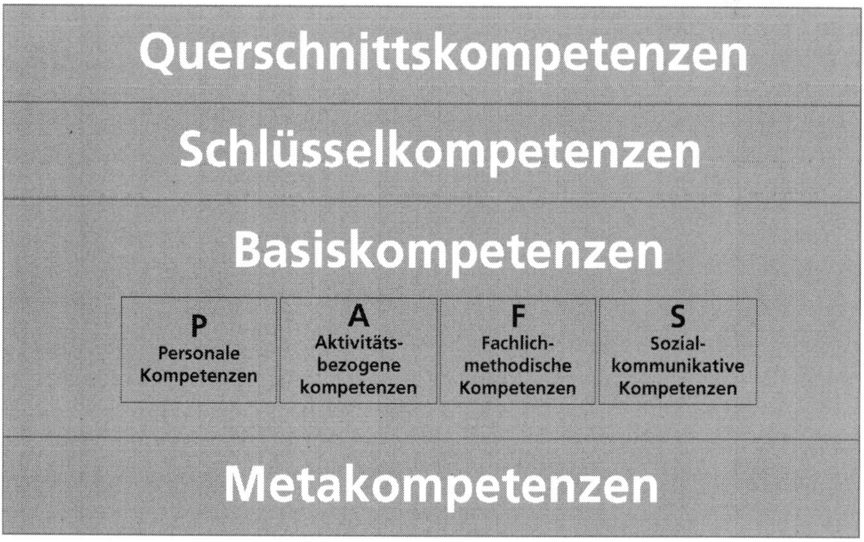

Abb. 31: Kompetenzarchitektur (Quelle: in Anlehnung an Erpenbeck 2012)

Die sogenannten Metakompetenzen (vor allem die Fähigkeit zu Selbstorganisation und Selbstverantwortung) bilden das Fundament.

Darauf aufbauend werden Basiskompetenzen beschrieben, die sich nach Erpenbeck (2012) in vier Kompetenzgruppen unterscheiden lassen:

1. **Personale Kompetenzen** beziehen sich auf die Fähigkeiten, das eigene Handeln selbstorganisiert, selbstverantwortlich, reflektiert und eigene lösungsorientierte Haltungen, Ideale usw. zu entwickeln.
2. **Aktivitäts- und handlungsbezogene Kompetenzen** umfassen die Fähigkeiten, Einsichten, Erkenntnisse und Ergebnisse zielorientiert und engagiert umsetzen zu können.
3. **Fachlich-methodische Kompetenzen** bedeuten das Beherrschen des jeweiligen fachlichen und methodischen Wissens auf neustem Stand sowie die Verfügbarkeit von eigenem, einzigartigem Wissen.
4. **Sozial-kommunikative Kompetenzen** schließlich umfassen die Fähigkeiten, Kommunikations- und Kooperationsprozesse auf interpersonaler oder/ und interorganisationaler Ebene selbstorganisiert zu optimieren, zu effektivieren und Konfliktpotenziale zu minimieren.

Werden diese Kompetenzen auf den betrieblichen Alltag bezogen, kommt die Ebene der Schlüsselkompetenzen ins Spiel.

In der bildungswissenschaftlichen Diskussion werden in Anlehnung an Mertens (1974) unter Schlüsselqualifikationen »solche Kenntnisse, Fähigkeiten und Fertigkeiten [verstanden, F. G.], welche nicht unmittelbaren und begrenzten Bezug zu bestimmten, disparaten praktischen Tätigkeiten erbringen, sondern [...] die Eignung für die Bewältigung einer Sequenz von (meist unvorhersehbaren) Änderungen von Anforderungen im Laufe des Lebens« (Mertens 1974). Folgt man Mertens und Erpenbeck sind Schlüsselkompetenzen demnach Fähigkeiten, die grundlegend und konstituierend sind für die Lösung bislang neuartiger oder disruptiver Herausforderungen.

Schließlich werden in der Kompetenzforschung auch noch sogenannte Querschnittskompetenzen beschrieben, wie z. B. interkulturelle Kompetenz, Medienkompetenz, Führungskompetenz, Innovationskompetenz usw. Eine solche Querschnittskompetenz stellt auch die Transformationskompetenz dar. Unter Transformationskompetenz kann die Befähigung verstanden werden, aufgeschlossen gegenüber Veränderungen zu sein, sich auf neue Menschen und Situationen einstellen zu können und dabei persönlich hinzuzulernen. Dazu kommt die Bereitschaft, sich mutig und pragmatisch auf neue Gegebenheiten zuzubewegen, ohne genau zu wissen, welches Ziel zu erwarten ist. Dies ist insbesondere in der aktuellen Situation der digitalen Transformation von großer Bedeutung, denn »sich im disruptiven Wettbewerb in Zeiten der

Digitalisierung zurechtzufinden heißt oft: Navigieren im Nebel« (Erpenbeck & Sauter 2018, S. 111).

Folgt man dem Schema der Kompetenzmanagement-Logik kann die individuelle Transformationskompetenz damit den Schlüssel- und Querschnittskompetenzen zugeordnet werden. Individuelle Transformationskompetenz umfasst die grundlegenden Fähigkeiten der Selbständigkeit, der Selbstverantwortung, der Selbstreflexion und der Fähigkeit, trotz widersprüchlicher und ausweglos erscheinender Herausforderungen handlungsfähig zu sein. Transformationskompetenz bedeutet, mutig, kreativ, mit gesundem Optimismus und mit aufgeklärter Nüchternheit – fernab von Verschwörungstheorien, Fake News und erhitzter Erregungsneigung – Lösungen zu suchen und pragmatisch und beherzt mögliche Lösungsansätze zu verfolgen.

Aus den vier Gruppen der Basiskompetenzen können den Querschnitts- und Schlüsselkompetenzen spezifische Kompetenzbündel zugeordnet werden, die für die individuelle Transformationskompetenz von besonderer Bedeutung sind:

- Den **Fach- und Methodenkompetenzen** sind im Zusammenhang mit der digitalen Transformation wissensbezogene Teilkompetenzen zuzuordnen wie die Kenntnis über die digitale Technologien und Medien, cyber-physische Grundlagen oder die Mechanismen der Nutzung von Big Data (beispielweise der politische Missbrauch von digitalen Daten wie im Falle von Cambridge Analytics oder der undurchsichtige Umgang mit persönlichen Daten durch Google, Facebook & Co.) (McNammee 2019). Dazu gehört ein sicherer Umgang mit den wichtigsten Computeranwendungen sowie das Verständnis der Chancen und potentiellen Gefahren, die das Internet und die Kommunikation über elektronische Medien (E-Mail, Netzanwendungen) für Arbeit, Freizeit, Informationsaustausch und Kooperationsnetze, Lernen und Forschung bieten. Vor allem im Beruf müssen sich Arbeitnehmer zunehmend in der Cloud zurechtfinden oder Big Data richtig einsetzen können, dazu Social Media nicht außer Acht lassen und obendrein das Internet der Dinge verstehen und bedienen. Digitale Fachkompetenz hat jedoch häufig eine kurze Halbwertszeit. Softwarelösungen liegen in der Cloud, werden ständig aktualisiert, technologische Formate ändern sich permanent und teilweise kurzfristig (Beispiel: Antriebstechnologien im Automobilbau – mit Optimierung der Verbrennungsmotoren oder Elektroantrieb oder Wasserstofftechnologie oder synthetischen Energien oder neuen Batteriekonzepten – oder doch völlig andere Mobilitätskonzepte wie autonomes Fahren, Shared Mobility. Entsprechend kann man sich nicht allzu lange auf einer neu gewonnenen technischen oder digitalen Fachkompetenz ausruhen.

- Den **Personalen Kompetenzen** sind zuzuordnen Selbstverantwortung, also sich als Akteur seiner eigenen Geschichte zu verstehen, dann Selbstreflexivität, d. h. sich mit der eigenen Sicht- und Wahrnehmungsweise kritisch auseinanderzusetzen und nicht nur das eigene Handeln, sondern auch die dem Handeln zugrundeliegenden Werte, Grundannahmen und Motive kritisch zu reflektieren und bei Bedarf zu modifizieren oder zu revidieren. Eine besondere personale Fähigkeit, die zentral ist für Transformationskompetenz, ist Ambiguitätstoleranz, also die Fähigkeit, das Spannungsverhältnis zwischen unvereinbaren Mehrdeutigkeiten und Gegensätzen »auszuhalten« und trotzdem handlungsfähig zu bleiben. Der Publizist Wolf Lotter nennt Selbständigkeit als die zentrale notwendige Kompetenz zur erfolgreichen Gestaltung zukünftiger Arbeitsformate. Dazu, so Lotter, sei es notwendig, sich von der »Leitkultur der Unselbständigkeit« zu verabschieden und der Selbstbestimmung, Selbstverantwortung und Kreativität großen Raum zu öffnen. Lotter argumentiert, dass die Zukunft der Arbeitswelt nicht mit Fleiß, Unterordnung, Hierarchien und mit der heutigen Angestellten- oder Mit-Arbeiter-Kultur gemeistert werden kann. Die Industriegesellschaft mit ihrer Massenproduktion brauche Mit-Arbeiter, also Leute, die tun, was man ihnen sage. Die neue Wirtschaftswelt jedoch brauche Menschen, die selbstständig, selbstverantwortlich und selbstreflektiert und in fluiden Netzwerken arbeiten (Lotter 2017). Zur personalen Dimension der Transformationskompetenz gehört auch eine persönliche Haltung und Positionierung hinsichtlich einer digitalen Ethik und der Verantwortung in einer digitalen Welt: Wie kann Technologie uns Menschen dienen? Wie führt sie zu mehr Selbstbestimmung – und nicht in neue Fremdbestimmung? Wie nutzen wir technologische Möglichkeiten, um Unterdrückung und Armut zu überwinden, um Bildung und Aufklärung zu verbreiten, um Umwelt und Ressourcen zu schützen? (Steinmeier 2019)
- Den **Aktivitäts- und Handlungskompetenzen** ist im Kontext der digitalen Transformation die Fähigkeit zuzuordnen, mutig, strukturiert, pragmatisch und zuversichtlich neue bislang unbekannte Lösungen aktiv anzugehen, nicht an alten Mustern zu hängen, sondern seine Handlungen auf veränderte Herausforderungen und neue Situation anzupassen; zudem die Fähigkeit zur flexiblen Einarbeitung in neue Aufgaben.
- Den **Sozial-kommunikativen Kompetenzen** können im Rahmen der Transformationskompetenz Fähigkeiten zugeordnet werden wie Empathie, die Fähigkeit, sich in die Einstellung anderer Menschen einzufühlen; zuhören können; klare und unverzerrte Kommunikation; Teamfähigkeit in einer digitalen Arbeitswelt mit neuartigen kollaborativen Netzwerkstrukturen insbesondere in Bezug auf Kollegen aus anderen Kulturen, aber auch die Fähigkeit, mit Menschen aus anderen sozialen, disziplinären oder professio-

nellen Milieus zusammenzuarbeiten, mit anderen Wert- und Denkhaltungen; konstruktive Kritikfähigkeit; Lösungsorientierung etc. Schließlich auch die Fähigkeit, scheinbar selbstverständliche Handlungs- und Deutungsmuster des bisherigen Verhaltens im Sinne des »Double-Loop-Lernmodells« zu hinterfragen, dementsprechend nicht nur aus faktischen Handlungsfehlern zu lernen, sondern auch die dem Handeln zugrundeliegenden Grundannahmen kritisch zu hinterfragen (Argyris & Schön 2006, S. 35 ff.).

Die individuelle Transformationskompetenz als Querschnittskompetenz umfasst eine Fülle von einzelnen Kompetenzen, die in Abbildung 32 stichwortartig zusammengefasst wird.

Individuelle Transformationskompetenz	
Personale Kompetenzen: • Selbstverantwortung • Selbstreflexivität • Ambiguitätstoleranz • Selbständigkeit • (digitale) Ethik	Aktivitäts- und Handlungskompetenz • mutig • strukturiert • pragmatisch • zuversichtlich • innovativ • anpassungsfähig • flexibel • lösungsorientiert • Hinterfragen von gewohnten Handlungsmustern
Sozial-kommunikative Kompetenzen • Empathie • zuhören können • interkulturelle Teamfähigkeit • Kommunikationsfähigkeit • konstruktive Kritikfähigkeit	Fach- und Methodenkompetenz • digitale Fachkompetenz • aktuelles Fachwissen • Umgang mit Social Media • Umgang mit Big Data

Abb. 32: Individuelle Transformationskompetenz

5.3.2 Manageriale Transformationskompetenz

Führungskräfte sind in ganz entscheidender Form für die Planung, Gestaltung und Steuerung eines Transformationsprozesses verantwortlich. Zudem sind sie das »soziale Interface« zwischen Organisation und Individuum. Deshalb brauchen Führungskräfte einerseits selbst eine große individuelle Transformationskompetenz und sie vertreten, verkörpern und verantworten andererseits als das personifizierte Gesicht der Organisation wesentliche Elemente der organisationalen Transformationskompetenz. Die Arbeitswelt 4.0 erfordert deshalb von Führungskräften eine große Lern- und Veränderungsbereitschaft. Und nicht nur das: Führungskräfte sind wesentlich dafür verantwortlich, dass Mitarbeiter Rahmenbedingungen vorfinden, die Lernen, Entwicklung, Kreativität und engagierte Neugier – in Summe: individuelle Transferkompetenz – ermöglicht.

Manageriale Transformationskompetenz bedeutet, die Führungsbeziehung so zu gestalten, dass Mitarbeiter selbstständig, neugierig und couragiert ihre aktuellen und noch wichtiger, ihre zukünftigen Aufgaben gestalten können. Dazu bedarf es eines Führungsverhaltens, das den Mitarbeitern mit Respekt begegnet und sie ermutigt und ertüchtigt, flexibel und innovativ auf bestehende Herausforderungen zu reagieren. Ein ganz wesentlicher Punkt ist hierbei auch eine angemessene Fehlerkultur. Nur wer Fehler als Nebenwirkung von Neugier, Kreativität und Innovation akzeptiert, wird Mitarbeiterverhalten fördern, das sich kreativ und mutig auf neue Wege begibt, »Out of the box«-Lösungen unzensiert generieren kann und letztlich im Prozess disruptiver Entwicklungen beherzt »nach vorne« denkt und handelt. Nur wer Fehler macht und sie auch bewusst reflektiert, kann daraus lernen und überwindet damit Grenzen seines bisherigen mentalen und faktischen Aktionsradius'. Nur wer bei kreativem und innovativem Vorwärtsgehen nicht permanent durch eine tief verinnerlichte und durch eine Organisations- und Führungskultur mehr oder weniger präsente »Fehlerpanik« beklemmt und limitiert wird, wird wirklich Neues denken und erschaffen können.

In der aktuellen akademischen Diskussion zum Thema Führung 4.0 sind zwei wesentliche Positionen auszumachen: Zum einen die Position, dass Führung in der digitalen Arbeitswelt agil (Deeken & Fuchs 2018), holokratisch (Laloux 2015), »auf Augenhöhe« und letztlich demokratisch (Boes et al. 2015) agieren müsse. Diese Position geht davon aus, dass Führung in der digitalen Arbeitswelt sich fundamental von bisherigen hierarchisierten Führungsmodellen unterscheiden müsse. Und dass der digitale Wandel zugleich Chance und Notwendigkeit für eine komplett neue Führungsphilosophie sei. Auf der anderen Seite stehen Vertreter, die einen kritischen Umgang mit hektischen Buzzword-Managementmoden fordern und für eine nüchterne und sachorientierte Führungsarbeit plädieren (Kühl 2001, 2017, 2019). Nach Kühl wird hier nur wieder eine neue Sau durchs Dorf getrieben und das Thema digitale Transformation und die in diesem Zusammenhang verhandelten Führungsansätze sind nur Schlagworte einer weiteren Management-Modewelle (Kühl 2017). Dass die aktuelle Diskussion um Agilität, Digitalisierung, Holokratie, Disruption durchaus Anzeichen einer Management-Mode zeigt, wie Kieser dies bereits 1996 beschrieben hat (Kieser 1996), ist unbestritten. Managementmoden werden demnach von charismatischen Autoren (idealtypisch ein Autorentandem: ein einschlägig beleumundeter Professor einer renommierten Ivy-League-Universität und ein eloquenter Unternehmensberater, der das »gehypte« Konzept dann auch gleich an die Kundschaft als Beratungs- oder Trainingskonzept verkaufen kann) entwickelt und in einem gut vermarkteten PR-Konzept veröffentlicht. Eine bestimmte Zeit wird ein Thema »gehypt« und viele springen auf – und nach einem steilen Aufstieg des Themas folgt sodann ein steiler Absturz (Kühl 2017). Parallelen zur Bekleidungsindustrie mit sehr kurzlebigen saisonalen Halbwertzeiten sind nicht zufällig. Nichts ist so out wie der »dernière crie« von gestern.

Heiko Groth plädiert in diesem Zusammenhang für einen gelasseneren und konstruktiveren Umgang mit der Ambivalenz solcher Entwicklungen, denn: »Schaut man hinter die Buzzwords, erkennt man Widersprüche in Organisationen. Statt einseitiger Parteinahme hilft vielmehr eine grundlegende Ambivalenzfähigkeit« (Groth 2017). Groth beruft sich dazu auf den Organisationsforscher Herbert Simon (1946), der gezeigt hat, dass sich die damals schon kursierenden Konzepte über »richtiges« Organisieren inhaltlich fundamental widersprachen. Zentralisierung oder Dezentralisierung? Standardisierung oder Flexibilität? Charismatische Führung oder Partizipation? Simon wies nicht nur nach, dass sich die Prinzipien widersprachen, sondern dass es zudem auch keine Perspektiven gab, wie mit den Widersprüchen umzugehen sei. Daraus schloss er, dass alle gefeierten Erfolgsfaktoren, die »präskriptiv« argumentieren, die also ohne Achtung des Kontextes einer Organisation »optimale Gestaltungsansätze« beschreiben, zu relativieren sind. Entscheidend ist nicht die Plausibilität des Konzepts, entscheidend ist, wie es gelingt, in Abhängigkeit von der spezifischen Konstellation jeder Organisation zu schauen, was erfolgversprechend sein könnte. Auf die Frage, ob sich im Zuge der digitalen Transformation eher (basis-)demokratische, partizipative oder kollaborative Führungsformate durchsetzen oder doch eher eine Führung der klaren Kante und der nüchternen Klarheit gefragt sei, sollte vor diesem Hintergrund mit »sowohl als auch« beantwortet werden, denn es geht hier nicht um polare ideologische Positionen hinsichtlich richtiger oder falscher Führungskonzepte, die es missionarisch zu verteidigen gäbe. Vielmehr scheint es zwingend geboten, eine zum Organisationkontext und zur Organisationskultur passende Führungskultur zu wählen. Führung im Kontext der Digitalisierung bedarf ganz sicher einer veränderten Form der Führung, die Mitarbeiter ernst nimmt, die Mut und Kreativität fördert (aber auch fordert), Fehler zulässt, Gestaltungsspielräume bietet und Sinnstiftung ermöglicht und die Rahmenbedingungen und Arbeitssettings für eine inspirierende und kollaborative Arbeitswelt schafft.

Das verlangt jedoch gleichzeitig auch Führungspersönlichkeiten, die über ein gerütteltes Maß an visionärer Power, Menschenliebe und Selbstreflektiertheit verfügen. Zudem kann zu Recht für mehr Nüchternheit und Gelassenheit plädiert werden (Kühl 2017), weniger hitzige Erregtheit, weniger esoterischen Führungspathos, weniger Heilslehren – ohne jedoch den innovativen Gehalt und die Inspiration der aktuell diskutierten Konzepte zu diskreditieren. Führung muss strategische Ansagen zur digitalen Transformation machen und den Veränderungsprozess zielorientiert, sensibel und glaubwürdig gestalten. Manageriale Transformationskompetenz muss Rahmenbedingungen schaffen, die selbständiges und kreatives Arbeiten ermöglichen, sie muss Verantwortung an die Mitarbeiter übergeben, eine Führungskultur leben, die Fehler erlaubt, Mitarbeiter richtig einschätzen und gezielt fördern. Damit dies gelingen kann, muss Führung Vertrauen aufbauen. Das sind beileibe keine komplett neuen Anforderungen an Führung; im Zusammenhang mit digitaler Transformation sind diese Führungskompetenzen jedoch erfolgskritisch.

5.3.3 Organisationale Transformationskompetenz

Doch Achtung: Auch wenn individuelle und manageriale Transformationskompetenz vorhanden sind, für einen Erfolg der digitalen Transformation reichen diese allein nicht aus!

Borggräfe und Kuenzler (2018) fordern eine »kollektive Transformationskompetenz«, denn es sei die Aufgabe des Unternehmens, ein entwicklungsfreudiges Umfeld zu schaffen und Freiräume für das Lernen und Adaptieren neuer Verhaltensweisen zu schaffen. Doch das Gelingen eines Transformationsprozesses erfordert deutlich mehr als kollektive Transformationskompetenz.

Clayton Christensen (2013) beschreibt fünf Prinzipien disruptiver Innovationen, die führende Unternehmen zu Fall bringen und bestehende Märkte neu ordnen (Christensen 2013). Eines dieser Prinzipien beschäftigt sich mit der spezifischen organisationalen Eigendynamik eines bis dato erfolgreichen Unternehmens. Christensen vermerkt als zentrales Prinzip und Risiko, dass ein Unternehmen in seinen Entscheidungen auf prozessualer wie auch auf der Werteebene kaum von eingefahrenen Prinzipien abweichen wird. Diese bestimmen über Ressourcenallokation, über strategische Entscheidungskriterien, Arbeitsformen und Führungsverhalten. Diese Prinzipien können sich bei einem Produkt als zielführend und erfolgreich herausstellen; bei einem anderen jedoch als überaus hinderlich. Das bedeutet: Bestimmte Fähigkeiten, Prägungen, Werthaltungen, Strategien und Verhaltensmuster eines Unternehmens begrenzen sein Veränderungspotential und machen es im schlechtesten Fall zum Opfer seines bisherigen Erfolgs.

Dazu bedarf es zudem und wesentlich einer organisationalen Transformationskompetenz. Es braucht einen »organisationalen Rahmen«, der unterstützt und durch eine geeignete Führungskultur so gestaltet ist, dass die individuelle Transformationskompetenz der Mitarbeiter auch gelebt werden kann. Doch was bedeutet organisationaler Rahmen? Was heißt organisationale Kompetenz? Wer oder was ist überhaupt »die Organisation«? Kann sie lernen? Sich entwickeln? Kann man ihr die Hand geben?

Seit den sozialpsychologischen Erkenntnissen Kurt Lewins im Kontext der gruppendynamischen Forschung der 1940er Jahre wissen wir, dass erst in der Dynamik der Gruppe und erst recht der Organisation Verhaltensformen Raum greifen können, die deutlich mehr und anders sind als die Summe individuellen Verhaltens. In der Gruppendynamik – und erst recht in der Organisationsdynamik bilden sich Mechanismen, Regeln, Gesetzmäßigkeiten zu einer regelrechten Gruppen- oder Organisationskultur. Organisationen sind geprägt durch operative Routinen, Kommunikationsabläufe, Spielregeln, Werte, Geschichte, Narrative, Prägungen etc. Die systemisch orientierten Organisationstheoretiker haben diesen Ansatz noch weiter radikalisiert, wenn sie den Freiraum der individuellen Verhaltensoptionen im Geflecht eines sozialen Systems als beinahe marionettenhaft gering ansetzen. Sie betonen, dass Organisationen als soziale Systeme einem Kodex von Spielregeln – die das System in seiner Geschichte selbst entwickelt hat – gehorchen, was zu einer eng begrenzten Verhaltensdramaturgie der Systemmitglieder führe (Gairing 2017). Nach der Theorie der »operationellen Geschlossenheit lebender Systeme« betonen Systemtheoretiker denn auch die begrenzte Möglichkeit, Systeme in der Eigendynamik und ihrer eigenen Entwicklung zu beeindrucken (Luhmann 2011). Das heißt, wer den sozialen Prozess eines Systems inklusive des Verhaltens der darin agierenden Menschen in irgendeiner Form beeinflussen oder entwickeln will, muss sich der komplexen und »nichttrivialen« Eigendynamik des Systems bewusst sein (Gairing 2008). Entsprechend dieser Logik – und die kann beim Verständnis der Idee einer organisationalen Transformationskompetenz hilfreich sein – werden Organisationen verstanden als soziale Systeme, die sich von ihrer Umwelt über das Kriterium der Mitgliedschaft abgrenzen und sich durch die Kommunikation von Entscheidungen konstituieren und aufrechterhalten. Organisationen geben sich ferner Zwecke, die bei der Strukturierung von Organisationen eine zentrale Rolle spielen. Oft werden diese Zwecke in einer Art Tunnelblick verfolgt, wobei sich die Perspektive der Organisation auf wenige wichtig erscheinende Aspekte konzentriert und alles andere ausblendet (Luhmann 2018). Deshalb haben Organisationen in der Wahrnehmung ihrer Umwelt auch immer einen selektiven und damit limitierten Blick, der zu blinden Flecken und Tabus in der Organisation führt (Kühl & Muster 2016).

Organisationale Entwicklung kann im Anschluss an die systemtheoretischen Beschreibungen als Veränderung in den Entscheidungsstrukturen einer Organisation verstanden werden. Entwicklung findet dann statt, wenn es zur Entstehung oder Veränderung formaler oder informeller Entscheidungen kommt, die als überdauernde Prämissen richtungsweisend für zukünftiges Entscheiden in der Organisation sind (Luhmann 2011). Transformation braucht individuelle, manageriale und organisationale Kompetenzen.

Folgt man diesem Konzept der Organisation als eigenständigem sozialem System, dann wird nachvollziehbar, dass neben und integriert mit individueller und managerialer Transformationskompetenz eine genuine Transformationskompetenz der Organisation notwendig ist, um einen digitalen Transformationsprozess erfolgreich zu stemmen (► Abb. 33).

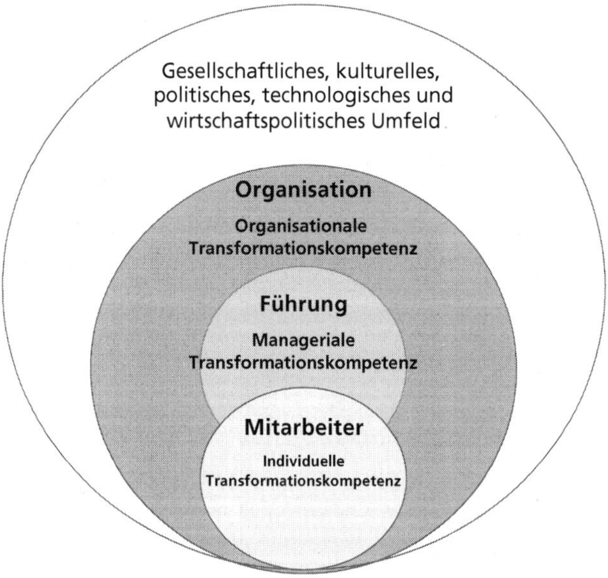

Abb. 33: Transformationskompetenz als integrative Kompetenzbündelung

Erst eine klare Ausrichtung der Strategie sowie der Strukturen und Prozesse und insbesondere der Kultur der Organisation auf Innovation, Veränderungsbereitschaft, Beweglichkeit, Dialog, Austausch und Zukunftsneugier gibt den individuellen und managerialen Haltungen einen angemessenen Resonanzboden, um engagiert etwas zu bewegen.

Für Unternehmen bedeutet dies, sich mit den aktuell diskutierten Führungskonzepten (und den dahinterliegenden Annahmen, Diagnosen und Werthaltungen) auseinanderzusetzen und die für die eigene Situation notwendigen und nützlichen Schritte zu unternehmen. Ein einfaches Weiter-So wird dafür jedoch nicht reichen.

Die Dimension organisationaler Kompetenz wird in der aktuellen Kompetenzdiskussion bislang deutlich vernachlässigt. Das ist bedeutsam und zugleich überraschend, weil aktuelle Studien zum Erfolg der digitalen Pioniere vor allem die organisationalen Spezifika dieser Unternehmen als zentrale Erfolgsparameter bei der digitalen Transformation benennen (Capgemini Consulting 2017). In den wenigen Publikationen, die das Thema organisationale Transformationskompetenz thematisieren, wird sie als die Kompetenz verstanden, die in der Lage ist, Organisation kompetent zu gestalten (Schlegel 2013). Erpenbeck spricht zwar von »supraindividuellen Kompetenzen – beispielsweise Team-, Unternehmens- oder Organisationskompetenzen« (Erpenbeck 2012), die er jedoch – im Unterschied zu den von ihm fein granulierten individuellen Kompetenzen – nicht weiter konkretisiert. Aktuell schreiben Erpenbeck und Sauter (2018, S. 111) dazu: »Unternehmen, die sich aktiv an disruptive Entwicklungen anpassen wollen, benötigen die Fähigkeit, die damit verbundenen Einflüsse auf ihre organisationalen wie individuellen Kompetenzstrukturen angemessen zu interpretieren und Strategien zur Anpassung zu entwickeln« und weiter: »Eine neue Querschnittskompetenz ist dafür notwendig, die man wohl zurecht als Disruptionskompetenz bezeichnen kann«. Die danach vorgeschlagenen Kompetenzentwicklungsmaßnahmen sind jedoch alle individuumszentriert (Erpenbeck & Sauter 2018). Organisationale Transformationskompetenz muss jedoch die Handlungsfähigkeit der Organisation als Gesamtsystem umfassen. Eine Entwicklung der organisationalen Kompetenzen bedeutet demzufolge auch eine Veränderung, bei der es darum geht, dass »Organisationen als soziale Systeme nicht durch eine bloße Veränderung der personalen Systeme ihrer Mitglieder veränderbar sind [...] Über die Veränderung und das Lernen personaler Systeme hinaus bedarf es vielmehr eines nachhaltigen Wandels der jeweiligen Organisationskultur, der ihr zugrunde liegenden Erwartungen, Ideologien und Werte sowie der daraus abgeleiteten Strategien der Zielverwirklichung« (Sievers 1977, S. 11 f.).

Die Transformationskompetenz der Organisation muss auf verschiedenen Ebenen der Organisation ansetzen. Wichtig ist, dass die Organisation bezogen auf Strategie, Strukturen und Kultur Rahmenbedingungen schafft, die es Führungskräften und Mitarbeitern ermöglichen, selbstständig, kreativ und beherzt zu denken und zu handeln. Dazu braucht es vor allem eine förderliche Organisations- und Führungskultur. Wesentliche organisationale Transformationskompetenz sollte sich in einer klaren strategischen Zielperspektive hinsichtlich Digitalisierung zeigen. Auch wenn die digitale Transformation mit disruptiven Entwicklungen und Innovationen eine »radikale Form des radikalen Wandels« darstellt, braucht es bei der Gestaltung des Transformationsprozesses handwerkliche Konzepte, Instrumente und Maßnahmen des Change Managements (Gairing & Weckmüller 2019), die mit professioneller Planung und Steuerung dafür sorgen, dass die Transformation mit Glaubwürdigkeit, Konzentration und pragmatischer Gestaltung angegangen wird. Zu Recht wird heute vielerorts die Frage diskutiert, ob disruptive Entwicklungen angemessen mit für nicht-disruptive Prozesse konzipierten Methoden des Change Managements gestaltet werden können (Gairing 2017; Borggräfe & Kuenzler 2018). Das Projektmanagement (PM) der »digitalen Transformation« kann in der Form hinterfragt werden. Scrum statt Wasserfall-PM scheint hier angezeigt. Keinen Plan zu haben, ist jedoch ganz sicher keine Alternative.

Die Art und Weise, die Haltung, der Stil, die Kultur, Professionalität und Glaubwürdigkeit, mit der die Organisation den Transformationsprozess gestaltet, sind zentrale Erfolgsfaktoren für das Gelingen des digitalen Wandels. Das individuelle, manageriale und das organisationale Denken und Handeln im digitalen Transformationsprozess sind stilprägend für das spätere Agieren in der digitalen Arbeitswelt.

Deshalb ist es wichtig, während des Transformationsprozesses nicht vordringlich auf die formale Seite des individuellen/organisationalen und managerialen Handelns zu schauen, sondern vor allem auch die informale Seite, die organisationskulturelle Seite zu beachten. Der Stellenwert der Organisationskultur im Rahmen des Transformationsprozesses ist essentiell. Peter Drucker beschreibt dies anschaulich in seinem berühmten Zitat: »Culture eats Strategy for breakfast«. Auch die Capgemini-Change Management-Studie 2017, die den programmatischen Untertitel trägt, »Von den Vorreitern des digitalen Wandels lernen« (Capgemini Consulting 2017) fokussiert auf das Thema: »Wir sind der Meinung, dass Digitalisierung und Kulturwandel Hand in Hand gehen müssen, damit Unternehmen wirklich erfolgreich im digitalen Zeitalter agieren können. Eine Vielzahl von Transformationsprojekten zeigt uns auch in der Praxis immer deutlicher: Nur wer sich bewusst mit der eigenen Kultur auseinandersetzt, kann Verhaltens- und Denkweisen identifizieren, welche die digitale Transformation fördern, statt sie zu verhindern« (Capgemini Consulting 2017, S. 4).

Organisationale Transformationskompetenz muss sich vor diesem Hintergrund vor allem mit der kritischen Selbstreflexion der eigenen Kultur und der kulturellen Muster befassen. Vieles, was den Erfolg von Unternehmen der letzten Jahrzehnte geprägt hat, ist möglicherweise für ein erfolgreiches Handeln im Kontext der digitalen Transformation kontraproduktiv oder gar (selbst-) zerstörerisch. Das Ent-Lernen von dysfunktionalen Verhaltensweisen und organisationalen Mustern ist jedoch vermutlich deutlich schwieriger als die Entwicklung angemessener neuer Kompetenzen. Abschied zu nehmen von einer Kultur der Unselbständigkeit (Lotter 2017), Abschied zu nehmen von einer über Jahrzehnte, wenn nicht Jahrhunderte tief verinnerlichten preußisch-militärischen Hierarchiekultur von Befehl und Gehorsam, Abschied zu nehmen von standardisierten Prozessen und Arbeitsmustern der Massenfertigung, Abschied zu nehmen von der scheinbar unanfechtbaren Vormacht deutscher Spitzentechnologie. Die unternehmerische Erwartungshaltung, kurzfristige Erfolge zu erzielen, ist ebenso hinderlich wie die Spezialisierung auf ein bestimmtes Marktsegment. Was früher als Erfolgsrezept für Unternehmen galt, kann heute zum Bankrott führen. Wie lernt man Ent-Lernen und sich von eingeschliffenen, vertrauten und komfortablen Denk- und Verhaltensmuster zu trennen?

In seinem Modell der Determinanten des Verhaltens in Organisationen beschrieb Lutz von Rosenstiel (2003) bereits vor Jahren sehr griffig die prägenden Determinanten für das Verhalten von Mitarbeitern im organisationalen Kontext (▶ Abb. 34).

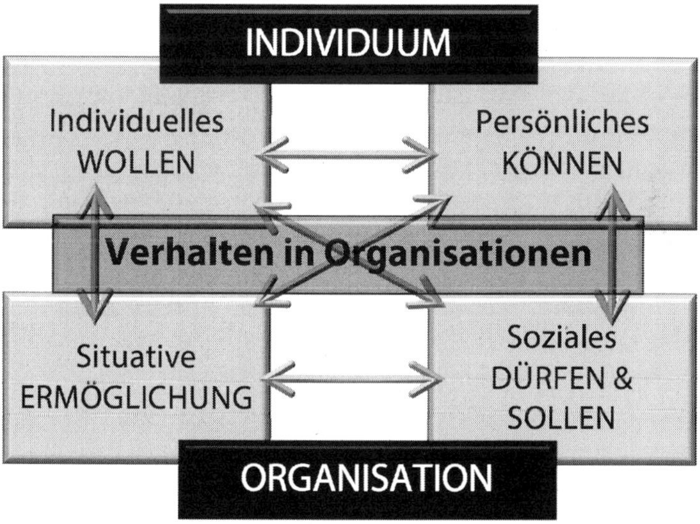

Abb. 34: Verhaltensmodell nach Rosenstiel (Quelle: Rosenstiel 2003)

Auch wenn dieses Modell in der akademischen Welt weit bekannt ist und auch lange vor der Diskussion um die digitale Transformation entstanden ist (wobei Christensens Modell disruptiver Innovationen inzwischen auch bereits 30 Jahre alt ist), hat seine zentrale Botschaft bis heute große Aktualität und Bedeutung. In der betrieblichen Praxis – auch in der HR-Arbeit – scheint die

Konsequenz dieses Ansatzes nur begrenzt verstanden zu sein und noch weniger in praktischen Konzepten der Förderung spezifischen organisationalen Verhaltens beachtet zu werden. Für einen ganzheitlichen Ansatz von Transformationskompetenz ist dieses Modell jedoch von grundsätzlicher Bedeutung, da es ein erfolgskritisches Grundprinzip der interdependenten Verzahnung individueller und organisationaler Entwicklung aufzeigt. Die im Modell dargestellten Verhaltensdeterminanten sind wechselseitig abhängig voneinander. Die organisationalen Dimensionen sind notwendige Kontextvoraussetzungen für das individuelle Verhalten bzw. Handeln. Eine große Motivation und eine hohe Qualifikation des Individuums reichen nicht aus, damit Personen auch tatsächlich handeln. Sie müssen darüber hinaus auch die realistische Erwartung haben, ihr Können auch in der gegebenen Situation anwenden zu können und zu dürfen. Dazu ist das »soziale Dürfen« als Manifestation der ungeschriebenen Gesetze der Organisationskultur von großer Bedeutung; denn das, was sozial erlaubt ist, prägt und beeinflusst auch die eigenen Wertvorstellungen und unbewussten Annahmen, also das »individuelle Wollen«. Auch das »situative Ermöglichen« hat Einfluss auf das »soziale Dürfen« und das »individuelle Wollen«: Ist ein bestimmtes Verhalten aufgrund fehlender Voraussetzungen der Umwelt (z. B. Ressourcen, Instrumente, Technologien) nicht möglich, wird das entsprechende Verhalten vom sozialen Umfeld kaum erwartet und das »individuelle Wollen« wird eher minimal ausgeprägt sein. Die organisationalen Determinanten des Verhaltens (die von der Organisation und den Führungskräften gestalteten Rahmenbedingungen, Strukturen und Prozesse) der »situativen Ermöglichung« sowie die organisationskulturellen Bedingungen des »sozialen Dürfens« sind deshalb wesentliche Treiber oder Verhinderer/Bremser für das »individuelle Wollen«. Damit kommt ihnen im Zuge der individuellen Motivation hinsichtlich eines »neuen« Verhaltens, wie z. B. im Rahmen eines Transformationsprozesses, eine Schlüsselrolle zu. Die Wirkung des »sozialen Dürfens« kann einerseits förderlich sein (emotionale Zustimmung: Wertschätzung, Lob, Unterstützung, Begeisterung, Teamdynamik etc.) oder aber bremsend/verhindernd (emotionale Ablehnung: verächtlich machen, abwerten, dementieren, bestrafen etc.). Oft resultieren Unsicherheiten bezüglich des »sozialen Dürfens« aus einer Inkonsistenz der propagierten und der gelebten Werte (z. B. Disziplin, Ordnung, Kreativität, Querdenkertum etc.) im Unternehmen oder einer zwiegespaltenen Unterstützungshaltung der Führungskraft. Insbesondere innovatives Verhalten auf unsicherem Terrain und in neuartigen Kontexten mit hohen Anforderungen an Kreativität mit disruptiven Perspektiven wird vor allem durch das soziale Umfeld, die Organisations-, Team- und Führungskultur geprägt.

Vor diesem Hintergrund wird deutlich, dass die individuellen und organisationalen Determinanten des Verhaltens von Menschen in Organisationen eine enge wechselseitige Abhängigkeit zeigen und dass Führung die beiden Dimensionen verzahnt. Ohne persönliches Können und Wollen der Mitarbeiter – ohne individuelle Transformationskompetenz – wird sich ein digitaler Transformationsprozess kaum umsetzen lassen. Jedoch kann das persönliche Können und Wollen sich nur dann entfalten, wenn die dafür notwendigen strukturellen Voraussetzungen (Prozesse, Ressourcen, Organisationsstrukturen) sowie das soziale Dürfen und Sollen (letztlich die Belohnungsstrukturen und die ungeschriebenen Gesetze der Organisationskultur) adäquat darauf abgestimmt sind. Fehlt die Unterstützung der Mitarbeiter durch persönliche Motivation und Kompetenz, lässt sich auch Unternehmensstrategie oder auch eine propagierte Organisationskultur (z. B. die heute weit verbreitete Agilität) nicht zum Leben erwecken. Technokratische Change-Prozesse, die die Kultur und die Emotionalität der Mitarbeiter nicht (ausreichend) beachten, werden scheitern. Von besonderer Bedeutung ist deshalb die Tatsache, dass alle vier genannten Verhaltensdeterminanten in einem interdependenten Zusammenhang stehen. Dies gilt für Wandelprozesse allgemein und ganz besonders für den digitalen Transformationsprozess, da unzensierte Innovationskraft, Fehlerkultur, Vertrauen in Führung und Zusammenarbeit und zukunftsgewandter Handlungsoptimismus auf Führungs- und Organisationskultur, letztlich auf Glaubwürdigkeit, auf emotionaler Resonanz und Vertrauen basieren.

Der britische Soziologe Anthony Giddens beschreibt die Wechselwirkung zwischen Struktur und Individuum in seiner Theorie der Strukturierung als vielschichtig wechselseitige Abhängigkeit (▸ Abb. 35).

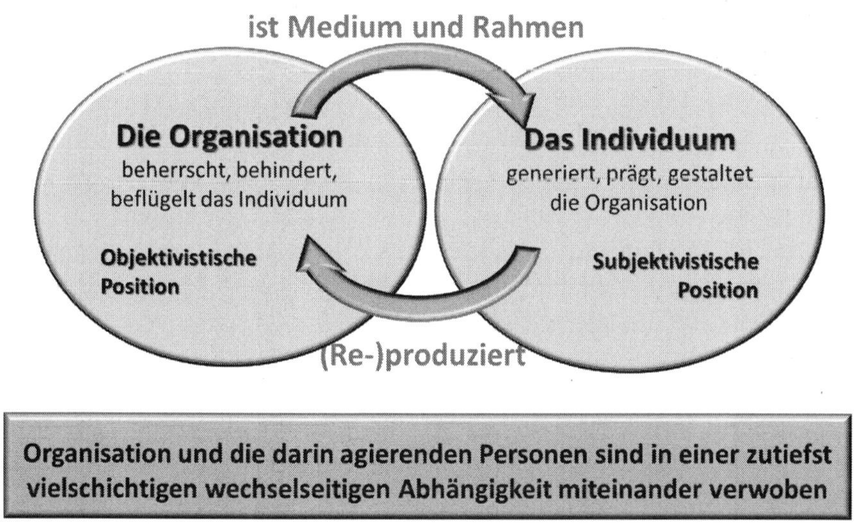

Abb. 35: Die Strukturtheorie nach Giddens (Quelle: In Anlehnung an Giddens 1997)

Die Strukturtheorie lässt sich durchaus auf die Konstellation zwischen individuellen und organisationalen Rahmenbedingungen im Zusammenhang mit dem Verhalten in Organisationen übertragen. Damit wird das Modell der vier Verhaltensdeterminanten noch um den Aspekt der wechselseitigen Co-Kreation ergänzt. Giddens Kernaussage seiner Strukturtheorie – er nennt sie Dualität der Struktur – besagt, dass Strukturen nicht nur Zwang auf die Handelnden ausüben würden, sondern gleichzeitig dieses Handeln auch erst ermöglichen und zudem auch in einer vielschichtigen Wechselwirkung das Handeln wiederum die Strukturen deute, präge und letztlich auch gestalte (Treibel 1997).

Giddens These, dass soziale Akteure durch ihre Handlungen die Bedingungen (Struktur), die ihr Handeln ermöglichen, reproduzieren und Strukturen sowohl das Medium als auch das Ergebnis von sozialem Handeln darstellen, belegt noch einmal die Bedeutung der Interdependenz von individueller und organisationaler Transformationskompetenz. Menschen prägen Organisationen und Organisationen prägen Menschen. Aber ganz entscheidend ist das Zusammenwirken beider Dimensionen. Im Zweifel würden Systemiker wohl davon ausgehen, dass das System stärker ist als Einzelne ...

Aber wichtig ist: Es braucht für jedwede Veränderung – zum Guten wie zum Schlechten – immer beide. Eine einseitige Fokussierung oder gar Begrenzung auf eine der beiden Dimensionen wäre fatal. Wer den Fokus hinsichtlich einer erfolgversprechenden Gestaltung der digitalen Transformation nur auf individuelle Handlungskompetenzen legt, greift bei Weitem zu kurz. Wer umgekehrt einer eher rationalen Idee der »technischen« Steuerung der Organisation top-down entlang neuer Technologien, Produkte, Prozesse und Märkte anhängt und erwartet, dass die Menschen den strukturellen und technischen Entwicklungen schon folgen werden, muss mit Überraschungen rechnen mit dem Risiko eines kompletten Scheiterns.

Diese Wechselwirkung zwischen individuellem Handeln und organisationalen Strukturen stellt die zentrale Grundlage einer Ideenskizze für ein Konzept zur Transformationskompetenz dar. Es geht dabei selbstverständlich um die Bedeutung des Individuums im Rahmen der Transformation (Lotter 2017) und um die vorhandenen und zu gestaltenden Rahmenbedingungen, die das individuelle Handeln beeinflussen. Selbstständigkeit und Mündigkeit des Individuums sind die essentiellen Kompetenzen im Kontext von Arbeit 4.0, aber diese brauchen einen passenden Organisationsrahmen. Dieser Rahmen muss Strukturen, Technologien, Prozesse und insbesondere auch die Organisationskultur umfassen. Richtig ist: Unternehmen müssen sich von der Leitkultur der Unselbständigkeit trennen. Das Aufbrechen einer tradierten und tief in der DNA einer Organisation verinnerlichten Organisationsleitkultur kann nicht einfach per Knopfdruck geschaltet werden. Dazu braucht es mehr. Und es braucht mehr als nur individuelle Personalentwicklung.

Oft wird in diesem Zusammenhang auch von der Neigung der Personalisierung organisationaler Probleme gesprochen (Taffertshofer 2009). Das individuelle Verhalten wird für gute wie für schlechte Entwicklungen als »allein verantwortlich« betrachtet. Diese Neigung hat ihre oft unbewusste Begründung in der Diskrepanz in den Grundannahmen zwischen dem (scheinbar) logischen, rationalen und schlüssigen Plan der zukünftigen Organisation und dem (scheinbar) irrationalen, emotionalen Verhalten der Mitarbeiter (Kühl & Muster 2016). Durch die Zuweisung von organisatorischen Problemen und Fehlern auf Personen wird das idealtypische Bild einer rational agierenden Organisation als Gesamtsystem aufrechterhalten, weil die Probleme außerhalb des Systems (bei der Persönlichkeitsstruktur von Menschen) gesucht werden (Kühl 2016). Wenn aber Mitarbeiter beherzt, motiviert und kompetent agieren, die Strukturen und die Kultur der Organisation – ob in Person der Führungskraft oder auch über andere strukturelle oder kulturelle Formate der Belohnung/Bestrafung im Unternehmen – dieses Verhalten nicht fördern, subtil diskreditieren oder sogar ablehnen, dann wird der Mitarbeiter sehr schnell lernen, dass seine Kompetenzen zwar formal gewürdigt werden, de facto jedoch nicht wertgeschätzt oder im heikleren Fall mehr oder minder deutlich abgestraft werden. Diese Inkonsistenz zwischen postuliertem Anspruch und gelebter Realität der Organisationskultur prägt das tatsächliche Verhalten von Mitarbeitern essentiell. Sie lernen rasch, dass sie – wenn sie in der Organisation erfolgreich und wertgeschätzt werden wollen – ihr Reden und Handeln entsprechend den faktischen Differenzen zwischen formaler, informaler und der Schauseite der Organisation (Kühl 2010) zweckdienlich anpassen (Kühl 2018; Gairing 2017).[7]

Der Prozess der digitalen Transformation wird schwerlich gelingen können, wenn die Transferkompetenz der Mitarbeiterinnen und Mitarbeiter keine Resonanzflächen in der Strategie, den Strukturen und vor allem der Kultur der

7 Kühl unterscheidet in diesem Zusammenhang zwischen drei Seiten der Organisation: der formalen Seite, dem offiziellen Regelwerk der Organisation. Die zweite Seite, die informale Seite einer Organisation besteht aus verinnerlichten Praktiken, aus gepflegten Denk- und Verhaltensmustern. Als dritte Seite nennt Kühl die »Schauseite« der Organisation. Organisationen präsentieren nach außen eine möglichst attraktive »Fassade« um auf diese Weise die Gunst der Kunden zu erlangen, eine positive Grundhaltung der Medien ihnen gegenüber zu erzeugen oder Legitimation durch politische Kräfte zu erhalten. Weil die Anforderungen an die Schauseite andere sind als an die formale Seite einer Organisation, haben die Organisationen keine andere Möglichkeit, als ihre »internen Kernprozesse« von den von außen wahrnehmbaren »Oberflächenstrukturen« zu entkoppeln. Neben der »tatsächlichen Wirklichkeit« wird auch eine »publizierte Wirklichkeit« der Organisation geschaffen. (Kühl 2010).

Organisation und der Führung findet. Oder um es mit der Sprache der Systemtheorie auszudrücken: Individuen, Organisation und Führung können als strukturell gekoppelte bzw. interpenetrierte Systeme verstanden werden, die in einer komplexen Interdependenz miteinander verwoben sind (Luhmann 1990). Deshalb geht es bei der Frage, welche Konzepte und Methoden zur Förderung einer erfolgversprechenden Transformationskompetenz taugen, letztlich immer um ein integratives Zusammenspiel individueller, managerialer und organisationaler Lern- und Entwicklungsprozesse.

5.3.4 Transformationskompetenz fördern

Es liegt auf der Hand, dass weder individuelle oder manageriale noch erst recht nicht organisationale Transformationskompetenzen in klassischen Weiterbildungsveranstaltungsformaten »vermittelt« werden können, denn eine Pädagogik der Anleitung zur Selbstentwicklung ist paradox (Arnold & Schüßler 2015), Innovationsneugier, Organisationscourage, Disruptionskompetenz oder Ambiguitätstoleranz brauchen ein grundlegend anderes didaktisches Format, das ein Wechselspiel von aktivem Handeln, Reflexion und Lernen entlang praktischer Aufgaben und Projekte sicherstellt.

Für die Entwicklung von Transformationskompetenz – und zwar sowohl im individuellen, managerialen als auch organisationalen Kontext – bieten sich zwei Lernformate an, die hier vorgestellt werden sollen: Action Learning und Lab Learning. Beide Formate sind weder neu noch einzigartig und sind damit auch unverdächtig, damit nur den Reigen der modischen Heilslehren und digitalen Buzzwords erweitern zu wollen. Beide Formate bieten jedoch die große Chance, individuelle, manageriale und organisationale Lernprozesse in einer ganzheitlichen und integrativen Form zu verbinden. Dazu ist es jedoch notwendig, die Lernarrangements so zu gestalten, dass tatsächlich auf allen drei Ebenen Reflexion und Entwicklung geschehen kann.

Action Learning (AL)

Action Learning (AL) geht auf den britischen Erwachsenenbildner Reg Revans zurück (Revans 2011), der mit seinem Ansatz kritisch auf das in der Technikentwicklung und im Management verbreitete lineare Problemlösungsdenken reagiert. Da die Fähigkeit, die richtigen Fragen zu stellen, und auch vordergründig Gesetztes oder Selbstverständliches zu hinterfragen, im Verlauf der professionellen Entwicklung oft verlorengeht – oder im »Bermuda-Dreieck zwischen formalen, informalen und Schauseiten der Organisation« ersäuft – kommt es darauf an, genau diese Kompetenz zu fördern und zu entwickeln, wenn Innovation und selbstständiges Handeln gefördert werden sollen. Bei AL geht es insbesondere um eine Form des reflexiven Lernens (Dilworth 2010, S. 287).

Zentrale methodische Rahmendaten von Action Learning sind: Lernen in Kleingruppen und die Arbeit an einem unternehmensrelevanten, am besten eines unternehmensstrategischen Projekts im Auftrag des Top-Managements. Der gesamte AL-Prozess wird in der Regel vom HR-Bereich organisiert und koordiniert und von internen oder auch externen Prozessbegleitern flankiert. Die Prozessbegleiter agieren dabei vor allem als Coaches und Moderatoren bei der Prozessreflexion. Die Teilnehmer – in der betrieblichen Praxis häufig Nachwuchsführungskräfte – bearbeiten in einer kleinen Gruppe ein unternehmensrelevantes und im besten Fall strategisches Projekt und werten in regelmäßigen Abständen in Reflexionssitzungen zusammen mit dem/den Prozessbegleiter/n ihre Erfahrungen im Rahmen der Team- und Projektarbeit aus. Praktische Bearbeitung und persönliche Reflexion wechseln sich somit stetig ab. Die Arbeit an diesem Projekt bzw. dem Auftrag ist mit einem hohen persönlichen Einsatz, mit anspruchsvoller Teamarbeit, mit kollaborativen Führungsformen und auch mit einer vielschichtigen Interdependenz und Interaktion zur Organisation verbunden, da die persönliche Lernperspektive (insight me) und die organisationale Problemlösung (outsight the problem) miteinander verzahnt sind (Hauser 2008). Damit bietet sich die Möglichkeit, die Qualität der Zusammenarbeit, der Reaktionsformen auf Unerwartetes, Verunsicherndes und Neues zu thematisieren und damit sowohl die mentalen Dispositionen wie auch das entsprechende Verhalten und Handeln als Lernfeld zu erschließen. Die Reflexion der Zusammenarbeit in der Gruppe, die Klärung von Konflikten und die Besonderheiten gruppendynamischer Interaktionen in der Arbeitsgruppe sowie die organisationalen Interaktionen, Reflexe und Dynamiken (beispielsweise Macht, Neid, Solidarität, Kooperation, Mikropolitik etc.), die durch die Projektarbeit angetriggert werden, bieten hervorragende Möglichkeiten, um das soziale Verhalten des Einzelnen in einem »realen« Gruppen- und Organisationsgeschehen zu erleben, zu reflektieren, lernträchtig zu thematisieren und sich selbst damit weiterzuentwickeln. Auch die Möglichkeit des experimentellen Erprobens von unterschiedlichen methodischen Vorgehensweisen zur Erreichung eines Projektziels sowie Erfahrungen mit möglichen (dys-)funktionalen Handlungsoptionen bieten sehr gute Möglichkeiten für Erfahrungslernen. Die Projektmethode stellt damit eine ausgesprochen fruchtbare Möglichkeit für »ganzheitliches« Lernen dar, wenn denn die Balance von Projekt-Prozess und Projekt-Ergebnis bei der pädagogischen Anlage und Auswertung des Projekts angemessen berücksichtigt wird (Gairing 2008). Ein weiterer essentieller Vorteil dieses Lernformates ist die Tatsache, dass durch das handlungs- und praxisorientierte

Lernen im Rahmen eines strategischen Projektes die komplexen Alltagsherausforderungen, Krisen, Unerwartetes, soziale Phänomene der Zusammenarbeit und die eigene Reaktion darauf, quasi als Fraktal der Managementaufgabe erlebt, erlitten und lernträchtig reflektiert werden können. Relevante Verhaltensänderungen basieren häufig auf persönlichen Grenz- und Krisenerlebnissen (Koller 2012), auf prägenden Erfahrungen, die die Neuropsychologie als »Priming oder neuronale Bahnung« bezeichnen würde (Scheufele 2016). Für eine solche »Bahnung« oder Tiefenerfahrung mit dauerhafter Wirkung braucht es Lernerfahrungen, die »unter die Haut gehen«, Erfahrungen, die nicht im Stuhlkreis-Gespräch gemacht werden. Um solche Erfahrungen zu machen, muss man die Komfortzone verlassen, denn erst wenn Menschen durch das eigene Verhalten und die Resonanz des sozialen Umfelds derart ins Schwitzen kommen, dass »ihr Deo zu versagen droht«, erst ab diesem Punkt beginnt relevantes und andauerndes soziales Lernen (Gairing 2013).

Zudem bietet ein solches Lernprojekt im Kontext von AL neben der Entwicklung individueller und managerialer Transformationskompetenzen auch die einzigartige Chance, weit in die Organisation hineinzuwirken und damit auch organisationale Kompetenzentwicklung anzustoßen. Die passiert dann, wenn das zu bearbeitende strategische Projekt Ausstrahlung hat auf die Geschäftsführung und unterschiedliche Bereiche des Unternehmens und wenn die Lerngruppe insgesamt auf Basis ihrer diversen Rolle/n (z. B. Nachwuchsführungskräfte, Talente, High Potentials, Auftragnehmer eines Projektauftrags aus der Geschäftsführungsebene, Netzwerk von dynamischen Influencern etc.) als Multiplikatoren und mit wahrgenommener Strahlkraft in der Organisation wirken. Wenn dies so ist, dann können durch die Arbeit einer solchen Lerngruppe Impulse und auch reflexions- und lernträchtige Kultur-Irritationen auf die gesamte Organisation strahlen und dort, in der Geschäftsführung, in Bereichsführungsetagen, in Produktionseinheiten, Standorten und Abteilungen ebenfalls Diskussions- und Reflexionsprozesse anstoßen, die im besten Fall zu einem breiten Lernen bei vielen Beteiligten und möglicherweise der gesamten Organisation führen können. In einem solch günstigen Fall kann eine Aktionslerngruppe Katalysator für den Lernprozess in der Gesamtorganisation sein – und damit organisationale Transformationskompetenz entscheidend befördern.

LabLearning

LabLearning ist ein zweiter Ansatz für die Entwicklung von Transformationskompetenz. Dieses Format der Lernarbeit in Innovations- oder Transformationslaboratorien wird in der aktuellen Diskussion um angemessene Ansätze für die strategische Gestaltung der digitalen Transformation insbesondere im Zusammenhang mit dem Konzept der »organisationalen Ambidextrie« thematisiert (Raisch et al. 2009; Birkinshaw & Gupta 2013; Sattelberger, Welpe & Boes 2015; Gairing 2017). Die lateinischen Wurzeln des Wortes Ambidextrie setzen sich aus »ambo« (beide gleichzeitig«) und »dexter« (rechts) zusammen. Die wörtliche Übersetzung bedeutet also »beidseitig rechts«. Der Begriff Ambidextrie beschreibt die Fähigkeit, kreative und intrinsische Prozesse beidhändig auszuführen zu können (Eder 2014). »Organisationale Ambidextrie« beschreibt demnach Organisationen, die in der Lage sind, sich völlig unterschiedlichen Aufgaben zur selben Zeit zu widmen, also »beidhändig«, d. h. gleichzeitig effizient und flexibel sein zu können (Birkinshaw & Gupta 2013).[8]

Bei dem Konzept der organisationalen Ambidextrie wird vor allem auch die Frage diskutiert, welche strukturellen Voraussetzungen notwendig sind, damit etablierte Unternehmen die kreative Neugier, die agile Flexibilität und letztlich die visionäre Energie entwickeln können, um im Wettbewerb der disruptiven Innovationen erfolgreich zu sein. Hintergrund dieser Fragestellung ist die These, dass die eingefahrenen Organisationsstrukturen und auch die Organisationskultur von etablierten Unternehmen Innovationen mindestens behindern, im Zweifel sogar verhindern können. Die erfolgsverwöhnten industriellen Großunternehmen sind vor dem Hintergrund ihrer aktuellen Rahmenbedingungen oft nur schwerlich in der Lage, eine kraftvolle und neugierige Innovationskultur zu schaffen. Die Forderung nach radikaler Transformation in einer Organisation führt in der betrieblichen Praxis jedoch zu einem schwierigen Spagat. Das Tagesgeschäft muss im Wettbewerb behauptet werden, gleichzeitig und parallel müssen jedoch alle zentralen Prozesse, Systeme und Ziele in Frage gestellt und möglicherweise radikal transformiert werden. Oder wie es der Produktionsleiter eines Autozulieferers formulierte: »Transformationsmanagement ist, wie wenn man auf der Autobahn zügig auf der rechten Spur fährt und sich gleichzeitig selbst links überholen muss.« Die Idee der ambidextren Organisation fokussiert genau dieses Dilemma und schlägt vor, die doppelte Herausforderung mit einer »beidhändigen« Strategie zu beantworten.

Ein Unternehmen, das den Herausforderungen der digitalen Revolution aktiv begegnen will, muss demnach »beidhändig« arbeiten: Die »rechte Hand« betreibt das Tagesgeschäft und kümmert sich auch um operative Verbesse-

8 »The original meaning of ambidexterity was an individual's capacity to be equally skillful with both hands. This has been adapted to mean an organization's capacity to do two different things equally well« (Birkinshaw & Gupta 2013, S. 287).

rungen (z.B. KVP, Qualitätsmanagement etc.). Die »linke Hand« muss währenddessen gleichzeitig strategische Erneuerung anstreben und gestalten. Dies allerdings in abgestimmter Weise, damit die rechte weiß, was die linke tut (Krüger & Bach 2014).

Die Fähigkeit, organisationale Ambidextrie zu managen – also die »Beidhändigkeit« von Effizienz und Innovation zu gestalten –, gilt als essentielle Kompetenz zur Sicherung des Unternehmenserfolgs. Dazu ist eine kluge Balance zwischen diesen beiden unterschiedlichen Anforderungen von besonderer Bedeutung: Die Suche nach Neuem und Stabilität der etablierten Prozesse und Aufgaben. March (1991) beschreibt diese Dichotomie mit den Begriffen Exploration und Exploitation. Exploration beschreibt er mit den Worten Suche, Variation, Risiko, Experiment, Spiel, Flexibilität, Entdeckung sowie Innovation und Exploitation als Verbesserung, Veredelung, Auswahl, Produktion, Effizienz, Durchführung und Ausführung. Kurz: Exploration meint die Suche nach neuem Wissen und Exploitation die Verwendung und Entwicklung von Bekanntem (Levinthal & March 1993). Beide scheinbar gegensätzlichen Anforderungen muss modernes Management »beidhändig« steuern. Die notwendige Balance zu halten gelingt dann, wenn klar ist, an welchen Stellen im Unternehmen Stabilität und Effizienz auf der einen sowie Innovation und Erneuerung auf der anderen Seite verortet werden. Dementsprechend müssen Strukturen und Prozesse installiert werden, damit die notwendigen Ressourcen und auch die Kompetenzen der Mitarbeiter an den richtigen Stellen für die jeweilige strategische Stoßrichtung eingesetzt werden können.

Sattelberger propagiert als Plattform für Exploration sogenannte Transformationslabore, in denen Mitarbeiter jenseits des Tagesgeschäfts als »freie Radikale« ohne Zwänge und ohne Verwertungsdruck innovative Perspektiven entwickeln können. »Es geht darum, den Stein ins Wasser zu werfen und in der Praxis etwas zu tun, und nicht darum, lange Konzeptdiskussionen zu führen. Kreative Start-up-Ökologien sind durch ihren experimentellen Charakter erfolgreich. Ingenieure haben Prüfstände, Wissenschaftler haben Labore, Transformatoren arbeiten in Social Labs« (Sattelberger 2015). Die grundsätzliche Idee hinter diesem Vorschlag ist, dass Innovation und Erneuerung Freiräume brauchen, um außerhalb der Mechanismen und Kulturen des Alltaggeschäfts wirklich neue und im besten Fall bahnbrechende Prozess-, Produkt- und Dienstleistungsideen entwickeln können: »Garagenpionier- und Erfindergeist« jenseits des eingefahrenen, satten und trägen Unternehmensestablishments. Diese Freiräume können auch etablierte Organisationen schaffen: Projekt-Lerngruppen im Action-Learning-Prinzip, Innovations- oder Transformations-Labs oder gar Start-ups, die als Inkubatoren disruptive Innovationen in kleinen, agilen Teams entwickeln und im besten Fall schnelle und konkrete Erfolge vorzeigen können. Der Erfahrungsrückfluss dieser organisatorisch eigenständigen Inkubatoren kann mittelfristig das gesamte Unternehmen mit neuem Esprit infizieren.

»Innovationslabore« als Plattformen für Exploration können entweder integriert in die bestehende Organisation (z. B. als School of Transformation) mit (teilweise) freigestellten Innovationsagenten installiert werden oder auch in einem ausgegründeten Start-up-Unternehmen arbeiten.

Viele Konzerne versuchen daher inzwischen nicht nur Start-ups in ihrem Umfeld mit Startkapital und Startgrundausstattung zu fördern, sondern auch von deren Arbeitsweise zu lernen. Der Softwarekonzern SAP hat an verschiedenen Orten der Welt Labore eingerichtet, in denen SAP zusammen mit Kunden Produkte nach neuen Ansätzen weiterentwickelt.

Der Lufthansa Innovation Hub hat als eines der ersten Innovation Labs Plattform-Geschäftsmodelle getestet und mit Modellen wie Airlinecheckins.com Dienste lanciert, die auch Services für Wettbewerber anbieten. Zugleich gestaltet der Hub aufgrund der umfangreichen Expertise die übergeordnete Konzern-Digitalstrategie und -vision maßgeblich mit. Daimler betreibt unter dem Etikett »Business Innovations« eine Art Thinktank, in dem Ideen außerhalb des klassischen Geschäftsmodells entwickelt werden (Sindermann 2018).

Dr. Volkmar Denner, Vorsitzender der Bosch-Gruppe, beschreibt die konkrete und praktische Umsetzung der ambidextren Organisation bei Bosch in einer Pressemitteilung: »Um mehr Raum für diese Arbeit zu schaffen, agieren wir mit zwei Geschwindigkeiten: Entwicklung in Einklang mit traditionellen Prozessen bleibt in den Bereichen von grundlegender Bedeutung, in denen absolute Zuverlässigkeit und Sicherheit gefordert sind. Überall dort, wo Agilität und Flexibilität gefragt sind, setzen wir aber auf schnellere Ansätze wie die Scrum-Methode. Diesen Verfahrensrahmen, der sich in der Softwareentwicklung schon längst bewährt hat, setzen wir zunehmend auch im Hardware-Kontext ein [...]. Es bleibt abzuwarten, ob sich das Geschäft evolutionär oder disruptiv entwickeln wird [...]. Mit diesem Wissen im Hinterkopf fördern wir unternehmerisches Denken in unserem Unternehmen. Vor zwei Jahren haben wir beispielsweise unsere eigene Start-up-Plattform gegründet, um Forschungsergebnisse außerhalb des Kerngeschäfts zügig in den Markt zu überführen« (Denner 2016).

Hinter dem Konzept von Innovations- oder Transformations-Labs steckt die Idee, dass die positiven und innovativen Neuerungen, die sich im Zusammenhang mit den Laboren/Start-ups entwickeln, sowohl hinsichtlich ihres eigenen Geschäftsentwicklungsprozesses als auch in Bezug auf die generierten Geschäftsmodelle und Produkte dann im Rückfluss an das »Mutter«-Unternehmen als »role models« auch in den etablierten Strukturen des »Mutter«-

Unternehmens zu Veränderungen inspirieren – oder aber sich als »Auslaufmodell« organisch überflüssig machen.

Auf diese Weise wäre Neustrukturierung und Auslaufen ein zweigleisiger und im besten Falle organischer Prozess, der jedoch gezielt und aktiv gesteuert würde. Im Sinne dieser »Beidhändigkeit« der Unternehmensteuerung und auch des Veränderungsmanagements wäre es demnach notwendig, konkrete Veränderungsformate und -methoden für die Begleitung des laufenden Geschäfts aktiv bereitzustellen, um die aktuellen Abläufe, Strukturen und Prozesse auch weiterhin im Sinne der Wettbewerbsfähigkeit zu verbessern. Zudem müssen jedoch auch Change-Formate entwickelt und angewandt werden, die dynamische und unkonventionelle Start-ups und Labore bei ihrer Innovationsarbeit begleiten und die dazu notwendigen organisatorischen Rahmenbedingungen iterativ unterstützen. Dies muss jedoch so gestaltet werden, dass ein Rückfall in eine »bewährte Arbeitskultur« oder ein Zurechtschneiden auf »alte Organisationsmuster« ausgeschlossen wird. Sonst bestünde die Gefahr, dass das Wandelmanagement durch die Hintertür die Renaissance der alten Kultur beförderte. Schon deshalb werden in Zukunft tatsächlich neue Managementformate für Wandlungsvorgänge gebraucht werden, die unterstützend, aber nicht normierend agieren.

Ein Beispiel für ein in der industriellen Praxis funktionierendes Laboratorium ist das sogenannte InnoLab, das BMW im Werk Regensburg als Lernformat für den digitalen Wandel und die Qualifizierung der Mitarbeiter eingerichtet hat. Das InnoLab soll Ideen, die von den Mitarbeitern kommen, unterstützen, vorantreiben und sie schnell in die Umsetzung bringen. Gleichzeitig soll das InnoLab die Mitarbeiter an die moderne Technik heranführen und sie motivieren, sich damit zu beschäftigen und sie auszuprobieren. Ein konkretes Beispiel dafür ist das im Rahmen des InnoLab eingerichtete Rapid Prototyping Center, ein Kompetenzzentrum mit sieben 3D-Druckern. Ein Großteil der Aufträge für das Rapid Prototyping Center kommt von der Entwicklung, die häufig und zeitnah Bauteile für die Prototypen neuer Fahrzeuge braucht. Früher hat dies Monate gedauert, das Rapid Prototyping Center kann innerhalb von zehn Tagen liefern (BMW 2019).

5.4 Weitere förderliche Lern-Settings

- Virtuelle und reale, vernetzte Kollaborationsräume, in denen Teams gemeinsam on the job lernen und dabei Kultur, Strukturen, Prozesse und Strategien reflektieren.
- Design-Thinking-Workshops, um Prozesse, Produkte und Unternehmen im Rahmen von Co-Creation-Prozessen weiterzuentwickeln. Durch ein struk-

turiertes, mehrstufiges Vorgehen, das analytische und intuitive Arbeitsweisen verbindet und individuelles und organisationales Handeln adressiert, Innovationen hervorbringen und komplexe Probleme lösen.

- Gestaltungsspielräume und lernförderliche Umgebung im Arbeitsalltag, die informelles Lernen ermöglichen (Dehnbostel 2019).
- Selbstorganisierte Großgruppenformate wie Working out Loud, Growing out Loud, World Café, Open Space u. a. bieten – wenn sie inhaltlich und methodisch konsequent auf diese bewusste Mehrdimensionalität ausgerichtet sind – ebenfalls hervorragende Möglichkeiten, individuelles und organisationales Lernen zu verknüpfen.
- Einführung von individuellen und teamorientierten Reflexions- und Lernzeiten, in denen im Alltag Erlebtes reflektiert und lernend integriert werden kann (beispielsweise in Form von »lessons learned«).
- Kollektive und individuelle »Learning Journeys« (auch ungewöhnliche Exkursionen, Erkundungen, Retreats etc.), die Impulse für innovative Denk- und Verhaltensweisen zum Experimentieren und Reflektieren zur Verfügung zu stellen (Borggräfe & Kuenzler 2018).

5.5 Fazit

Folgt man dem Argument, dass Transformationskompetenz nur im Zusammenwirken von Individuen, Führung und Organisation erfolgreich sein kann und deshalb genau diese drei Dimensionen möglichst integrativ in einem geeigneten Lern-Setting reflektiert und entwickelt werden sollten, dann muss die konzeptionelle Trennung von Personal- und Organisationsentwicklung im Grundsatz in Frage gestellt werden. Für die Entwicklung von Transformationskompetenz braucht es ein konzertiertes Konzept der integrativen Entwicklung von Menschen (Personalentwicklung) und der Organisation (Organisationsentwicklung), das das Lernen von Menschen und Systemen als hochvernetztes und interdependentes Lernsystem betrachtet (Gairing 2017). Für die Praxis der HR würde dies bedeuten, individuelle und organisationale Lernprozesse intensiv zu verzahnen und dem organisationalen Lernen und der Reflexion der Organisationskultur eine zentrale Bedeutung zu geben, gerade wenn man digitale und disruptive Entwicklungen meistern will. Wenn HR dazu mit Methoden des Action Learning oder mit Learning Labs (oder auch anderen möglichen Lernformaten wie Design Thinking oder Großgruppenmethoden) arbeitet, dann ist zwingend darauf zu achten, dass die Reflexionsarbeit nicht auf das individuelle Lernen begrenzt bleibt. Die Diskussion bei einem »Kamingespräch mit dem Vorstand« im Rahmen eines Management-Development-Programms darf dann nicht auf die launig-wohlwollende Frage des

Vorstandes reduziert bleiben: »Was haben Sie, liebe Teilnehmer, denn jetzt in diesem Seminar gelernt?« Reflexionsrunden in Lernsettings, ob Action oder Lab Learning, ob Lesson-Learned- oder auch Design-Thinking-Workshops müssen immer auch und ganz besonders Fragen nach managerialem und organisationalem Lernpotenzial thematisieren – wenn sie denn ernsthaft Transformationskompetenz fördern und entwickeln wollen. Dass dieser Anspruch einer umfassenden individuell-organisationalen Entwicklung auch inhaltlich und methodisch konsequent umgesetzt wird, liegt in der professionellen Verantwortung von HR. Nicht immer wird eine solch radikale Gestaltungsform vom Management goutiert. Die vom damaligen Personalvorstand Thomas Sattelberger geplante »Telekom School of Transformation« sollte ein Beispiel für die integrierte Förderung von individuellem und organisationalem Lernen sein, sie sollte »hierarchiearm [...] alte Geschäftsmodelle radikal hinterfragen und helfen, neue Geschäftsmodelle zu entwickeln und damit neue Einnahmequellen für die Zukunft erschließen, um disruptivem Wandel angemessen begegnen zu können« (Sattelberger 2015, S. 24). Allerdings wurde die Telekom School of Transformation nie installiert, dabei war sie doch »den kritischen Geistern, den Querdenkern, den Transformationstreibern gewidmet« (Sattelberger 2015, S. 24 f.). Dieses Ziel hat offensichtlich nicht alle Entscheider überzeugt oder war vielleicht zu viel der disruptiven Transformation. Deshalb bleibt es eine zentrale unternehmenspolitische Aufgabe des HR-Bereichs, die konzeptionelle und methodische Expertise für die Gestaltung auch des digitalen Transformationsprozesses mit professionellem Anspruch und strategischem Selbstbewusstsein zu vertreten, um nicht als Co-Akteur eines verstolperten und verschlafenen Prozesses am Ende nur die sozialen Scherben zusammenzufegen.

Die digitale Gretchenfrage lautet: Wie hast Du's mit der Transformation? Hat Deine Organisation ausreichend handlungsaktivierende Erkenntnis, motivierende Courage und kollaborative Gestaltungskraft, um die längst mit Macht hereingebrochene digitale Transformation beherzt und professionell anzugehen, die Schockstarre zu überwinden und im Verbund von individuellem, managerialem und organisationalem Handeln die (vielleicht letzte) Chance zu nutzen, noch rechtzeitig aus dem »köchelnden Topf« zu springen ...?

Literaturverzeichnis

Acatech (Hrsg.): Kompetenzen für die Industrie 4.0. Qualifizierungsbedarfe und Lösungsansätze, online im Internet, URL: https://www.acatech.de/publikation/kompetenzen-fuer-industrie-4-0-qualifizierungsbedarfe-und-loesungsansaetze/, Abruf am 01.09.2019

Argyris, C., Schön, D. A.: Die lernende Organisation. Grundlagen, Methode, Praxis, 3. Aufl., Klett-Cotta (Management - Die blaue Reihe), Stuttgart 2006

Arnold, R., Schüßler, I. (Hrsg.): Ermöglichungsdidaktik. Erwachsenenpädagogische Grundlagen und Erfahrungen, 2. Aufl., Schneider Verlag Hohengehren GmbH (Grundlagen der Berufs- und Erwachsenenbildung, 35), Baltmannsweiler 2015

Arntz, M., Gregory, T., Zierahn, U.: Digitalisierung und die Zukunft der Arbeit: Makroökonomische Auswirkungen auf Beschäftigung, Arbeitslosigkeit und Löhne von morgen, hrsg. v. ZEW. Zentrum für Europäische Wirtschaftsforschung, 2018

Beugelsdijk, S., Slangen, A und van Herpen, M.: Shapes of organizational change: the case of Heineken Inc. in: Journal of Organizational Change Management 15 (3) 2002, S. 311-326

Birkinshaw, J., Gupta, K.: Clarifying the Distinctive Contribution of Ambidexterity to the Field of Organization Studies, in: Academy of Management Perspectives 27 (4) 2013, S. 287-298. DOI: 10.5465/amp.2012.0167

BMW: Willkommen in der Zukunft. Alle reden von Industrie 4.0 – bei uns ist sie längst angekommen. Das Innolab im BMW Werk Regensburg, 2019, online im Internet, URL: https://www.bmwgroup-werke.com/regensburg/de/aktuelles/Industrie_40.html, Abruf am 26.07.2019

Boes, A., Welpe, I., Sattelberger, T.: Das demokratische Unternehmen. Neue Arbeits- und Führungskulturen im Zeitalter digitaler Wirtschaft, Haufe-Lexware GmbH & Co. KG. Freiburg 2015, online im Internet, URL: https://www.wiso-net.de/document/HAUF, AHAU,VHAU__9783648074367310, Abruf am 17.07.2019

Borggräfe, M., Kuenzler, J.: Kollektive Transformationskompetenz schaffen, in: Change Congress 2018, S. 39-44, online im Internet, URL: https://flourister.com/wp-content/uploads/2018/11/Transformationskompetenz.pdf, Abruf am 22.07.2019

Bruch, H., Vogel, B.: Organisationale Energie. Wie Sie das Potenzial Ihres Unternehmens ausschöpfen, Gabler, Wiesbaden 2005

Brunsson, N.: The organization of hypocrisy. Talk, decisions and actions in organizations, 2. Aufl., Business School Press, Kopenhagen 2006

Brynjolfsson, E., McAfee, A., Henzler, H. A.: The Second Machine Age. Wie die nächste digitale Revolution unser aller Leben verändern wird, unter Mitarbeit von Petra Pyka, Plassen Verlag, Kulmbach 2018

Buxmann, P., Schmidt, H. (Hrsg.): Künstliche Intelligenz. Mit Algorithmen zum wirtschaftlichen Erfolg, Springer, Berlin Heidelberg, 2019, online im Internet, URL: https://doi.org/10.1007/978-3-662-57568-0, Abruf am 25.07.2019

Capgemini Consulting: Culture First! Von den Vorreitern des digitalen Wandels lernen. Change Management Studie 2017

Christensen, C. M.: The innovator's dilemma. Warum etablierte Unternehmen den Wettbewerb um bahnbrechende Innovationen verlieren, München 2013

Christensen, C., Johnson, M.: What Are Business Models, and How Are They Built? Harvard Business School Module Note, Harvard Business School, Cambridge Mass. 2009, online im Internet, URL: http://www.thefgi.net/wp-content/uploads/2010/09/What-is-a-Business-Model.pdf, Abruf am 27.07.2019

Daheim, C., Wintermann, O.: Arbeit 2050. Drei Szenarien. Ergebnisse einer internationalen Delphi-Studie des Millennium Projects. Bertelsmann-Stiftung, Future Impacts, Millennium Project, Gütersloh 2019

Deeken, M., Fuchs, T.: Agiles Management als Antwort auf die Herausforderungen der Digitalisierung. Praktische Erkenntnisse und Gestaltungshinweise für die Bankenbranche, Springer Gabler (Essentials), Wiesbaden 2018, online im Internet, URL: http://www.springer.com/, Abruf am 19.07.2019

Dehnbostel, P.: Lernorte und Lernräume in der digitalen Arbeitswelt. DENK-doch-MAL, 2019, online im Internet, URL: http://denk-doch-mal.de/wp/peter-dehnbostel-lernorte-und-lernraeume-in-der-digitalen-arbeitswelt/, Abruf am 11.07.2019

Denner, V.: Technik fürs Leben: Bosch-Pressekonferenz anlässlich der CES, 05.01.2016, online im Internet, URL: https://www.bosch-presse.de/pressportal/de/de/technik-fuers-leben-simply-connected-bosch-loesungen-fuer-eine-vernetzte-welt-43138.html, Abruf am 07.07.2019

Dilworth, R. L. (Hrsg.): Action learning and its applications, Palgrave Macmillan, Houndmills u.a. 2010, online im Internet, URL: http://www.palgraveconnect.com/pc/doifinder/10.1057/9780230250741, Abruf am 22.07.2019

Eder, M.: Organisationale Ambidextrie. Conference Paper, online im Internet, URL: https://www.researchgate.net/publication/292298897_ORGANISATIONALE_AMBIDEXTRIE, Abruf am 22.07.2019

Erpenbeck, J.: Was »sind« Kompetenzen?, in: Faix, W. G. (Hrsg.), Kompetenz. Festschrift – Prof. Dr. John Erpenbeck zum 70. Geburtstag, unter Mitarbeit von John Erpenbeck, Steinbeis-Ed, Stuttgart 2012, S. 1-57

Erpenbeck, J., Sauter, W.: Betriebliche Bildung in mittelständischen Unternehmen. Ein Geschäftsmodell im Zeitalter der Digitalisierung, in: Heyse, V., Erpenbeck, J., Ortmann, S., Coester, S. (Hrsg.): Mittelstand 4.0 - eine digitale Herausforderung. Führung und Kompetenzentwicklung im Spannungsfeld des digitalen Wandels, Waxmann (Kompetenzmanagement in der Praxis, Bd. 11), Münster, New York, 2018, S. 110–134

Fischer, S., Häusling, A.: Das agile Unternehmen im disruptiven Wandel der Industrie 4.0, 2017

Forschungsunion: Umsetzungsempfehlungen für das Zukunftsprojekt Industrie 4.0. Abschlussbericht des Arbeitskreises Industrie 4.0, Acatech 2013, online im Internet, URL: https://www.bmbf.de/files/Umsetzungsempfehlungen_Industrie4_0.pdf, Abruf am 04.01.2017

Frey, C., Osborne, M.: The future of employment: How susceptible are jobs to computerization. 2013, online im Internet, URL: http://www.futuretech.ox.ac.uk/sites/futuretech.ox.ac.uk/fles/The_Futur.../Users/michaelosborne/Documents/Research/future_of_employment_paper/old/.texpadtmp/future_of_employment_18.dvi, Abruf am 03.01.2017

Gairing, F.: Organisationsentwicklung als Lernprozess von Menschen und Systemen, 4. Aufl., Beltz (Beltz Bibliothek), Weinheim 2008

Gairing, F.: Soziales Lernen findet erst statt wenn das Deo versagt. Die Bedeutung von Emotionen im Kontext der Entwicklung sozialer Kompetenzen (Turmthesen der Hochschule Pforzheim, Bd. 5.) Hochschule Pforzheim, Pforzheim 2013

Gairing, F.: Organisationsentwicklung. Geschichte – Konzepte – Praxis, Kohlhammer (Kohlhammer Human Resource Competence), Stuttgart 2017

Gairing, F., Weckmüller, H.: Erfolgreiche Ansätze zur Steuerung von organisationalen Veränderungsprozessen, in: Personal Quarterly (2) 2019, S. 46-49

Giddens, A.: Cross Civilizational AI. A Magna Charta For The Digital Age, in: Washington Post, 02.05.2018

Grannemann, U.: Wir alle leben in der VUCA-Welt, geposted am 31.08.2015, online im Internet, URL: http://www.leadion.de/2015/08/31/wir-alle-leben-in-der-vuca-welt, Abruf am 03.01.2017

Greve, G.: Organizational Burnout. Das versteckte Phänomen ausgebrannter Organisationen, 3., akt. Aufl., Gabler Verlag, Wiesbaden 2015, online im Internet, URL: http://dx.doi.org/10.1007/978-3-8349-4764-2, Abruf am 17.06.2019

Groth, T.: Lerne Gegensätze zu lieben. Organisationen brauchen Ambivalenz, in: wirtschaft+weiterbildung (5) 2017, S. 23-25, online im Internet, URL: https://www.haufe.de/download/wirtschaft-weiterbildung-ausgabe-52017-wirtschaft-weiterbildung-411442.pdf, Abruf am 10.07.2019

Hannover Messe: Plattformökonomie: Herzstück der digitalen Revolution. Hannover Messe 2019, online im Internet, URL: https://www.hannovermesse.de/de/news/top-themen/platform-economics/, zuletzt aktualisiert am 13.08.2019, Abruf am 12.05.2019

Hauser, B.: Action Learning im Management Development. Eine vergleichende Analyse von Action-Learning-Programmen zur Entwicklung von Führungskräften in drei verschiedenen Unternehmen. 2. Aufl., Rainer Hampp Verlag (Schriftenreihe Organisation und Personal, Bd. 16), Mering 2008, online im Internet, URL: http://www.wiso-net.de/document/EBOK,AEBO__9783866182387276, Abruf am 23.07.20119

Hewlett Packard: Was ist maschinelles Lernen?, 2019, online im Internet, URL: https://www.hpe.com/de/de/what-is/machine-learning.html, Abruf am 10.07.2019

Hinderer, H., Pflugfelder, T., Kehle, F.: Elektromobilität. Chancen für Zulieferer und Hersteller, Stand 05/2016, Springer Fachmedien, München 2016

Ittermann, P., Niehaus, J.: Industrie 4.0 und Wandel von Industriearbeit. Überblick über Forschungsstand und Trendbestimmungen, in: Hirsch-Kreinsen, H., Ittermann, P., Falkenberg, J. (Hrsg.), Digitalisierung industrieller Arbeit. Die Vision Industrie 4.0 und ihre sozialen Herausforderungen, Nomos edition sigma, Baden-Baden 2015, S. 32-53

Keese, C.: Silicon Germany. Wie wir die digitale Transformation schaffen. Penguin, München 2017

Kieser, A.: Managementmoden auf dem Laufsteg: Des Managers neue Kleider, in: Beschaffung aktuell (1) 1996, S. 14-17

Koller, H.-C.: Anders werden. Zur Erforschung transformatorischer Bildungsprozesse, in: Miethe, I., Müller, H.-R. (Hrsg.): Qualitative Bildungsforschung und Bildungstheorie, Budrich, Opladen 2012, S. 19-33

Krüger, W., Bach, N. (Hrsg.): Excellence in Change. Wege zur strategischen Erneuerung, 5. Aufl., Gabler Verlag (uniscope. Publikationen der SGO Stiftung), Wiesbaden 2014

Kühl, S.: Von den Schwierigkeiten aus einem Handwerk eine Profession zu machen. Universität Bielefeld, Bielefeld 2001, online im Internet, URL: https://pub.uni-bielefeld.de/download/2918043/2918044, Abruf am 08.07.2019

Kühl, S.: Die Fassade der Organisation. Überlegungen zur Trennung von Schauseite und formaler Seite von Organisationen, 1. Working Paper. Universität Bielefeld, Bielefeld 2010, online im Internet, URL: http://www.uni-bielefeld.de/soz/personen/kuehl/pdf/Schauseite-Working-Paper-1_19052010.pdf, Abruf am 10.07.2019

Kühl, S. (2017): ... im Interview: Die agile Organisation ist kalter Kaffee. Hg. v. Human Resources Manager. Online verfügbar unter https://www.humanresourcesmanager.de/news/die-agile-organisation-ist-kalter-kaffee.html, zuletzt aktualisiert am 2017, zuletzt geprüft am 10.07.2019.

Kühl, S.: Organisationskulturen beeinflussen. Eine sehr kurze Einführung, Springer VS, Wiesbaden 2018

Kühl, S.: Die überraschende Renaissance eines verstaubten soziologischen Konzeptes. Wie Praktiker das Wort »agil« missverstehen, hrsg. v. Sozialtheoristen, 2019, online im Internet, URL: https://sozialtheoristen.de/2019/02/19/die-ueberraschende-renaissance-eines-verstaubten-soziologischen-konzeptes-wie-praktiker-das-wort-agil-missverstehen/#_ftn13, Abruf am 22.07.2019

Kühl, S., Muster, J.: Organisationen gestalten. Eine kurze organisationstheoretisch informierte Handreichung, Springer VS (Management kompakt), Wiesbaden 2016, online im Internet, URL: http://www.springer.com/, Abruf am 11.07.2019

Laloux, F.: Reinventing organizations. Ein Leitfaden zur Gestaltung sinnstiftender Formen der Zusammenarbeit, unter Mitarbeit von Mike Kauschke, Franz Vahlen, München 2015, online im Internet, URL: http://dx.doi.org/10.15358/9783800649143, Abruf am 17.03.2019

Levinthal, D. A., March, J. G.: The Myopia of Learning, in: Strategic Management Journal, Vol. 14, 1993, S. 95-112

Lotter, Wolf: Selbstständig ist nicht unanständig, online im Internet, URL: https://www.welt.de/debatte/kommentare/plus165902604/Selbststaendig-ist-nicht-unanstaendig.html, Abruf am 05.07.2017

Luhmann, N.: Die Wissenschaft der Gesellschaft Suhrkamp, Suhrkamp (Suhrkamp-Taschenbuch Wissenschaft, 1001), Frankfurt am Main 1990

Luhmann, N.: Organisation und Entscheidung. 3. Aufl., VS Verlag, Wiesbaden 2011

Luhmann, N.: Schriften zur Organisation 1. Die Wirklichkeit der Organisation, hrsg. v. Tacke, V., Lukas, E., Springer Fachmedien, Wiesbaden 2018

March, J. G.: Exploration and Exploitation in Organizational Learning, in: Organization Science 2 (1) 1991, S. 71-87, DOI: 10.1287/orsc.2.1.71

McNamee, R.: Ever get the feeling you're be watched?, in: Financial Times, 06.02.2019

Memorandum der Plattform Industrie 4.0. hrsg. v. Bundesministerium für Wirtschaft und Energie, online im Internet, URL: https://www.bmwi.de/Redaktion/DE/Publikationen/Industrie/memorandum-plattform-industrie-4-0.pdf%3Fblob%3DpublicationFile%26v%3D13, Abruf am 03.01.2017

Mertens, D.: Schlüsselqualifikationen. Thesen zur Schulung für eine moderne Gesellschaft, in: MittAB 7 1974, S. 36-43

Meyer, J.-U.: Digitale Disruption. Die nächste Stufe der Innovation. 2. Aufl., Business Village, Göttingen 2017

Müller-Jentsch, W.: Strukturwandel der industriellen Beziehungen. ›Industrial Citizenship‹ zwischen Markt und Regulierung, VS Verlag für Sozialwissenschaften/GWV Fachverlage GmbH (Hagener Studientexte zur Soziologie), Wiesbaden 2007

Nationale Strategie für Künstliche Intelligenz: Die nationale KI-Strategie der Bundesregierung 2019, online im Internet, URL: unter https://www.ki-strategie-deutschland.de/home.html, Abruf am 10.07.2019

Obermaier, R. (Hrsg.): Industrie 4.0 als unternehmerische Gestaltungsaufgabe: betriebswirtschaftliche, technische und rechtliche Herausforderungen, Springer Gabler, Wiesbaden 2016

Peissner, M., Hipp, C., Spath, D., Weisbecker, A. (Hrsg.): Potenziale der Mensch-Technik Interaktion für die effiziente und vernetzte Produktion von morgen: Fraunhofer Verlag 2013

Quinn, D.: The story of B. Bantam Books, New York 1997

Raisch, S., Birkinshaw, J., Probst, G., Tushman, M. L.: Organizational Ambidexterity: Balancing Exploitation and Exploration for Sustained Performance, in: Organization Science, Vol. 20, No 4, 2009, S. 685-695, online im Internet, URL: http://www.jstor.org/stable/25614687, Abruf am 06.06.2019

Revans, R. W.: ABC of action learning, Gower, Farnham, England, Burlington, Vt 2011, online im Internet, URL: http://search.ebscohost.com/login.aspx?direct=true&scope=site&db=nlebk&db=nlabk&AN=398308, Abruf am 02.07.2019

Rosenstiel, L. v.: Grundlagen der Organisationspsychologie. Basiswissen und Anwendungshinweise, 5., überarb. Aufl., Schäffer-Poeschel (Sammlung Poeschel, 95), Stuttgart 2003

Sattelberger, T.: 50 Jahre Personalmanagement: Entwicklungen. Entgleisungen. Entdeckungen, in: Sattelberger, T., Bergmann, G., Eireiner, C., Fischer, S., Fischer, F., Gairing, F. (Hrsg.): 50 Jahre Personalmanagement an der Hochschule Pforzheim, Jubiläumsband (Beiträge der Hochschule Pforzheim, 151), Pforzheim 2015, S. 13-27

Sattelberger, T., Welpe, I., Boes, A. (Hrsg.): Das demokratische Unternehmen. Neue Arbeits- und Führungskulturen im Zeitalter digitaler Wirtschaft. Haufe Gruppe, Freiburg, München 2015, online im Internet, URL: http://lib.myilibrary.com?id=847151, Abruf am 07.07.2019

Scheufele, B.: Priming, Nomos Verlagsgesellschaft (Konzepte. Ansätze der Medien- und Kommunikationswissenschaft, v.14), Baden-Baden 2016

Schlegel, R.: Organisationskompetenz. Für Beratung, Coaching und Supervision, tredition, Hamburg 2013

Sievers, B. (Hrsg.): Organisationsentwicklung als Problem, Klett-Cotta (Konzepte der Humanwissenschaften), Stuttgart 1977

Simon, H. A.: The Proverbs of Administration, in: Public Administration Review 6 (1) 1946, S. 53-67

Sindermann, T.: Capital/Infront-DigiLab-Studie. Konzerne auf den Spuren von Startups. – Wie etablierte Unternehmen Acceleratoren, Company Builder, und Innovation Labs als Instrumente der digitalen Transformation nutzen, 2018, online im Internet, URL: https://www.infront-consulting.com/relaunch/wp-content/uploads/2018/06/20180620_Online_final_komp.pdf, Abruf am 25.07.2019

Gabler Wirtschaftslexikon, hrsg. v. Springer Gabler Verlag, Stichwort: Organizational Burnout, online im Internet, URL: http://wirtschaftslexikon.gabler.de/Archiv/569817/organizational-burnout-v6.html, Abruf am 03.01.2017

Steinmeier, F.-W.: Zukunftsvertrauen in der digitalen Moderne. Deutscher Evangelischer Kirchentag. EKD. Dortmund 2019, online im Internet, URL: http://www.bundespraesident.de/SharedDocs/Downloads/DE/Reden/2019/06/190620-Kirchentag-Podiumdiskussion.pdf?__blob=publicationFile, Abruf am 10.07.2019

Taffertshofer, A.: Das Coaching der Organisation, in: Coaching-Magazin (2) 2009, S. 44-49
Treibel, A.: Einführung in soziologische Theorien der Gegenwart, 4. Aufl., Leske + Budrich (UTB für Wissenschaft, 3), Opladen 1997
ZEW: Übertragung der Studie von Frey/Osborne (2013) auf Deutschland, Kurzexpertise Nr. 57, 2015, Abruf am 03.01.2017

6 Personaldiagnostik im digitalen Zeitalter

Gerrit Hirschfeld

Auch wenn es sehr schwer ist, in die Zukunft zu blicken, scheint es gewiss, dass die Digitalisierung die Praxis des HRM grundlegend verändern wird. Gerade im Bereich der Diagnostik zeichnen sich bereits heute Entwicklungen ab, die die Arbeit von Menschen, die sich mit Personaldiagnostik befassen, erleichtern, verändern und teilweise überflüssig machen können (Chamorro-Premuzic, Akhtar, Winsborough, & Sherman, 2017; Lochner & Preuß, 2018; Ryan & Ployhart, 2014). Es ist kaum vorstellbar, dass Unternehmen im Rahmen von Bewerbungsprozessen und der Beurteilung bestehender Mitarbeiter ganz auf digitale Technologien verzichten. Das würde bedeuten, sich Bewerbungsmappen per Post zusenden zu lassen, diese von Hand zu screenen, potentiell geeignete Bewerber postalisch einzuladen, vor Ort an Bewerbungsinterviews und standardisierten papierbasierten Tests teilzunehmen und diese schließlich mittels Schablonen auszuwerten.

Während grundsätzlich nichts gegen ein solches analoges Vorgehen spricht, haben viele Unternehmen festgestellt, dass es sinnvoll ist, diese Abläufe vollständig oder teilweise zu digitalisieren, indem anstelle von analogen Bewerbungsmappen Onlinebewerbungen eingesetzt werden oder standardisierte Tests computergestützt durchgeführt werden. Der Wechsel von postalischer zu Onlinebewerbung ändert dabei häufig wenig an den Anforderungen und Tätigkeiten von Personalverantwortlichen, sondern führt dazu, dass Personalverantwortliche weniger Zeit mit dem Verwalten von Unterlagen verbringen. Auch das Durchführen von computergestützten oder Online-Assessments und deren Auswertung entbindet Personalverantwortliche zwar von der Aufgabe, Punktwerte zusammenzuzählen, Mittelwerte auszurechnen und in standardisierte Werte umzurechnen, die Interpretation eines bestimmten Testmusters bleibt aber weiterhin die Aufgabe der Personalverantwortlichen. Ebenso wenig hat es einen Einfluss auf die Aufgaben eines Personalverantwortlichen, ob man ein Einstellungsgespräch Face-to-Face durchführt oder per Videokonferenz. Auch ein Einstellungsinterview per Videokonferenz muss adäquat vorbereitet werden und die Antworten der Bewerber müssen durch geschultes Personal beurteilt werden. Während viele Aspekte der Digitalisierung diagnostische Abläufe verändert und in vielen Fällen vereinfacht haben, sind die meisten Kernaufgaben von Personalverantwortlichen – Durchführen von Anforderungsanalysen, die Auswahl und Vorbereitung der

Erhebungsmethoden, Integration und Beurteilung der Ergebnisse – relativ unberührt von diesen Veränderungen geblieben. Das soll nicht bedeuten, dass sich Personalverantwortliche nicht mit Weiterentwicklungen beschäftigen sollten, oder dass diese immer unproblematisch sind. So gab es zu Recht eine sehr grundlegende Diskussion um die Äquivalenz von computerbasierten und papierbasierten Tests (Tippins, 2009). Es ist allerdings wichtig, diese digitalen Versionen von klassischen Auswahl- und Beurteilungsverfahren von Verfahren abzugrenzen, die keine Entsprechung mehr zu den klassischen Auswahlverfahren besitzen.

Die meisten dieser wirklich innovativen Ansätze verwenden eine Künstliche Intelligenz (KI) – und hier insbesondere das sog. deep learning – um echte Kernaufgaben von Personalverantwortlichen, wie das Durchführen von Anforderungsanalysen, das Beurteilen von gezeigtem Verhalten in Interviewsituationen, oder das Screenen von Bewerbungsunterlagen vollständig zu übernehmen. Dabei wurden sowohl KI speziell für den Einsatz in Bewerbungssituationen entwickelt, als auch generische KI, die nicht speziell für Bewerbungssettings entwickelt wurden, eingesetzt. Beispielsweise hat man generische KI zur Analyse von emotionalen Gesichtsausdrücken (Arriaga, Valdenegro-Toro, & Plöger, 2017) verwendet, um Videos von Bewerbern in Bewerbungsgesprächen zu beurteilen (Hemamou, Felhi, Vandenbussche, Martin, & Clavel, 2019). Neue Datenquellen wie Social Media und Serious Games ermöglichen ganz neue Ansätze des Assessments und liefern mitunter sehr detaillierte Einblicke in die Persönlichkeit von Menschen.

In diesem Kapitel wird der Versuch unternommen, gerade auf diese aus Sicht von Personalverantwortlichen bedeutsamen Trends einzugehen. Im ersten Teil des Kapitels werden dazu die Kernkonzepte der KI, die zugrundeliegenden Techniken sowie die sich daraus ergebenden Chancen und Risiken beschrieben. Im zweiten Teil des Kapitels werden einige Einsatzmöglichkeiten von KI in unterschiedlichen Bereichen der betrieblichen Diagnostik dargestellt (Chamorro-Premuzic et al., 2017). Die meisten beruhen auf der Fähigkeit von deep learning, auch unstrukturierte Daten wie Texte und Bildmaterial auszuwerten. Im Einzelnen werden das automatische Scoring von Bewerbungen (Campion, Campion, Campion, & Reider, 2016), das Social Media Monitoring (Jeske & Shultz, 2016), die Automatisierung von Interviews (Nguyen & Gatica-Perez, 2015) und Serious Games (Fetzer, McNamara, Geimer, & Goldstein, 2017) thematisiert. Es soll dabei jeweils beschrieben werden, wie dies in der Praxis eingesetzt wird, bzw. werden kann, ob es Ergebnisse zur Validität gibt und wie Bewerber auf diese Methoden reagieren.

6.1 Kernkonzepte der künstlichen Intelligenz

Ein schönes Beispiel für die Möglichkeiten und auch die Probleme, die KI für diagnostische Problemstellungen bieten, hat vor kurzer Zeit Amazon geliefert. Dieses Unternehmen war in die Schlagzeilen geraten, weil es seit 2014 eine KI entwickelt hat, um Bewerber aufgrund ihrer Bewerbungsunterlagen in solche zu klassifizieren, die zu einem Bewerbungsgespräch eingeladen werden sollten und solche, die nicht eingeladen werden sollte. Es hat sich allerdings in der Testphase herausgestellt, dass dieses System die unerwünschte Eigenschaft besaß, Frauen systematisch zu benachteiligen. Nach eigenen Angaben hat Amazon dieses System nie als alleinige Entscheidungsgrundlage für Bewerbungsscreenings verwendet, sondern dieses System nur genutzt um Vorschläge zu machen, es stellt sich jedoch die Frage, wie es so weit kommen konnte. Als großes Unternehmen hat Amazon jedes Jahr tausende Stellen ausgeschrieben und dementsprechend viel Aufwand mit der Sichtung und Entscheidung, welche Bewerber zu einem Bewerbungsgespräch eingeladen werden. Aufgrund der aktuellen Fortschritte in der Verarbeitung natürlicher Sprache und einer sehr großen Datengrundlage von Bewerbungen, die in den vergangenen zehn Jahren bereits bei Amazon begutachtet wurden, haben sich Techniker entschlossen, eine KI zu entwickeln, um vorherzusagen, welche Bewerber zu einem Bewerbungsgespräch eingeladen werden und welche nicht. Dabei haben sie die Technik des deep learnings verwendet, bei der ein Künstliches Neuronales Netzwerk (KNN) anhand der Beurteilung der bisherigen Bewerbungen und deren Beurteilung trainiert wurde, die Beurteilung von neuen Bewerbungen vor zu nehmen. Wichtig hierbei ist schon zu bemerken, dass dieses KNN keinerlei Vorgaben dazu bekommen hat, welche Merkmale der Bewerbung verwendet werden sollen, um diese Entscheidung vorherzusagen. Das KNN sollte stattdessen anhand der früheren Bewerbungen lernen, welche Merkmale in den Daten enthalten sind und welche relevant dafür waren, dass in der Vergangenheit Bewerber eingeladen wurden oder nicht. Die Techniker sind im Verlauf des Projektes sogar so weit gegangen, dass sie explizite Informationen über das Geschlecht – d. h. den Vornamen, und die Anrede wie »Mr.« und »Mrs.« – entfernt haben, um zu vermeiden, dass Informationen über das Geschlecht für die Entscheidung für oder gegen eine Einladung herangezogen werden. Das KNN hat aber dennoch gelernt, anhand der Zugehörigkeit zu bestimmten Colleges, die nur Frauen aufnehmen, sowie extra-curricularer Aktivitäten – z. B. Leitung der Frauen Hockey-Mannschaft – das Geschlecht der Bewerber zu erkennen und automatisch Frauen schlechter bewertet. Die Ursache für die Frauen gegenüber ungerechte Bewertung war, dass bereits in den Daten der Vergangenheit, die zum Training des neuronalen

Netzwerkes verwendet wurden, eine Bevorzugung von Männern implizit war. Das Netzwerk hat also nur die Vorurteile der ursprünglichen Beurteiler repliziert. Dies ist ein häufiges Problem beim Einsatz von deep learning, da dies auf der Idee beruht, dass Netzwerke anhand von früheren Daten selbst Regeln entwickeln sollen (Marcus, 2018). Um besser zu verstehen, wie es dazu kommt und wieso man dennoch diese Techniken so häufig einsetzt, sollen im Folgenden die verschiedenen Begriffe – KI, KNN, deep learning – voneinander abgegrenzt und die grundsätzlichen Chancen und Risiken bestimmt werden.

6.1.1 Kurze Begriffsbestimmung

Zu Beginn ist es wichtig, einige Begriffe zu definieren und miteinander in Beziehung zu setzen, die in der aktuellen Diskussion um die Digitalisierung häufig austauschbar verwendet werden (► Abb. 36).

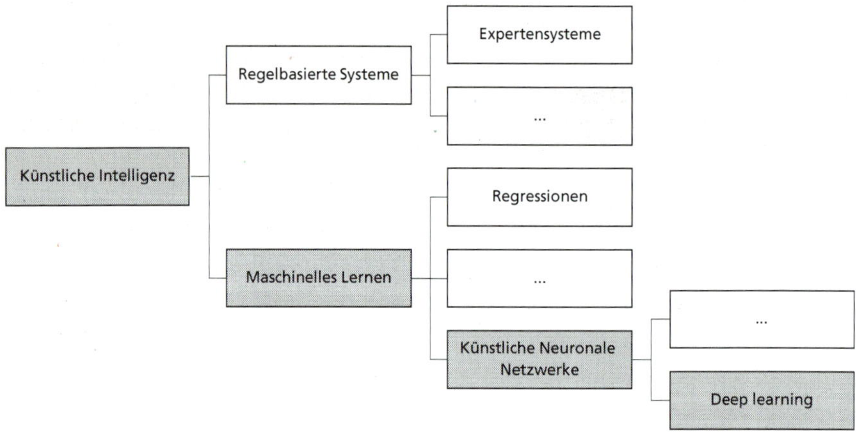

Abb. 36: Übersicht über die verschiedenen Ansätze und Verfahren der KI

Künstliche Intelligenz (KI, engl. Artificial Intelligence AI) ist die Bezeichnung für ein Spezialgebiet der Informatik, dass bereits seit den 1950 Jahren intensiv erforscht wird und das Ziel hat, Computer zu menschlichem Denken, Handeln und Entscheiden zu befähigen. Dabei geht es nicht darum, eine allgemeine künstliche Intelligenz zu entwickeln, die alle Aufgaben der menschlichen Informationsverarbeitung beherrscht, sondern einzelne Fähigkeiten, z. B. das Verstehen natürlicher Sprache oder die Klassifikation eines emotionalen Gesichtsausdrucks als ängstlich, neutral oder fröhlich. Für jede dieser einzelnen Aufgaben, werden dann spezialisierte KIs entwickelt, die diese eine Aufgabe

 Definition von KI!

gut beherrschen. Eine KI, die gut Sprache verstehen kann, wird aber typischerweise sehr schlecht darin sein, Gesichtsausdrücke zu klassifizieren und umgekehrt. Bei Aufgaben, bei denen unterschiedliche Informationsquellen zur Verfügung stehen, wie bei der Beurteilung von Bewerbungsvideos, werden dann häufig mehrere KIs miteinander verknüpft (Hemamou et al., 2019). Eine erste KI analysiert nur das visuelle Signal und versucht, aus den Gesichtsausdrücken den emotionalen Zustand des Bewerbers zu dekodieren. Eine zweite KI analysiert die gesprochenen Inhalte und eine dritte KI verwendet prosodische Hinweise um festzustellen, wie sich der Bewerber. Diese »Baukastenstruktur« ermöglicht es, sehr schnell bestehende Systeme auf neue Problemstellungen anzuwenden und optimal von den neuesten Entwicklungen in den einzelnen Bereichen zu profitieren (Chollet, 2018).

Es gibt ganz unterschiedliche Ansätze, wie KI ihr Ziel erreichen, menschliches Denken nachzubilden, die alle ihre spezifischen Vor- und Nachteile mit sich bringen. Eine ganz zentrale Unterscheidung ist die zwischen regelbasierten KI und KI, die auf maschinellem Lernen beruhen. Bei regelbasierten KIs geben Nutzer explizite Regeln vor, die der Computer dann auf Eingangsdaten anwendet, um einen bestimmten Output zu berechnen. Beim maschinellen Lernen müssen Computer diese Regeln anhand von Eingangsdaten und dem richtigen Output selbst erlernen. Frühe Forscher haben vor allem versucht, explizite Regeln zu definieren, um bestimmte Aufgaben zu lösen. Wenn Sie die Abiturnoten aller Ihrer Bewerber in eine Excel-Tabelle eintragen und dann eine Regel definieren, nach der Excel alle Bewerber auswählt, deren Notendurchschnitt besser als befriedigend ist, haben Sie eine regelbasierte KI eingesetzt. Computer sind sehr gut darin, extrem schnell eine große Anzahl solcher expliziten Regeln anzuwenden, allerdings ist es so, dass sehr viele für Menschen sehr einfache Fähigkeiten nicht in Form einfacher Regeln zu beschreiben sind. Das Feld der regelbasierten künstlichen Intelligenzen ist daher sehr schnell in eine Sackgasse geraten (Chollet, 2018).

Seit etwa 30 Jahren hat sich daher der Schwerpunkt der KI-Forschung deutlich in Richtung des maschinellen Lernens verschoben, d. h. man versucht Methoden zu entwickeln, wie man Computer selbst Regeln entwickeln lassen kann. Dafür benötigt man meistens sehr große Datensätze, die Eingangsdaten und eine Bewertung oder Kriterium enthalten. Im Amazon-Beispiel waren die Bewerbungsunterlagen die Eingangsdaten und die Entscheidung, wer eingeladen wurde und wer nicht, war das Kriterium, das vorhergesagt werden sollte. Es gibt nun generell sehr viele Methoden, um Computer Regeln zur Vorhersage lernen zu lassen. Die vielleicht bekannteste Art des maschinellen Lernens sind Regressionen (Friedman, Hastie, & Tibshirani, 2001), denn auch bei diesen wird anhand bekannter Werte für die Prädiktoren (Eingangsdaten) und dem Kriterium (Output) eine Regel gesucht, um eine Kriteriumsvariable durch einen oder mehrere Prädiktorvariablen möglichst gut vorherzusagen. Wenn Sie also mit Hilfe einer Regression versuchen herauszufinden, ob man anhand des Notendurchschnitts und der Arbeitserfahrung vorhersagen kann, wer zu einem Bewerbungsgespräch eingeladen wird und wer nicht, verwenden Sie maschinelles Lernen. Die grundlegende Idee des maschinellen Lernens ist damit für Diagnostiker eigentlich nichts Neues, sondern spätestens seit den großen Metaanalysen von Schmidt und Hunter (1998). Allerdings gibt es neben Regressionen noch sehr viele weitere Methoden, wie Entscheidungsbäume und neuronale Netzwerke, die entwickelt wurden, um Computern das Erlernen von Regeln aus Daten zu ermöglichen.

6.1.2 Künstliche Neuronale Netzwerke

Die wahrscheinlich wichtigste und aktuell am intensivsten erforschte Methode des maschinellen Lernens sind künstliche neuronale Netzwerke (KNN; Chollet, 2018; Goodfellow, Bengio, & Courville, 2016). Bei KNN versucht man, die Lernprozesse des menschlichen Gehirns nachzubilden, bei dem Lernen durch Veränderungen in den Verbindungen zwischen einzelnen Neuronen – bei KNN spricht man von Knoten – geschieht. Das Ziel ist dabei allerdings nicht, dass man versucht, die Arbeitsweise des Gehirns mit seinem 100 Milliarden Neuronen zu simulieren, sondern nur so wenige Knoten, wie für die aktuelle Aufgabe erforderlich sind. In Abbildung 37 ist ein sehr einfaches KNN abgebildet, das aus insgesamt zwölf Knoten besteht, von denen zwei Eingangsknoten sind, also Informationen aufnehmen können, zehn versteckten Knoten, die miteinander verbunden sind und dadurch die eingehende Information miteinander verrechnen können und einem Ausgangsknoten.

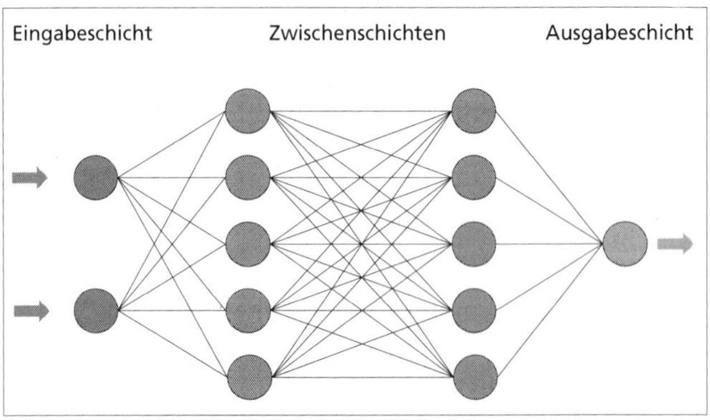

Abb. 37: Darstellung eines Künstlichen Neuronalen Netzwerkes

Die Netzwerkarchitektur eines KNN beschreibt, wie viele Schichten ein KNN besitzt, wie viele Knoten auf jeder Schicht liegen, und wie diese miteinander verbunden sind. Diese »Architektur« muss im Vorhinein definiert werden. Das Wissen des KNN steckt nun in den Verbindungen zwischen den Knoten. Diese sog. Gewichte beschreiben, wie die Aktivität eines Knoten auf der Eingabeschicht die Aktivität der Knoten auf der Zwischenschicht beeinflusst. Wenn die Gewichte bekannt sind, kann für jeden Input der entsprechende Output berechnet werden.

Diese Gewichte werden nun nicht explizit festgelegt, sondern durch das Netzwerk anhand bestehender Daten selbst gelernt bzw. trainiert. Dafür wird ein Datensatz benötigt, der sowohl die Eingangssignale, als auch den korrekten (bzw. den in der Vergangenheit gewählten) Output enthält. Diesen korrekten Output bezeichnet man im Fall von Klassifikationsaufgaben als Label. Das Training läuft so ab, dass zuerst die Gewichte der Verbindungen zufällig gesetzt werden und einfach ausprobiert wird, ob diese Gewichte einen Output erzeugen, der dem tatsächlichen Output entspricht oder nicht. Gerade am Anfang wird das nicht der Fall sein und die Gewichte müssen angepasst werden, das bedeutet, man verändert wie sich Aktivität der einzelnen Knoten gegenseitig eeinflussen. Diese Anpassung erfolgt dabei nicht willkürlich, sondern nach festen Algorithmen, die sicherstellen, dass das Netzwerk immer besser darin wird, die Outputs aus den Inputs vorherzusagen (Chollet, 2018). Nach jeder Anpassung wird dieses neue Netzwerk genutzt, um wiederum einen Output zu berechnen und mit dem korrekten Output zu vergleichen. Dies wird wiederholt, bis das Netzwerk ein vorher definierte Vorhersagegenauigkeit erreicht hat, bzw. bis die Vorhersage nicht mehr besser wird. Konzeptuell entspricht das Training der Modellanpassung im Rahmen einer multiplen Regression. Wobei die zu lernenden Gewichte den geschätzten Regressionskoeffizenten entsprechen. Allerdings hat man es hierbei mit einer ganz anderen Größenordnung von zu schätzenden Gewichten zu tun. So ist es enthalten übliche KNN zur visuellen Analyse von natürlichen Szenen (Krizhevsky, Sutskever, & Hinton, 2012) bereits 650.000 Knoten und 60 Millionen Gewichte, die während des Lernens angepasst wurden müssen. Im Gegensatz dazu haben die meisten Regressionsmodelle nur etwa 3 bis zehn Koeffizienten (▶ Abb. 38).

Genau wie sich bei einer normalen Regression die Frage stellt, ob die berechneten Koeffizienten auch in anderen Stichproben gültig sind, stellt sich bei KNN die Frage, ob die trainierten Gewichte nur geeignet sind, um die Trainingsdaten vorherzusagen, oder auch auf andere Datensätze übertragbar sind. Je mehr Gewichte im Rahmen des Trainings geschätzt werden müssen, desto wahrscheinlicher ist es, dass das KNN nicht allgemein gültige Regeln, sondern Besonderheiten der Trainingsdaten erlernt. Ein solches KNN ist dann

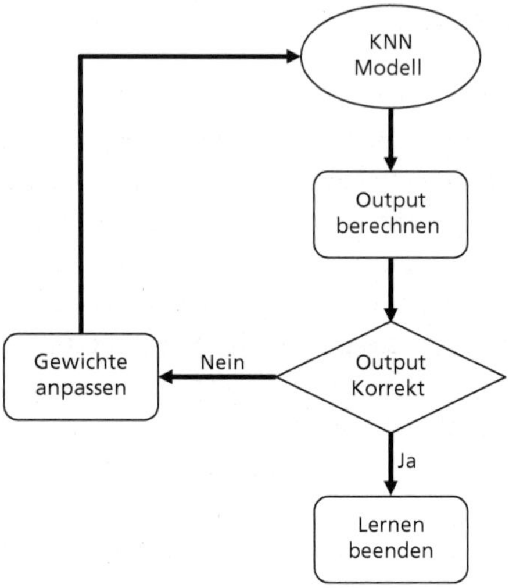

Abb. 38: Prinzip des Trainings eines Künstlichen Neuronalen Netzwerks

häufig extrem gut darin, die Trainingsdaten zu klassifizieren und gleichzeitig sehr schlecht darin, andere Datensätze zu klassifizieren. Dieses Problem wird auch als »Overfitting« bezeichnet. Um Overfitting zu vermeiden, teilt man üblicherweise die Trainingsdaten auf und verwendet nur einen Teil der Trainingsdaten, um die Gewichte zu erlernen und bestimmt dann anhand der restlichen Daten, ob auch diese »neuen« Daten (die andere Hälfte der Daten) durch das KNN klassifiziert werden können (Chollet, 2018). Dieses Aufteilen wiederum klappt nur, wenn der Datensatz groß genug ist. Das oben erwähnte KNN zur visuellen Analyse von Szenen wurde anhand von 1,2 Millionen Bildern trainiert, die vorher durch menschliche Beurteiler betrachtet wurden, die auch Angaben dazu gemacht haben, welche Objekte in den Szenen dargestellt waren. Diese große Datengrundlage macht es sehr gut möglich den Datensatz auf verschiedene Weisen aufzuteilen und zu untersuchen, ob Overfitting vorliegt oder nicht. Auch wenn es mittlerweile Methoden gibt, um auch mit relativ kleinen Datensätzen KNN zu trainieren (Chollet, 2018), braucht man immer noch mehrere tausende Datensätze – z. B. Bewerbungen –, um KNN sinnvollerweise zu trainieren. Liegen weniger Datensätze vor, muss man auf bestehende generische Netzwerke zurückgreifen.

6.1.3 Deep learning

Deep learning ist keine eigenständige Methode des maschinellen Lernens, oder eine Alternative zu KNNs, sondern beschreibt den Einsatz von tiefen KNNs, die aus mehreren miteinander verbundenen Zwischenschichten bestehen. Die Tiefe bezeichnet damit primär nicht die Tiefe des Verständnisses, das erreicht wird, sondern ist nur in Abgrenzung zu sehr einfachen KNNs zu verstehen. Diese Komplexität von KNNs ist ein Hauptgrund dafür, dass ziemlich genau im Jahr 2012 das Interesse an KNN sprunghaft zugenommen hat und KNNs zur dominanten Methode des maschinellen Lernens geworden sind (Schmidhuber, 2015). Man kann das so genau festmachen, weil es im Bereich des maschinellen Lernens regelmäßig Wettbewerbe gibt, bei denen verschiedene Forscherteams aus der ganzen Welt versuchen, dieselbe Aufgabe mit unterschiedlichen Methoden des maschinellen Lernens zu lösen. Einer der zentralen Wettbewerbe ist dabei die jährlich von dem ImageNet Projekt ausgelobte Large Scale Visual Recognition Challenge (LSVRC). Im Rahmen der LSVRC müssen Teams in 14 Millionen Fotos von natürlichen Szenen Objekte entdecken und der richtigen Objektkategorie von insgesamt 1.000 Kategorien zuordnen. Eine Objektkategorie ist dabei z. B. »Luftballon« oder »Erdbeere«. Bis 2011 lagen die Fehlerraten der weltweit besten Teams bei etwa 25 %, d. h. ein Viertel der Bilder wurden noch falsch klassifiziert. Im Jahr 2012 wurde dann erstmals ein tiefes KNN verwendet (Krizhevsky, Sutskever, & Hinton, 2012), und hat mit einer Fehlerrate von nur 16 % alle anderen Teams und damit auch anderen Methoden des maschinellen Lernens eindeutig in den Schatten gestellt. Aufgrund der überragenden Performanz von deep learning, haben in der Folge fast alle Teams KNNs in diesem Wettbewerb verwendet. Weiterentwicklungen im Bereich des deep learnings haben dazu geführt, dass seit 2017 die Fehlerraten in diesem Wettbewerb bei unter 5 % liegen. Manche gehen sogar soweit, dass Computer mittlerweile besser als Menschen in dieser Aufgabe geworden sind.

Auch in anderen Bereichen der KI, wie der Verarbeitung von natürlicher Sprache oder dem Spielen von Schach, haben sich durch den Einsatz von deep learning dramatische Verbesserungen in der Performanz von KI gezeigt. Entscheidend für den Erfolg waren drei miteinander zusammenhängende Trends; Big Data, Software und Hardware. Big Data meint dabei, dass durch die Digitalisierung mittlerweile extrem viele Daten in maschinenlesbarer Form vorliegen. Während noch vor einigen Jahren z. B. bildliche Informationen analog als Fotografien gespeichert wurden, geschieht dies nun nur noch digital, da hierdurch in vielen Bereichen Kosten eingespart werden können. Gleichzeitig liefern z. B. Onlineshops extrem viele neuartige Daten etwa dazu, wie viel und welche alternativen Produkte betrachtet wurden, bevor eine Kaufentscheidung gefällt wurde. Im Rahmen von Onlinebewerbungen werden

Bewerbungsunterlagen digital übermittelt und sind damit auch für die weitere elektronische Verarbeitung zugänglich (Campion et al., 2016). Da viele Daten benötigt werden, um die Netzwerke zu trainieren, ist der Zugang zu großen Datensätzen eine notwendige Voraussetzung für den Einsatz von KNN in der Praxis. Neben Daten, die nebenher anfallen, werden für zentrale Anwendungen systematisch Datensets zusammengestellt, die man verwenden kann, um KNN für bestimmte Aufgaben zu trainieren. So gibt es beispielsweise frei zugängliche Datensets, die Videos von Bewegungsabläufen von Fußgängern (Kataoka, Satoh, Aoki, Oikawa, & Matsui, 2018) oder Videos von Bewerbungsgesprächen (Hemamou et al., 2019) enthalten. Was sich auf den ersten Blick wie eine relativ beliebige Zusammenstellung liest, ist bedeutsam, wenn man sich überlegt, dass man gerade solche Daten benötigt, wenn man selbst Netzwerke entwickeln möchte, die beispielsweise autonomes Fahren oder die Bewertung von Bewerbungsvideos ermöglichen.

Die Software ist der zweite Bereich, in dem Weiterentwicklungen entscheidend für die Verbesserung der Performanz von deep learning waren. Da die Tiefe bzw. die Komplexität der Netzwerke einen wichtigen Einfluss darauf haben, wie komplex die Zusammenhänge sein können, war die Entwicklung von Lernalgorithmen entscheidend, die es ermöglichen, die Gewichte auch bei tiefen neuronalen Netzwerken zu schätzen. Ferner hat sich mit der Veröffentlichung von »Tensorflow«, einer Sprache, in der man sehr nutzerfreundlich KNN beschreiben und trainieren kann (Chollet, 2018). Es hat sich dadurch eine regelrechte Lingua franca gebildet, die die Möglichkeiten zum Austausch zwischen verschiedenen Forschergruppen extrem verbessert hat. Davor war es durchaus üblich, dass jedes Labor seine eigene Software hatte mit der es KNN programmiert hat. Wenn eine Forschergruppe also eine neue Methode entwickelt hat, musste diese Methode erst mühsam in die anderen Sprachen übersetzt werden, ehe man dies ausprobieren konnte. Mittlerweile gibt es darüber hinaus einen sehr starken Druck hin zu Open-Science-Praktiken. Das bedeutet, dass viele Forschergruppen, die Daten, die zum Training verwendet wurden, die Befehle zum Training und die trainierten KNN online stellen. Die wichtigste Plattform, auf der Netzwerke veröffentlicht werden, ist github.com. Für Anwender bedeutet das, dass sie sich einfach und kostenlos das oben erwähnte KNN zur Objekterkennung (Krizhevsky, Sutskever, & Hinton, 2012) oder ein Netzwerk zur Klassifikation von emotionalen Gesichtsausdrücken (Arriaga et al., 2017) herunterladen und auf eigene Bilder anwenden können. Ein wichtiger Innovationsmotor sind darüber hinaus auch regelmäßige Wettbewerbe wie die LSVRC, bei denen unterschiedliche Teams aus der ganzen Welt gegeneinander antreten, um ein bestimmtes Problem zu lösen.

Die Hardware ist der dritte Bereich, in dem es in den letzten Jahren extreme Veränderungen gegeben hat. Dies ist gerade für das Training komplexer

Netzwerke immens wichtig, da dies oftmals erfordern mehrere Millionen Datensätze zu verarbeiten. Gerade die Nutzung von spezialisierten Grafikkarten für die Berechnung der Netzwerke hat zu einem immensen Geschwindigkeitswachstum geführt, so dass heutzutage an einem Wochenende ein Netzwerk von einer solchen Komplexität trainiert werden kann, mit dem man noch vor drei Jahren große Wettbewerbe gewonnen hätte (Chollet, 2018). Die weite Verbreitung der Tensorflow Sprache hat dazu geführt, dass mittlerweile spezielle Tensorflow Processing Units entwickelt wurde, deren einzige Aufgabe darin besteht, möglichst effizient KNN, mit Tensorflow zu trainieren. Zusammengenommen haben diese drei Trends dazu geführt, dass tiefe neuronale Netzwerke plötzlich deutliche bessere Leistungen als andere Methoden aus dem Bereich der künstlichen Intelligenz zeigen und teilweise sogar menschliche Fähigkeiten übertreffen.

6.1.4 Chancen beim Einsatz von deep learning

Ein Vorteil beim Einsatz von deep learning besteht darin, dass anders als bei klassischen Verfahren, wie der Regression auch nicht-tabellarische Eingangsdaten verwenden werden können, beispielsweise Texte, Bilder, Audioaufnahmen und Videos. Diese unstrukturierten Daten können ausgewertet werden, ohne dass im Vorhinein relevante Prädiktoren bestimmt werden müssen. Um beispielsweise Emotionen aus Gesichtsausdrücken zu dekodieren, genügt es, ein Netzwerk mit Hilfe von deep learning anhand von bereits klassifizierten Bildern zu trainieren. Das Netzwerk lernt dann selbst, anhand welcher Merkmale man beispielsweise fröhliche von wütenden Gesichtern unterscheiden kann. Deep Learning ist dadurch in der Lage, Zusammenhänge zwischen einzelnen Aspekten der Daten zu entdecken, die menschlichen Urteilern verborgen bleiben. Deep learning kann damit als eine besonders extreme Form der empirischen Anforderungsanalyse (Sanchez & Levine, 2012) aufgefasst werden. Das Ziel von empirischen Anforderungsanalysen ist ja gerade Merkmale zu identifizieren, die mit dem Berufserfolg zusammenhängen. Obwohl klar ist, dass sich die Durchführung von Anforderungsanalysen positiv auf die Validität des daran anschließenden Auswahlprozesses auswirkt, versäumen es viele Unternehmen aufgrund der hohen Kosten, eine Anforderungsanalyse durchzuführen. Mittels deep learning besteht nun eine Möglichkeit, auch ganz neue Datenquellen mit Erfolgsmaßen in Beziehung zu setzen, um Anforderungen an Bewerber zuidentifizieren.

Eine zweite Möglichkeit besteht in der Verarbeitung von großen Datenmengen in Echtzeit, da es etwas vollkommen anderes ist, ein KNN zu trainieren, oder ein bereits trainiertes KNN auf einen Datensatz anzuwenden.

Während das Training oft sehr hohe Anforderungen an die Hardware stellt, bzw. extrem lange Zeit in Anspruch nimmt, ist die Anwendung eines trainierten Netzwerkes auf einen Datensatz sehr schnell und hat nur geringe Hardwareanforderungen. So ist es beispielsweise kein Problem, auf einem handelsüblichen Laptop ein KNN zu verwenden, um in Echtzeit emotionale Gesichtsausdrücke zu klassifizieren (Arriaga et al., 2017). Viele tiefe KNN lassen sich auch als App auf Smartphones umsetzen

6.1.5 Risiken beim Einsatz von deep learning

Bei allen Leistungen, die deep learning in den letzten Jahren ermöglicht hat, sollte man einige generelle Probleme berücksichtigen, die auch für den Einsatz im Bereich der Diagnostik relevant sind (Marcus, 2018). Erstens muss man sich vergegenwärtigen, dass KI nicht intelligent oder unfehlbar sind, d. h. Netzwerke, die man trainiert eine bestimmte Aufgabe zu lösen, haben keine Einsicht darin, ob sie dies auf einer sinnvollen Basis tun. Dies merkt man daran, dass deep learning auch oft in gravierenden Fehlern resultiert. Im Bereich der Objekterkennung, findet man viele Beispiele, in denen auch aufwändig und entsprechend dem neuesten Stand der Technik entwickelte Systeme Objekte völlig falsch klassifizieren. So haben Systeme, die darauf trainiert wurden, Objekte in der Umwelt zu erkennen, Parkschilder fälschlicherweise für Kühlschränke gehalten (Vinyals, Toshev, Bengio, & Erhan, 2014) oder Spielzeugkröten für Pistolen (Athalye, Engstrom, Ilyas, & Kwok, 2017). Man kann sich vorstellen, dass dies zu ernsthaften Problemen führt, wenn man diese Systeme ohne menschliche Supervision benutzt, um Autos zu steuern oder Passagiere am Flughafen auf Waffen zu untersuchen. Dass die Systeme im Mittel sehr gute Leistungen erbringen, bedeutet nicht, dass sie nicht auch im Einzelfall deutliche Fehlentscheidungen treffen.

Zweitens, funktioniert deep learning immer dann besonders gut, wenn sich die Umwelt nicht ändert. Trainiert man etwa ein Netzwerk darauf Bewerbungen zu klassifizieren, ist dies nur so lange dazu in der Lage, wie sich die Bewerbungsunterlagen nicht systematisch verändern. Veränderungen wie etwa der Wechsel von Diplom auf BSc.- und MSc.-Abschluss würde bei diesen Netzwerken dazu geführt haben, dass die neuen Abschlüsse nicht erkannt worden wären. Menschlichen Beurteilern genügt es, einmal festzulegen, dass ein Masterabschluss einem Diplomabschluss entspricht. Ein neuronales Netzwerk muss dies erst wieder mühsam aus vielen Beispielen lernen. Umgekehrt kann wie das Beispiel von Amazon gezeigt hat der Einsatz von deep learning dazu führen, bestehende Ungerechtigkeiten wie die Benachteiligung von Frauen oder Menschen mit Migrationshintergrund zu perpetuieren. Deep learning ist zwar nicht von sich aus diskriminierend, wenn es aber anhand von Daten trainiert wird, die unerwünschte Verzerrungen enthalten, wird es diese Verzerrungen lernen und weiterverwenden.

Drittens ist es problematisch, dass die durch deep learning entstehenden Netzwerke wie eine Black Box funktionieren (Samek, Wiegand, & Müller, 2017). Da die Netzwerke aus Millionen von einzelnen Knoten bestehen, die alle unterschiedliche Aspekt der Stimuli abbilden, ist es sehr schwierig zu bestimmen, welchen Einfluss die einzelnen Knoten haben. Dies führt dazu, dass man gerade bei Fehlentscheidungen nicht genau sagen kann, woran diese Fehlentscheidung liegt und somit auch das Problem nicht direkt beeinflussen kann.

Viertens ist der Trend zu Open-Source-Lösungen zwar einerseits spannend, weil Unternehmen dadurch Entwicklungskosten sparen und Forscher sich effizienter austauschen können. Gleichzeitig könnte dies ein Problem werden, wenn Bewerber selbst verstehen, wie diese Systeme funktionieren und anfangen, diese Systeme auszuhebeln, indem sie etwa Antworten in einem Stil geben, der besonders positiv von automatischen Systemen bewertet wird.

6.2 Aktuelle Anwendungen

Gerade die Fähigkeit von deep learning unstrukturierte Daten wie Texte, Bilder und Videos auszuwerten, ermöglicht viele sehr innovative Anwendungen im Bereich der Diagnostik. Im Folgenden wurden vier Anwendungsbereiche ausgewählt, die aktuell intensiv diskutiert werden. Nicht alle sind aus psychometrischer Sicht gut validiert.

6.2.1 Scoring von Anschreiben

Eine Anwendung, die sich vor allem aus den Möglichkeiten der KI-basierten Textanalyse ergibt, ist das Scoring von Bewerbungen (Campion et al., 2016). Dabei geht es nicht darum, aus den Dokumenten, hoch strukturierte Informationen, wie den höchsten erreichten Bildungsabschluss, zu extrahieren. Hierfür bietet es sich eher an, diese Informationen im Rahmen von Onlinebewerbungen oder einem Chatbot abzufragen. Vielmehr lautet die Frage, wie man freie Beschreibungen, die man im deutschsprachigen Raum häufig in Anschreiben findet oder als sog. »Motivationsschreiben« einfordert, nach arbeitsplatzrelevanten Eigenschaften durchsuchen kann. Grundsätzlich gibt es hier wie auch bei vielen anderen Anwendungen im Bereich der Personaldiagnostik, zwei Möglichkeiten die neuen Technologien einzusetzen. Entweder man greift auf KI zurück, die nicht spezifisch für den Kontext der Personaldiagnostik entwickelt wurde, und überprüft, ob diese auch auf diesen Bereich übertragbar ist, oder man entwickelt selbst eine KI, die speziell für diesen Anwendungsfall trainiert wurde. Im Folgenden werden beide Wege kurz vorgestellt.

6.2.1.1 Allgemeine Methoden zur Persönlichkeitsbewertung aufgrund von Aufsätzen

Die Bewertung von Bewerbungsunterlagen ist nicht die einzige Anwendung, bei der man versucht ausgehend von Texten Rückschlüsse auf die Autoren zu ziehen. Auch in der klinischen Psychologie und Persönlichkeitspsychologie wird untersucht, wie die Persönlichkeit der Autoren mit den Texten zusammenhängt. Frühe Studien haben versucht, von Hand einzelne Merkmale von Texten zu identifizieren (z. B. wie häufig das Personalpronomen »ich« in Texten verwendet wurde), die mit Persönlichkeitseigenschaften korreliert wurden (Pennebaker, Mehl, & Niederhoffer, 2003). Aber auch hier haben sich mittlerweile deep learning-Anwendungen durchgesetzt, die besser in der Lage sind, die einzelnen Persönlichkeitsdimensionen anhand von kurzen Texten einzuschätzen (Majumder, Poria, Gelbukh, & Cambria, 2017). In dem KNN von Majumder und Kollegen (2017) werden dazu die einzelnen Worte und Wortkombinationen als Input für ein KNN verwendet, das dann mit Hilfe von deep learning trainiert wurde, um die Ausprägung der Big Five Persönlichkeitsfaktoren vorherzusagen. Dieses System ist in der Lage, knapp 60 % der Varianz in den Persönlichkeitseigenschaften aufgrund von kurzen Texten vorherzusagen. Da Persönlichkeit ein wichtiger Prädiktor für den Berufserfolg darstellt, sind auch diese Systeme relevant. Es gibt allerdings bisher keine Studien, die direkt eine Beziehung zwischen den Bewertungen der Aufsätze und Erfolgskriterien herstellen oder die kriterienbezogene Validität der Methoden beschreiben.

6.2.1.2 Spezifische Systeme zur Bewertung von Bewerbungen

Eine andere Möglichkeit besteht darin, dass man Systeme speziell für die Bewertung von Bewerbungen oder ihren Teilen entwickelt. In einer aktuellen Studie haben Campion und Kollegen (Campion et al., 2016) ein System zur automatischen Bewertung von Selbsteinschätzungen (sog. Accomplishment Records), die man in deutschen Bewerbungen im Anschreiben erwähnen würde, entwickelt und validiert. Eine solche Selbsteinschätzung kann z. B. die Antwort auf die Frage beinhalten »Welche beruflichen Erfolge belegen Ihre

Führungsqualitäten?«. In ihrer Studie konnten Campion und Kollegen (2016) auf eine recht breite Datengrundlage zurückgreifen, die etwa 41.000 Selbstbeschreibungen enthielt sowie für jede dieser Selbstbeschreibungen Urteile von jeweils mehreren menschlichen Beurteilern. Durch eine Kombination von verschiedenen Techniken des maschinellen Lernens konnten sie ein System entwickeln, das automatisch die Selbstauskünfte beurteilen konnte und dabei mittelhohe Korrelationen ($0{,}62 < r < 0{,}68$) zu den menschlichen Beurteilern aufwies. Interessanterweise haben die Autoren auch analysiert, wie es dazu kam, dass das automatische System die Bewerber im Vergleich zum Urteil der Experten über- oder unterschätzt hat. Zu Überschätzungen kam es häufig dann, wenn Bewerber einfach nur frühere Stellen aufgezählt haben, statt diese genau zu beschreiben, oder wenn Bewerber offensichtlich übertriebene Angaben gemacht haben. Unterschätzt wurden Kandidaten, die ungewöhnliche Wörter zur Beschreibung ihrer Führungserfahrungen gemacht haben. Obwohl das System also insgesamt recht gut funktionierte, verdeutlicht seine Anwendung die Probleme, die KI im Diagnostikalltag mit sich bringt.

Die Bewertung von Aufsätzen bzw. Texten als Teil von Bewerbungen im Hinblick auf Erfolgskriterien oder die Einschätzung der Persönlichkeit ist auf jeden Fall ein Bereich, der sich in den nächsten Jahren in der KI-Forschung weiterentwickeln wird. Gerade, wenn es um die Anwendung in Deutschland geht, gilt es allerdings zu bedenken, dass die meisten Systeme mit englischsprachigen Daten trainiert werden und somit allein aufgrund der unterschiedlichen Sprache diese Systeme nicht einfach so auf deutsche Texte angewendet werden können.

6.2.2 Social Media Monitoring

Ein Großteil der Kommunikation wird heutzutage digital in sozialen Netzwerken (Facebook, Instagram, Twitter), Blogs und Webseiten vermittelt. Da ein Großteil dieser Daten frei verfügbar ist, liegt es nahe, diese Informationen im Rahmen von Bewerbungsprozessen zu nutzen (Jeske & Shultz, 2016; Van Iddekinge, Lanivich, Roth, & Junco, 2016). Neben den einzelnen Inhalten, wie Nachrichten, die jemand schreibt, enthalten diese Profile in sozialen Netzwerken auch noch weitere Informationen darüber zu welchen Gruppen man sich zugehörig fühlt, wie viele und welche Freunde man hat und welche Inhalte man bei anderen gelikt hat. Dabei kann man entweder versuchen, die Informationen aus sozialen Netzwerken von Hand durch Personalverantwortliche oder automatisch mit Hilfe von KIs auszuwerten.

6.2.2.1 Manuelles Social Media Monitoring

Die manuelle Bewertung von Social Media Profilen ist unter den Stichworten »pre-employment screenings« oder »background checks« weit verbreitet (Jeske & Shultz, 2016). Laut einer aktuellen repräsentativen Umfrage unter 304 Deutschen Unternehmen mit über 50 Mitarbeitern prüfen beinahe zwei Dritter der befragten Personalverantwortlichen Social Media Profile der Bewerber (BITKOM, 2018) im Rahmen des Einstellungsprozesses. Vergleichsdaten aus früheren Jahren, zeigen, dass 2013 nur 23 % und 2015 nur 46 % der Unternehmen Social Media Monitorings einsetzt haben. In den meisten Fällen werden für Social Media Monitorings berufliche Netzwerke wie Xing oder LinkedIn durchsucht, aber zunehmend auch eher private Netzwerke wie Facebook oder Instagram. Solche Checks können unterschiedlich detailliert erfolgen, von oberflächlichen Google-Suchen zur Überprüfung einzelner Angaben aus dem Lebenslauf, bis hin zu detaillierten Analysen sämtlicher Social-Media-Kanäle. In Deutschland werden dabei vor allem Informationen gesucht, die sich auf die Qualifikationen und die Aussagen zu Fachthemen beziehen (▶ Abb. 39). Mehr als die Hälfte der Unternehmen sucht aber auch gezielt nach Aussagen der Bewerber über das Unternehmen oder Mitbewerber und ein Drittel der Unternehmen schauen sich Fotos an (BITKOM, 2018).

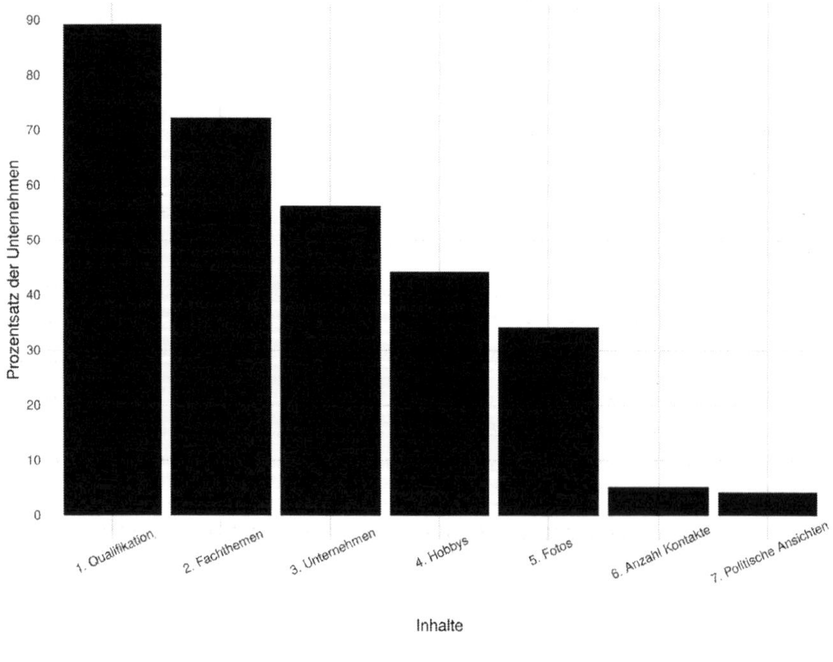

Abb. 39: Inhalte von Social Media Monitorings

Nur weil es scheinbar viele Unternehmen gibt, die Social Media Monitorings in der Bewerberauswahl einsetzen, bedeutet das aber noch nicht, dass diese Verfahren auch valide sind. In der bisher einzigen Untersuchung zur kriterienbezogenen Validität von Social Media Monitorings kommen Van Iddekinge und Kollegen (2016) zu einem eher negativen Ergebnis. In ihrer Studie haben die Autoren die Facebook Profile von knapp 300 Universitätsabsolventen durch Personalverantwortliche beurteilen lassen im Hinblick auf die generelle Eignung für einen Job und spezifische Fähigkeiten und Fertigkeiten (z. B. Gewissenhaftigkeit, soziale Kompetenzen). Zusätzlich haben sie die Absolventen selbst nach deren Persönlichkeit (durch ein Big Five-Inventar) und Leistung (Abschlussnote) befragt und zuletzt von einer Subgruppe von 145 Absolventen zusätzlich eine Beurteilung durch die Vorgesetzten bekommen. Die Ratings der Facebook Profile zeigten durchweg keine signifikanten Zusammenhänge mit den Beurteilungen durch Vorgesetzte. Auch in einer multiplen Regression konnten die Beurteilungen der Facebook Profile keine inkrementelle Varianzaufklärung gegenüber den Selbstauskunftsmaßen aufweisen. Gleichzeitig zeigte sich, dass die Facebook Profile von weiblichen Teilnehmer und solchen mit weißer Hautfarbe signifikant positiver ausfielen als die von männlichen und schwarzen Teilnehmern. Zusammengenommen sprechen die Ergebnisse nach den Autoren dafür, dass solche Ratings also in dieser Form nicht eingesetzt werden sollten (Van Iddekinge et al., 2016).

6.2.2.2 Automatisches Social Media Monitoring

Die automatische Analyse von Social Media Profilen hat auf der anderen Seite in den letzten Jahren gezeigt, dass es tatsächlich möglich ist, persönliche Informationen aus Daten von privaten Netzwerken zu generieren. So reicht bereits eine Analyse der Likes auf Facebook, um das Geschlecht, die Ethnizität und die sexuelle Orientierung korrekt zu klassifizieren (Kosinski, Stillwell, & Graepel, 2013). Aber auch klassische Persönlichkeitsmerkmale gemessen mit einem Big Five Fragebogen können relativ gut aufgrund der Likes auf Facebook vorhergesagt werden. In einem direkten Vergleich zwischen der Vorhersage von Persönlichkeitsmerkmalen aufgrund von Facebook Likes zeigt sich sogar, dass die computerbasierte Einschätzung der Persönlichkeit eher mit der Selbsteinschätzung übereinstimmt als die Einschätzung durch wirkliche Freunde (Youyou, Kosinski, & Stillwell, 2015). Allerdings konnten in dieser Studie gerade die Persönlichkeitseigenschaft Gewissenhaftigkeit und emotionale Stabilität, die als besonders relevante Prädiktoren in beruflichen Kontexten gelten (Judge, Heller, & Mount, 2002) nur relativ schlecht durch eine Analyse der Profile bestimmt werden. Die kritische Frage, ob solche automatischen Persönlichkeitsmaße eine inkrementelle Varianzaufklärung gegenüber anderen Auswahlverfahren aufweisen, steht damit noch aus.

6.2.2.3 Rechtliche Aspekte des Social Media Monitorings

Unabhängig davon, ob man händisch oder automatisch Daten aus Social Media Profilen nutzt, ist dies datenschutzrechtlich nicht unbedenklich. So sieht die seit Mai 2018 geltende Datenschutzgrundverordnung (DSGVO) und das damit zusammenhängende Bundesdatenschutzgesetz (BDSG) empfindliche Strafen vor, wenn Regelungen zum Schutz personenbezogener Daten missachtet werden. Gleichzeitig gibt das BDSG auch einen Rahmen vor, der beschreibt, welche Daten aus welchen Quellen erhoben werden dürfen. So dürfen nach § 32 Abs.1 BDSG nur solche Daten erhoben werden, die für die Entscheidung über die Begründung, Durchführung oder Beendigung eines Arbeitsverhältnisses erforderlich und angemessen sind. Aus dem Grundsatz der Angemessenheit lässt sich schließen, dass sich die erhobenen Daten auf die fachlichen Kenntnisse, Fähigkeiten und Erfahrungen der Bewerber in Bezug auf die konkret zu besetzende Position beschränken müssen. Unternehmen, die sich über private Aktivitäten oder Hobbys informieren, verstoßen also in den meisten Fällen gegen diesen Grundsatz der Angemessenheit. Je nachdem, welche Informationen erhoben werden, kann es sein, dass Unternehmen dadurch auch gegen Bestimmungen zum Schutz der Privatsphäre verstoßen. Nach diesen dürfen höchst persönliche Daten, wie solche über die sexuelle Orientierung, Religion oder Ethnie der Bewerber, grundsätzlich nicht erhoben werden. Informationen, nach denen auch im Vorstellungsgespräch nicht gefragt werden dürfte (z. B. Familienplanung), dürfen auch nicht durch Social Media Monitoring erhoben oder erschlossen werden.

Bei der Abwägung zwischen dem Schutzinteresse der Bewerber und dem Informationsinteresse der Unternehmen ist auch die Quelle relevant. Dabei sollte man im Hinblick auf soziale Netzwerke mindestens zwischen privaten sozialen Netzwerken wie Facebook, Instagram und Twitter und professionellen sozialen Netzwerken wie LinkedIn und Xing unterscheiden, da man davon ausgehen kann, dass die Informationen zu unterschiedlichen Zwecken eingestellt werden (Dery, Tansley, & Hafermalz, 2014). Die Suche in berufsorientierten Netzwerken wie Xing und LinkedIn ist eher zulässig, da Nutzer dort ja gerade Daten zum Zweck der beruflichen Netzwerkbildung einstellen. Dagegen ist die Suche in privaten Netzwerken wie Facebook, Instagram etc. deutlich kritischer zu sehen, da hier Informationen eingestellt werden, die vor allem privater Natur sind. Allerdings gibt es auch hier keine klaren Abgrenzungen, da auch berufsrelevante Informationen auf privaten Netzwerken veröffentlicht werden sowie private Informationen auf beruflichen Netzwerken, so es hier auf Einzelfallentscheidungen hinausläuft. Besonders kritisch ist es, wenn Unternehmen versuchen sich Informationen auf privaten Nutzerseiten – etwa dem Facebook Profil – zu erschleichen, wenn sie selbst Profile verwenden, die nicht eindeutig dem Unternehmen zuzuordnen sind. Aus rechtlicher Perspektive sollten sich Unternehmen also auf berufliche Quellen stützen und nach Informationen über die Fähigkeiten nicht das Privatleben der Bewerber suchen.

6.2.2.4 Reaktionen auf Social Media Monitoring

Neben der tatsächlichen diagnostischen Nützlichkeit und rechtlichen Fragen stellt sich die Frage, wie (potentielle) Bewerber auf solche Datenauswertungen reagieren, was wiederum im Sinne des Personalmarketings und des Unternehmensimages relevant ist (Jeske & Shultz, 2016). In einer Studie aus den USA wurde untersucht, wie erfahrene Bewerber auf die Aufforderung eines Unternehmens reagieren, im Rahmen des Auswahlprozesses den Zugang zu Ihren Social Media Profilen preis zu geben. Dabei gaben 58 % der Bewerber an, dass sie in dem Fall die Bewerbung zurückziehen würden (Schneider, Goffin, & Daljeet, 2015). Andere Studien haben allerdings nachgewiesen, dass die Akzeptanz von solchen Social Media Monitorings auch von Eigenschaften der Bewerber sowie der Stelle abhängt. So halten Bewerber auf Stellen, die die Arbeit mit Kindern betreffen, Social Media Monitorings für eher akzeptabel als bei anderen Stellen (Jeske & Shultz, 2019). Anders als bei anderen innovativen Bewerbungsverfahren oder Chatbots, die manche Bewerber auch als positiv bewerten, werden Social Media Monitorings aber deutlich negativer, nämlich als Eingriff in Ihre Privatsphäre.

6.2.2.5 Fazit zum Social Media Monitoring

Insgesamt lässt sich feststellen, dass es bisher erst sehr wenige belastbare Informationen zur Validität des Social Media Monitorings gibt und die wenigen Studien eher gegen eine Auswertung von Social Media Profilen aufgrund mangelnder Validität sprechen. Gleichzeitig sind Anwendungen, die auf den ersten Blick recht erfolgversprechend scheinen, wie die Analyse der Persönlichkeit aus privaten Social Media Profilen mit dem deutschen (Datenschutz-) Recht nicht vereinbar. Besonders für die Anwender in Deutschland sollte zukünftige Forschung zur validen Auswahl von Bewerbern Datenquellen berücksichtigen, die rechtlich eindeutig zulässig sind und dem Ruf des Unternehmens nicht schaden.

6.2.3 Automatisierte Bewerbungsinterviews

Weitere Anwendungen von KIs befassen sich damit, wie man das klassische Bewerbungsinterview teilweise oder ganz automatisieren kann. Ein wichtiger Baustein hin zu automatisierten Interviews sind Methoden zur Bewertung von Interviewantworten. Bei sog. digitalen Interviews bekommen alle Bewerber dieselben Fragen gestellt und es werden nur die Antworten der Bewerber aufgezeichnet und zur Bewertung an das Unternehmen gesendet. Anders als bei Interviews per Videokonferenz, können die Fragen an die Bewerber nicht angepasst werden, und Bewerber haben auch keine Chance selbst Fragen zu stellen. Gleichzeitig erspart dies natürlich Kosten für Unternehmen, da keine Interviews geführt werden müssen, und sich Personalverantwortliche auf die Beurteilung der Bewerber konzentrieren können.

6.2.3.1 Bewertung von Bewerberantworten

Die Videos, die im Rahmen von solchen digitalen Interviews entstehen, können aber auch automatisch mit Hilfe von deep learning ausgewertet werden. So beschäftigt sich ein sehr etablierter Forschungsstrang innerhalb der KI-Forschung mit der Erfassung von Emotionen und Persönlichkeitseigenschaften aus sozialen Informationen (aktuelle Übersicht bei Junior et al., 2018). Dabei wird in den meisten Fällen deep learning verwendet, um Emotionen auf der Grundlage von Gesichtsausdrücken (zusammengezogene Augenbrauen, geöffneter Mund), sprachlichen Emotionshinweisen (Prosodie, Tonlage), oder den Inhalten von Aussagen (positive vs. negative Wörter) zu klassifizieren. Ein Beispiel für ein KNN, das aus Gesichtsausdrücken Primäremotionen extrahiert, ist das KNN von Arriaga und Kollegen (2017), das auch frei zugänglich ist (https://github.com/oarriaga/face_classification). Dieses KNN ist in der Lage in Bildern von natürliche Szenen zu verarbeiten, um darin erst die Gesichter von Personen zu entdecken und dann aus den Gesichtern das Geschlecht sowie den emotionalen Zustand der Person zu klassifizieren. Abbildung 40 zeigt das Ergebnis, das dieses Netzwerk erzeugt. Wie in den meisten Fällen wird, sowohl das Geschlecht der Person, als auch der Gefühlszustand scheinbar richtig erkannt.

Aufgrund des Erfolges dieser Bemühungen haben mehrere Forschergruppen versucht, spezialisierte KNN zu entwickeln, die in der Lage sind, digitale Bewerbungsinterviews auszuwerten um aus diesen entweder Persönlichkeitsmerkmale zu extrahieren oder Einstellungsempfehlungen abzuleiten. Die bisher umfangreichste Studie in diesem Bereich hat insgesamt 7.000 digitale Interviews auf tatsächliche Stellen für Verkäufer analysiert, um die Einschätzung von echten Personalverantwortlichen vorherzusagen (Hemamou et al., 2019). Dazu griffen die Autoren auf bereits bestehende KNN zur Analyse von

Abb. 40: Ergebnisse der Analyse einer natürlichen Szene

emotionalen Gesichtsausdrücken, von Inhalten des Gesagten sowie prosodischer Information aus der Stimme zurück. Sie konnten dabei nachweisen, dass die Kombination dieser drei Modalitäten zu einer Verbesserung der Vorhersage der Einstellungsempfehlung geführt hat. Auch im Vergleich zu anderen Studien zeigte sich eine deutlich bessere Performanz dieses KNNs (Hemamou et al., 2019). Weiterentwicklungen sowohl in Bezug auf die Analyse der einzelnen Modalitäten als auch Verbesserungen in der Integration dieser Informationsquellen werden dazu führen, dass sich die Leistung solcher KNNs weiter verbessert. Für Praktiker wären allerdings zusätzliche Informationen zur kriterienbezogenen Validität dieser KI z. B. in Bezug auf die Berufsleistung sehr interessant.

6.2.3.2 Bewerberreaktionen auf digitale Interviews

Neben Fragen der Validität spielen aber auch bei digitalen Interviews die Reaktionen der Bewerber eine wichtige Rolle. So werden klassische Bewerbungsinterviews auch deshalb von Bewerbern geschätzt, weil man im Rahmen von Interviews Informationen über die Firma erhält. Dementsprechend findet eine aktuelle Studie (Langer, König, & Krause, 2017), in der digitale Interviews mit Interviews per Videokonferenz verglichen wurden, dass Bewerber digitale Interviews als deutlich unheimlicher wahrnehmen als Videokonferenzen. Ferner zeigte sich, dass zumindest menschliche Beurteiler die Antworten auf die Fragen aus dem digitalen Interview systematisch positiver bewertet haben als die Antworten aus der Videokonferenz. Man sollte diese beiden Bewerbungsmodi also nicht innerhalb desselben Bewerbungsverfahrens mischen.

6.2.3.3 Chatbots für Bewerbungen

Neben der Bewertung der Antworten von Bewerbern aus digitalen Interviews gibt es auch einige Bemühungen Chatbots – also Programme, die menschliche Gesprächspartner simulieren können – im Bewerbungsprozess einzusetzen. Dieses Feld hat in letzter Zeit sehr viel mediale Aufmerksamkeit bekommen und einige kommerzielle Anbieter versuchen, Chatbots bereits als Alternative zu Bewerbungsgesprächen zu vermarkten. Allerdings gibt es – anders als im oben beschriebenen Forschungsfeld zur Beurteilung von Bewerberantworten – bisher keine öffentlich zugänglichen Daten zur Validität von Chatbots für personaldiagnostische Anwendungen. Und auch die bereits bestehenden Chatbots wie Allie, der Berufsberatungs-Chatbot der Allianz, sind eher darauf ausgelegt, kurze Rückfragen von potentiellen Bewerbern über verfügbare Stellen zu beantworten. Insgesamt scheinen Chatbots eher Instrumente des Personalmarketings als der Diagnostik zu sein. Von der Utopie, dass Chatbots ein komplettes Bewerbungsgespräch mit einem oder mehreren Personalverantwortlichen ersetzen können, ist die Forschung und Praxis jedoch noch weit entfernt (»Harry und Allie«, 2017).

6.2.4 Serious Games

Ein weiterer Trend im Bereich der Digitalisierung sind Serious Games. Dies sind Softwareprodukte, die nicht zur reinen Unterhaltung entwickelt wurden, sondern als Assessment Tool, oder um den Spielern praxisrelevante Skills zu vermitteln, aber gleichzeitig Elemente von Spielen enthalten, um das Involvement zu erhöhen (Fetzner, 2017). Lange Zeit wurden solche Serious Games in erster Linie zu Marketingzwecken oder zur Kundenbindung eingesetzt. Das bekannteste Beispiel ist das Spiel »Americas Army«, das von der US-Armee entwickelt wurde, um neue Rekruten anzuwerben. Mittlerweile werden Serious Games aber in betrieblichen Kontexten vor allem zu Trainingszwecken und zur Verbesserung diagnostischer Verfahren eingesetzt (Fetzner, 2017).

Als diagnostische Verfahren kann man Serious Games der Gruppe der simulationsbasierten Auswahlverfahren zuordnen. Für diese gibt es es eine sehr breite und fundierte empirische Evidenz zum Einsatz von simulationsbasierten Verfahren in der Personaldiagnostik. So weisen Metaanalysen simulationsbasierte Verfahren als sehr valide aus (Schmidt & Hunter, 1998).

Außerdem hat sich gezeigt, dass Simulationen um so besser den Berufserfolg vorhersagen, je ähnlicher sie dem tatsächlichen Verhalten im Beruf sind.

Der spezifische Vorteil von Serious Games wird allerdings darin gesehen, dass beim Spielen die Salienz der Bewertungssituation herabgesetzt wird. Im Idealfall haben die Spieler beim Spielen ein regelrechtes Flow-Erlebnis und sind sich der Bewertungssituation gar nicht mehr bewusst. Einige Forscher sprechen in dem Fall von einem Stealth Assessment (Shute, 2011). Dadurch wiederum können Probleme wie sozial erwünschtes Antwortverhalten reduziert und die prognostische Validität gesteigert werden. Da Verzerrungen durch sozial erwünschtes Antwortverhalten gerade im Rahmen von Situational Judgement Tests auch heute noch sehr problematisch sind (Ryan & Ployhart, 2014), beschäftigen sich aktuell unterschiedliche Forscher damit in wie fern solche Verzerrungen dadurch reduziert werden können, dass durch die Einbettung der Testaufgaben in Spiele, die Salienz der Testsituation reduziert wird.

Beim Einsatz von Serious Games als diagnostisches Instrument gibt es neben den üblichen Anforderungen an die psychometrische Güte des Instruments und rechtliche Vorgaben insbesondere zwei für Serious Games spezifische Fragen (Fetzner, 2017). Die erste betrifft die Definition und das Scoring der Zielgrößen im Spiel und die Zweite das Genre. Zielgrößen im Spiel sollten wenn möglich mit den erfolgsrelevanten Größen im Beruf übereinstimmen. Auch die Bewertung dieser Zielgrößen sollte der tatsächlichen Bedeutung entsprechen. Wenn es beispielsweise in der Realität so ist, dass ein Mindestmaß eines bestimmten Verhaltens gezeigt werden muss, damit der Job erfolgreich abgeschlossen werden kann, sollte es auch im Spiel einen Grenzwert geben, der überschritten werden muss, damit man das Spiel gewinnt.

Die zweite Frage betrifft die Wahl eines bestimmten Genres (▶ Abb. 41). Je nachdem, welche spezifischen Fähigkeiten und Fertigkeiten mit dem Spiel abgebildet werden sollen, bieten sich unterschiedliche Genres an (Fetzner, 2017). Soziale Kompetenzen können am Besten in Adventures, Rollenspielen oder Simulationsspielen erfasst werden. Kritisches Denken und Problemlösen können gut in Strategiespielen erfasst werden, während technische Fertigkeiten am besten in Action- oder Simulationsspielen erfasst werden können. Geschicklichkeit und Aufmerksamkeit können dagegen in Casual- und Mini-Spielen erfasst werden.

Eine aktuelle Studie aus Griechenland hat dabei untersucht, ob ein Serious Game in der Lage ist, den Berufserfolg vorherzusagen (Nikolaou, Georgiou, & Kotsasarlidou, 2019). Nikolau und Kollegen untersuchten dafür 120 Teilnehmer, bei denen sie zu zwei unterschiedlichen Zeitpunkten erst die generellen

Genre	Eigenschaften und Besonderheiten des Genres	Beispiel
Action-Spiele	Spieler müssen schnell und geschickt auf Aufgaben reagieren	Pong, Tetris, Mario Kart
Adventures	Spieler müssen mit anderen Charakteren und Gegenständen interagieren um voranzukommen	Myst, Monkey Island
Rollenspiele	Der Spieler steuert eine Figur, durch eine Reihe von Aufgaben und entwickelt einen Charakter	Final Fantasy, Diabolo
Simulationsspiele	Spiele, die einzelne Aspekte von realistischen Umwelten simulieren	SimCity, Lohausen
Strategiespiele	Spiele, bei denen mehrere Charaktere über längere Zeitspannen in komplexen Umwelten gesteuert werden	Command and Conquer, Age of Empires
Casual (Mini-Spiele)	Kurze Spiele, die relativ einfach sind, aber viele Belohnungen enthalten. Oft auf Mobil-Geräten	Angry Birds, Candy Crush

Abb. 41: Übersicht über Spielegenres (Quelle: Fetzner, 2017)

kognitiven Fähigkeiten, die Persönlichkeit, und den selbstberichteten Berufserfolg erhoben haben. Zu einem späteren Zeitpunkt haben dieselben Teilnehmer dann noch an einem Rollenspiel teilgenommen, in dessen Rahmen Spieler eine Figur auswählen können, die in einer Phantasie-Welt unterschiedliche Aufgaben erledigt. Dabei fanden die Wissenschaftler nicht nur, dass das Serious Game signifikante Zusammenhänge zu dem Berufserfolg und der Studienleistung zeigte, sondern auch noch inkrementelle Varianzaufklärung gegenüber den klassischen Maßen der kognitiven Fähigkeit und Persönlichkeit aufwies.

6.3 Implementierung neuer diagnostischer Verfahren

Abhängig von den bestehenden Kompetenzen im Unternehmen gibt es unterschiedliche Möglichkeiten für Unternehmen, ihr bisheriges Repertoire an diagnostischen Verfahren zu erweitern. Als Reaktion darauf, dass immer mehr externe Unternehmen Lösungen für die Implementierung von KIs anbieten, haben Campion und Kollegen (2018) kürzlich eine Liste von Empfehlungen für die Bewertung solcher externen Dienstleistungen entwickelt, die sich auf unterschiedliche Bereiche bezieht. Erstens sollte man ein grundlegendes Verständnis des Produktes bekommen. Es ist die Aufgabe des anbietenden Unternehmens, plausibel darzustellen, was das System eigentlich macht, wie die grundlegende Funktionsweise ist sowie welche Methode des maschinellen Lernens verwendet wird. Auch sollte man zu bestimmen versuchen, ob das Produkt bereits fertig existiert oder wirklich noch im Unternehmen entwickelt werden muss. Dahinter steckt im Prinzip die Frage, ob es bereits ein fertiges System gibt, das verwendet wird, um die Daten zu analysieren oder ob dieses erst noch anhand von Daten aus dem Unternehmen entwickelt oder trainiert werden muss. Letzteres kann nur funktionieren, wenn ausreichend große und valide Datensätze bestehen, um das Training vorzunehmen. Zweitens sollte man die Validierung des Produktes kritisch hinterfragen. Selbst wenn KI ganz anders funktionieren als klassische Tests, kann man sich auch bei Systemen zur automatischen Beurteilung von Bewerbungsunterlagen fragen, ob diese Bewertungen objektiv, reliabel und valide sind (Testkuratorium, 2018). Im Idealfall liegen nicht nur Erfolgsgeschichten, sondern methodologisch aufwändige Daten zur Validierung vor. Der Anbieter sollte immer auch adäquate Expertise in HR-Psychologie besitzen. Drittens sollten ethische und rechtliche Aspekte berücksichtigt werden. In Deutschland sind dies vor allem Fragen des Datenschutzes, der enge Grenzen setzt, welche Daten zu welchen Zwecken eingesetzt werden dürfen. Außerdem sollte man auch sicher ausschließen, dass das System systematisch Minderheiten benachteiligt. Viertens sollte man versteckte Kosten berücksichtigen. Darunter fallen die Reaktionen der Nutzer auf diese Systeme. Wie oben beschrieben wollen viele Bewerber nicht, dass alle verfügbaren Daten verwendet werden und auch die bestehenden Mitarbeiter können sich leicht überwacht fühlen. Es kann sein, dass gerade das Trainieren von KNN neue und andere Anforderungen an die IT-Infrastruktur stellt, so dass diese angepasst werden muss. Zuletzt sollte der gesamte Lebenszyklus des Systems betrachtet werden. Die meisten Kosten fallen zu Beginn bei der Programmierung und der Erprobung des Systems an, es kann aber sein, dass auch im Nachhinein noch Anpassungen vorgenommen werden müssen.

Einen relativ kostengünstigen Einstieg in die Welt der KI bieten Wettbewerbe, die Unternehmen ausrichten, um eine bestimmte datenbasierte Aufgabe (Vorhersage von Bewerberbeurteilungen, Klassifikation von Bildern) zu lösen. Dazu wird eine Aufgabe zusammen mit einem Datenset veröffentlicht und festgelegt, nach welchen Kriterien ein Gewinner ermittelt wird. Die bekannteste Seite, um solche Wettbewerbe zu veröffentlichen, ist Kaggle.com (Carpenter, 2011). Aktuell hat die Seite über eine Million Mitglieder und in Abhängigkeit vom ausgelobten Preisgeld und der Aufgabe kann es sein, dass sich mehrere tausend Teams an solchen Wettbewerben beteiligen. Wer die

Daten nicht veröffentlichen möchte oder wem das zu groß erscheint, kann auch einen lokalen Hackathon veranstalten. Zu Hackathons werden in der Regel eine kleine Anzahl von lokalen Teams für einen oder mehrere Tage eingeladen und die Teams versuchen, ein bestimmtes datenbezogenes Problem zu lösen. Ein weiterer Vorteil von Hakathons liegt darin, dass man diese auch im Sinne des Personalmarketings nutzen kann, um Kontakte zu Experten aufzubauen. In den meisten größeren Städten Deutschlands gibt es mehr oder weniger organisierte Gruppen, die sich zu Themen rund um Künstliche Intelligenz treffen (https://www.meetup.com/de-DE/topics/data-science/de/).

6.4 Fazit

Die Digitalisierung mit ihren neuen Methoden zur Datenanalyse und neuen Datenquellen hat das Potential, die Rolle der Diagnostik und die Rolle von Personalverantwortlichen zu verändern. Der Kern der meisten Entwicklungen werden KI sein, die auf deep learning beruhen und dadurch die Verarbeitung von unstrukturierten Daten ermöglichen. Damit Personaler diese Entwicklungen aktiv beeinflussen können, ist es wichtig, aufgeschlossen gegenüber technischen Weiterentwicklungen zu bleiben und sich mit diesen auseinanderzusetzen. Es wird in den nächsten Jahren eine Welle von Start-ups aus der IT-Branche geben, die behaupten werden, klassische Tätigkeiten von Personalern durch den Einsatz von technischen Hilfsmitteln zu unterstützen oder zu übernehmen. Ob diese Lösungen tatsächlich diagnostische Prozesse und die darauf aufbauenden Entscheidungen verbessern, kann man nicht generell beantworten, sondern muss im Einzelfall entschieden werden. Es reicht beispielsweise nicht aus, auf Ergebnisse zu verweisen, nach denen man anhand von Facebook-Likes die Persönlichkeit vorhersagen kann (Youyou, Kosinski, & Stillwell, 2015), wenn man während des Bewerbungsprozessess aufgrund von Datenschutzbestimmungen keinen Zugriff auf diese Daten hat. Ferner sind solche Korrelationen zwischen automatischen Beurteilungen und Selbstauskünften zwar ein Hinweis auf die Konstruktvalidität, aber noch lange kein Hinweis auf die kriterienbezogene Validität (also die Relevanz für den Berufserfolg) oder inkrementelle Validität gegenüber anderen Verfahren (Testkuratorium, 2018). Personalverantwortliche sollten also bei aller Offenheit gegenüber neuen Verfahren, diese jeweils im Einzelfall auf die Anwendbarkeit auf ihre praktische Fragestellung überprüfen.

Literatur

Arriaga, O., Valdenegro-Toro, M., & Plöger, P.: Real-time Convolutional Neural Networks for Emotion and Gender Classification. Online im Internet: 20.10.2017, URL: http://arxiv.org/abs/1710.07557, Abruf am 26.08.2019

Athalye, A., Engstrom, L., Ilyas, A., & Kwok, K.: Synthesizing Robust Adversarial Examples. Online im Internet: 24.07.2017, URL: http://arxiv.org/abs/1707.07397, Abruf am 26.08.2019

BITKOM: Zwei von drei Personalern informieren sich online über Bewerber [Pressemitteilung]. Online im Internet: 30.07.2018, URL: https://www.bitkom-research.de/Presse/Pressearchiv-2018/Zwei-von-drei-Personalern-informieren-sich-online-ueber-Bewerber, Abruf am 26.08.2019

Campion, M. C., Campion, M. A., & Campion, E. D.: Big Data Techniques and Talent Management: Recommendations for Organizations and a Research Agenda for I-O Psychologists, in: Industrial and Organizational Psychology, 11, 2018, S. 250–257

Campion, M. C., Campion, M. A., Campion, E. D., & Reider, M. H.: Initial investigation into computer scoring of candidate essays for personnel selection. Journal of Applied Psychology, 101, 2016

Carpenter, J.: May the Best Analyst Win. In: Science, 331, 2011, S. 698–699

Chamorro-Premuzic, T., Akhtar, R., Winsborough, D., & Sherman, R. A.: The datafication of talent: How technology is advancing the science of human potential at work, in: Current Opinion in Behavioral Sciences, 18, 2017, S. 13–16.

Chollet, F.: Deep Learning mit Python und Keras: Das Praxis-Handbuch vom Entwickler der Keras-Bibliothek. MITP-Verlags GmbH & Co. KG, Stuttgart 2018

Dery, K., Tansley, C., & Hafermalz, E.: Hiring in the age of social media: New rules, new game, in: University of Auckland Business Review, 17, 2014, S. 45–51.

Fetzer, M., McNamara, J., Geimer, J. L., & Goldstein, H. W.: Gamification, serious games and personnel selection. In: Goldstein, W., Pulakos, E.D., Passmore, J und Semedo, C. (Hrsg.), Wiley Blackwell handbooks in organizational psychology, Wiley, NY 2019, S. 293 309.

Frank, F., & Kanning, U. P.: Lücken im Lebenslauf, in: Zeitschrift für Arbeits- und Organisationspsychologie A&O, 58, 2014, S. 155–162.

Friedman, J., Hastie, T., & Tibshirani, R.: The elements of statistical learning. Springer: New York 2001.

Goodfellow, I., Bengio, Y., & Courville, A.: Deep learning. MIT press, 2016

Allianz: The Future of Work Harry und Allie, online im Internet: 16.10.2017, URL: https://www.allianz.com/de/presse/news/unternehmen/personalthemen/171016-future-of-work-allie-the-chatbot.html Abruf am: 20.08.2019

Hemamou, L., Felhi, G., Vandenbussche, V., Martin, J., & Clavel, C.: HireNet: A Hierarchical Attention Model for the Automatic Analysis of Asynchronous Video Job Interviews, online im Internet: 25.07.2019, URL: https://arxiv.org/abs/1907.11062, Abruf am: 26.08.2019

Jeske, D., & Shultz, K. S.: Using social media content for screening in recruitment and selection: Pros and cons. Work, in: Employment and Society, 30, 2016, S. 535–546

Jeske, D., & Shultz, K. S.: Social media screening and content effects: Implications for job applicant reactions. In: International Journal of Manpower, 40, 2019, S. 73–86

Junior, J. C. S. J., Güçlütürk, Y., Pérez, M., Güçlü, U., Andujar, C., Baró, X., ... Escalera, S.: First Impressions: A Survey on Vision-Based Apparent Personality Trait Analysis. Online im Internet: 21.04.2018, URL: http://arxiv.org/abs/1804.08046, Abruf am: 26.08.2019

Kataoka, H., Satoh, Y., Aoki, Y., Oikawa, S., & Matsui, Y. : Temporal and fine-grained pedestrian action recognition on driving recorder database. In: Sensors, 18, 2018, S. 627

Krizhevsky, A., Sutskever, I., & Hinton, G. E.. ImageNet Classification with Deep Convolutional Neural Networks. Proceedings of the 25th International Conference on Neural Information Processing Systems, 2012, S. 1097–1105

Langer, M., König, C. J., & Krause, K.: Examining digital interviews for personnel selection: Applicant reactions and interviewer ratings, in: International Journal of Selection and Assessment, 25, 2017, S. 371–382

Lochner, K., & Preuß, A.: Digitales Recruiting: Die Evolution des Assessments mittels künstlicher Intelligenz. In: Gruppe. Interaktion. Organisation. Zeitschrift für Angewandte Organisationspsychologie, 49, 2018, S. 193–202

Majumder, N., Poria, S., Gelbukh, A., & Cambria, E.: Deep learning-based document modeling for personality detection from text. in IEEE Intelligent Systems, 32, 2017, S. 74–79

Marcus, G.: Deep Learning: A Critical Appraisal. Online im Internet: 02.01.2018, URL: http://arxiv.org/abs/1801.00631, Abruf am: 23.08.2019

Nguyen, L. S., & Gatica-Perez, D.: I would hire you in a minute: Thin slices of nonverbal behavior in job interviews. Proceedings of the 2015 ACM on International Conference on Multimodal Interaction, 2015, S. 51–58

Nikolaou, I., Georgiou, K., & Kotsasarlidou, V.: Exploring the Relationship of a Gamified Assessment with Performance, in: The Spanish Journal of Psychology, 22, 2019

Pennebaker, J. W., Mehl, M. R., & Niederhoffer, K. G.: Psychological aspects of natural language. use: Our words, our selves, in: Annual Review of Psychology, 54, 2003, S. 547–577

Ryan, A. M., & Ployhart, R. E.: A century of selection, in: Annual Review of Psychology, 65, 2014 , S. 693–717

Samek, W., Wiegand, T., & Müller, K.-R.: Explainable Artificial Intelligence: Understanding, Visualizing and Interpreting Deep Learning Models. Online im Internet: 28.08.2017, URL: http://arxiv.org/abs/1708.08296, abruf am: 20.08.2019

Sanchez, J. I., & Levine, E. L.: The rise and fall of job analysis and the future of work analysis, in: Annual review of psychology, 63, 2012 , S. 397–425

Schmidhuber, J.: Deep learning in neural networks: An overview, in: Neural networks, 61, 2015, S. 85–117.

Schmidt, F. L., & Hunter, J. E.: The validity and utility of selection methods in personnel psychology: Practical and theoretical implications of 85 years of research findings, in: Psychological bulletin, 124, 1998

Schneider, T. J., Goffin, R. D., & Daljeet, K. N.: »Give us your social networking site passwords«: Implications for personnel selection and personality, in: Personality and Individual Differences, 73, 2015 , S. 78–83

Testkuratorium: Personalauswahl kompetent gestalten: Grundlagen und Praxis der Eignungsdiagnostik nach DIN 33430. Springer, Berlin 2018

Tippins, N. T.: Internet Alternatives to Traditional Proctored Testing: Where Are We Now?, in: Industrial and Organizational Psychology, 2, 2009, 2–10

Van Iddekinge, C. H., Lanivich, S. E., Roth, P. L., & Junco, E.: Social media for selection? Validity and adverse impact potential of a Facebook-based assessment, in: Journal of Management, 42, 2016, S. 1811–1835.

Vinyals, O., Toshev, A., Bengio, S., & Erhan, D.: Show and Tell: A Neural Image Caption Generator. Online im Internet: 17.11.2014, URL: http://arxiv.org/abs/1411.4555, Abruf am: 21.08.2019

Die Autorinnen und Autoren des Bandes

Sascha Armutat ist Professor für Betriebswirtschaftslehre, insb. Personalmanagement und Organisation am Fachbereich Wirtschaft und Gesundheit der Fachhochschule Bielefeld. Er vertritt die Themen Personalmanagement, Organisation und Führung in der Lehre und forscht u. a. zu Fragen des strategischen Personalmanagements im Kontext von Agilität und Digitalisierung.

Natalie Bartholomäus ist Professorin für Betriebswirtschaftslehre, insb. Personalmanagement und Organisation sowie Leiterin des Bachelorstudiengangs Betriebswirtschaftslehre an der Fachhochschule Bielefeld. Ihre Schwerpunkte sind Internationales HRM, Kompetenzentwicklung und Führung.

Günther Bergmann ist Professor für Personalmanagement. Er lehrte bis 2016 an der Hochschule Pforzheim im Human Resources Competence Center. Seine Schwerpunkte sind das Management von Veränderungen und strategisches Kompetenzmanagement. Seit 2014 setzt er sich kontinuierlich mit den Entwicklungen unter Industrie 4.0 auseinander und ist als Moderator von Strategieprozessen und als Vortragender aktiv.

Gery Bruederlin ist Professor für HR-Management und Leiter des Studiengangs Master Advanced Studies HRM an der Fachhochschule Nordwestschweiz in Olten. Seine Schwerpunkte sind strategisches HR-Management, HR-Digitalisierung, Compensation- und Talent Management.

Fritz Gairing ist Professor i.R. am Institut für Personalforschung an der Hochschule Pforzheim. Er forscht und publiziert zu den Themen Organisationsentwicklung, Change Management und Organizational Behavior.

Alexander Haubrock ist Professor für Wirtschaftspsychologie und Leiter des Studiengangs Wirtschaftspsychologie an der Fachhochschule Bielefeld. Seine Schwerpunkte sind Personal- und Organisationspsychologie, Personalentwicklung und Führung.

Gerrit Hirschfeld ist Professor für Wirtschaftspsychologie an der Fachhochschule Bielefeld. Seine Schwerpunkte sind Diagnostik, Forschungsmethoden und Angewandte Psychologie.

Uta Kentzler ist Wirtschaftspsychologin (Bsc). Sie studiert den Masterstudiengang Personalmanagement und Organisation und ist als wissenschaftliche Hilfskraft an der Fachhochschule Bielefeld tätig. Ihre Aufgabenbereiche umfassen dabei Projekte aus den Bereichen Internationalization und Digital Transformation.

Özlem Özdemir ist Wirtschaftsjuristin (LL.M.) und wissenschaftliche Mitarbeiterin an der Fachhochschule Bielefeld. Ihre Schwerpunkte sind neben Steuerrecht auch Personal und Organisation, Personalentwicklung, Führung sowie Digitalisierung.